高·等·职·业·教·育·教·材

获中国石油和化学工业
优秀教材奖

"十四五"职业教育国家规划教材

化工单元操作

（上）

第二版

刘 郁　张传梅　主　编
孙庆国　　　副主编
周立雪　　　主　审

化学工业出版社

·北京·

内容简介

《化工单元操作》第二版根据现代职业教育理念，围绕高职教育培养目标，坚持立德树人根本任务，融入党的二十大精神。教材按照"工作过程系统化"课程开发方法，采用项目化教学模式，用工作任务引领，把技术训练、技能训练贯穿于工作任务中，使学生在完成任务过程中掌握知识、提高技术技能水平，突出了教材的"职业性、适用性、实用性、信息化"特色。

《化工单元操作（上）》第二版的主要内容包括：流体输送技术、传热技术、非均相物系分离技术、蒸发技术。

本书可作为化工技术类相关专业（应用化工技术、石油化工技术、精细化工技术、化工自动化技术、药品生产技术等）的高等职业教育教材，也可供有关部门的科研及生产一线技术人员阅读参考，同时还可作为企业职工的培训资料。

图书在版编目（CIP）数据

化工单元操作. 上/刘郁，张传梅主编；孙庆国副主编. —2 版. —北京：化学工业出版社，2023.7（2025.1 重印）

"十四五"职业教育国家规划教材

ISBN 978-7-122-40740-5

Ⅰ. ①化… Ⅱ. ①刘… ②张… ③孙… Ⅲ. ①化工单元操作-高等职业教育-教材 Ⅳ. ①TQ02

中国版本图书馆 CIP 数据核字（2022）第 019376 号

责任编辑：刘心怡　窦　臻　提　岩　　　　　　　文字编辑：李　玥
责任校对：李雨晴　　　　　　　　　　　　　　　装帧设计：王晓宇

出版发行：化学工业出版社（北京市东城区青年湖南街 13 号　邮政编码 100011）
印　　刷：北京云浩印刷有限责任公司
装　　订：三河市振勇印装有限公司
787mm×1092mm　1/16　印张 18¼　字数 454 千字　2025 年 1 月北京第 2 版第 4 次印刷

购书咨询：010-64518888　　　　　　　售后服务：010-64518899
网　　址：http://www.cip.com.cn
凡购买本书，如有缺损质量问题，本社销售中心负责调换。

定　　价：49.80 元

序

本套教材是全国石油和化工职业教育教学指导委员会化工基础类课程委员会组织建设的高职高专"化工单元操作"课程规划教材，共分两册：《化工单元操作（上）》和《化工单元操作（下）》。

本套书分为 11 个模块，上册包括流体输送技术、传热技术、非均相物系分离技术和蒸发技术；下册包括精馏技术、吸收技术、干燥技术、制冷技术、结晶技术、萃取技术和新型分离技术。

在结构上，每一模块按学习目标、工业应用（过渡）、主体内容（分任务）、练习题、知识的总结与归纳的顺序逐一展开，方便读者明确学习目标以利于突出重点，了解工业应用以利于激发兴趣，强化任务感以利于学做结合，实现自我测试以利于检验评价，梳理关键内容以利于重点提升。

在内容上，坚持与化工生产实际紧密联系，通过典型工业案例，研究各单元操作的基本规律与工业应用，典型设备的结构、选型与操作，异常过程分析与处理等，有利于培养运用工程观点及方法判断、分析和解决化工生产实际问题的能力。

在编写团队方面，本书吸收了全国各大区域高职院校有经验的教师参加编写工作，以平衡不同学校对接地方产业的需求。《化工单元操作（上）》由刘郁、张传梅任主编，孙庆国任副主编，张毅博、付大勇、时光霞、张玉娟参编，周立雪主审；《化工单元操作（下）》由李晋、张桃先任主编，丁玉兴任副主编，杨文渊、凌洁、龙清平参编，陈炳和主审。

在持续更新方面，本项目建设确定了教材、课程资源、题库同步规划、逐步实施的建设方针，力求通过配套资源建设，为广大师生、企业员工及社会人士提供实用、乐用、有用的学习资源，为化工人力资源建设贡献力量。

没有最好，只有更好，希望本次由全国石油和化工职业教育教学指导委员会化工基础类课程委员会（全国化工基础类课程委员会）主导的"化工单元操作"改革探索，能够引导化工高职教材建设迈向新的高度。

全国石油和化工职业教育教学指导委员会
化工基础类课程委员会
冷士良

　　高等职业教育是以培养具有一定理论知识和较强实践能力，面向基层、面向生产、面向服务和管理第一线职业岗位的实用型、技术技能型人才为目的的职业技术教育，与学科型普通高等教育在人才培养的模式、手段、途径、方法以及目的等诸多方面存在着巨大差异。现有高等职业教育教材有些还是以学科体系作为主线的，不适合于高等职业教育的人才培养目标。

　　本教材在充分考虑传统的学科知识教育的弊端、职业教育的本质内涵、职业素质等方面的基础上，从知识与技能的学习这两个角度介绍了生产工艺流程认知、生产设备认识、生产工艺参数选择、生产原理、设备操作、故障分析与排除以及设备的维护等内容。笔者在内容的选取上坚持与化工生产实际紧密联系，通过典型工业案例分析，讲述各单元操作的基本规律与工业应用，典型设备的结构、选型与操作，异常过程分析与处理等，有利于培养学生运用工程观点及方法，判断、分析和解决化工生产实际问题的能力。本教材学习目标明确，重点突出，配套资源丰富。能够激发学习兴趣，有利于"教、学、做"的有机结合，通过技术训练与技能训练突出关键内容，有利于学习者掌握相关的技能与知识。自出版以来受到用书师生的好评，2020年被评为"十三五"职业教育国家规划教材。

　　遵照教育部对教材编写工作的相关要求，本教材在编写、修订及进一步完善过程中，注重融入课程思政，融入党的二十大精神，以潜移默化、润物无声的方式适当渗透德育，力图更好地达到新时代教材与时俱进、科学育人之效果。

　　本书由徐州工业职业技术学院刘郁、河南应用技术职业学院张传梅任主编，新疆应用职业技术学院孙庆国任副主编，徐州工业职业技术学院周立雪任主审。模块1由刘郁、徐州工业职业技术学院时光霞编写，模块2由张传梅、河南化工职业技术学院付大勇编写，模块3由吉林工业职业技术学院张毅博编写，模块4由孙庆国编写，工业相关部分由盛虹炼化（连云港）有限公司张玉娟参与编写。全书由刘郁统稿。

　　本书在编写过程中得到了化学工业出版社以及笔者所在单位的大力支持，得到了徐州工业职业技术学院周立雪教授、冷士良教授，常州工程职业技术学院陈炳和教授的关心与帮助，他们提出了宝贵的意见与建议，在此一并表示诚挚的谢意。由于行业与学科的飞速发展、新技术与新设备的涌现，以及编者的能力与水平限制、编写时间的仓促，书中难免会有不妥之处，恳请各位专家、教师与读者批评指正。

编者

目录

绪 论

学习目标

通过绪论的学习，充分了解化工单元操作课程的主要学习内容及学习任务，熟悉单元操作的分类和特点、工程学科的研究方法，掌握单位制及单位换算方法。

一、化工生产过程与单元操作

化学工业是将自然界中的各种物质资源通过物理和化学的方法加工成达到一定要求的产品的工业。化学工程是一门工程技术学科，它研究化工产品生产过程的基本规律，并运用这些规律解决化工生产中的问题。

化学工业包括石油加工工业、煤化学工业、基本有机合成工业、橡胶工业、塑料工业、氯碱工业、制酸工业、化肥工业、制药、日用化学工业等工业。

化工产品根据技术密集高低、附加值利润大小、品种类型、产量多少、更新速度快慢以及应用范围不同又可分为两大类。一类是通用化学品，另一类是精细化学品。化工产品种类繁多，化工原料相对有限，化工原料可分为无机原料和有机原料两大类。无机原料主要有空气、水和化学矿物；有机原料主要是煤、石油、天然气和生物质等。

原料选择原则：

① 考虑原料品位能否满足生产要求，来源是否充足稳定可靠。

② 分析原料的经济性。要对原料路线和工艺路线的技术经济指标进行权衡。

③ 从综合利用原料、副产品以及"三废"的综合利用等方面考虑。

化学工业的特点：

① 化学工业是独特的、不可取代的工业部门，生产总值在国民生产中所占的比重大于10%。

② 品种繁多，生产工艺复杂，生产装置与规模大，为生产与投资资金密集、技术密集的工业部门。

③ 生产过程中能耗大、产生的"三废"多，属于易污染、重污染高发的工业产业。

化工生产以工业规模对原料进行加工处理，使其不仅在物理形态上发生变化，而且在化学性质上也发生变化，从而成为合格的产品。化工生产过程示意图见图0-1。

尽管化工过程复杂多变，但根据化工过程对物质的加工处理特征，可将其分为两大类：一类是以进行化学反应为主，完成该类操作的主要设备是各种特定结构的反应器。因涉及的化学反应类型不同，反应机理与机制也有各自的特点，影响化学反应过程的主要参数各不相同，反应器的种类与结构也不相同。另一类是各种物理加工过程，如生产过程中物料的输送、混合物

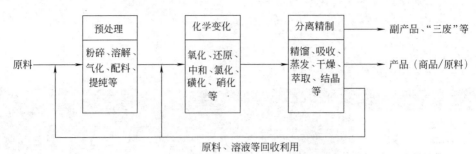

图 0-1 化工生产过程示意图

的分离、流体的加热或冷却、溶液的混合与浓缩等。这类操作具有的共同特点是：只改变物料存在的状态或其物理性质，一般不改变其化学性质，都是物理过程。按照作用原理的不同，可将其归纳为若干个基本操作过程，这些基本操作过程称为单元操作（unit operation）。每个单元操作都有与其相对应的设备。相同的单元操作在不同的化工生产过程中遵循的原理相同，但在操作条件、设备类型或结构上会有很大的差别。任何一个化工生产过程，都是由若干个单元操作及化学反应过程有机组合而成的。其中，化学反应过程及反应器是化工生产的核心。反应过程涉及的知识将在化学反应工程类相关课程中研究，而在化工生产中占极其重要地位的、为化学反应过程创造适宜条件、实现反应产物分离纯化的各单元操作遵循的原理及设备在化工单元操作课程中研究。

化工单元操作课程是一门实践性很强的工程类课程。单元操作的内容包括"过程"和"设备"两个方面。

化工单元操作是化工类各专业（包括化工、轻工、生物、制药、环境、材料等）的专业基础课，是综合运用数学、物理、化学等基础知识，分析和解决化工生产中各种物理过程问题的工程学科。

实际上，若干单元操作之间存在着类似的规律和内在的联系。从本质上讲，所有的单元操作都可以分为动量传递、热量传递、质量传递这三种传递过程及它们的协同过程。传递过程是单元操作的理论基础，是联系各单元操作的一条主线。流体流动的基本原理，不仅是流体输送、沉降、过滤等过程的理论基础，也是热量传递和质量传递过程中各单元操作的理论基础，因为在这些单元操作中，进行热量交换或物质扩散的流体都处于流动状态，其传热或传质的效果与流体流动状态密切相关。热量传递的基本原理，不仅是热量交换和蒸发过程的理论基础，也是传质过程中某些单元操作的理论基础。例如蒸馏和干燥操作中，同时伴随有质量传递和热量传递，其过程效果同时受质量传递和热量传递效果的影响。按照单元操作所遵循的基本规律，可将其分为以下三类（详细的原理与分类见表 0-1）：

① 动量传递过程 动量传递过程包括流体输送、沉降、过滤、搅拌等。
② 热量传递过程 热量传递过程包括传热、蒸发等。
③ 质量传递过程 质量传递过程包括蒸馏、吸收、萃取、干燥、吸附、离子交换等。

表 0-1 常用化工单元操作

单元操作名称	过程与目的	基本理论基础
流体输送	输入机械能，将一定量的流体由一处送到另一处	流体动力过程（动量传递）
沉降	利用密度差，从气体或液体中分离悬浮的固体颗粒、液滴或气泡	
过滤	根据尺寸不同的截留，从气体或液体中分离悬浮的固体颗粒	

续表

单元操作名称	过程与目的	基本理论基础
搅拌	输入机械能,使流体间或与其他物质均匀混合	流体动力过程(动量传递)
流态化	输入机械能,使固体颗粒悬浮得到具有流体状态的特性,用于燃烧、反应、干燥等过程	
换热	利用温差输入或移出热量,使物料升温、降温或改变相态	传热过程(热量传递)
蒸发	加热以汽化物料,使之浓缩	
蒸馏	利用各组分间挥发度不同,使液体混合物分离	
吸收	利用各组分在溶剂中的溶解度不同,分离气体混合物	
萃取	利用各组分在萃取剂中的溶解度不同,分离液体混合物	传质过程(质量传递)
吸附	利用各组分在吸附剂中的吸附能力不同,分离气、液混合物	
膜分离	利用各组分对膜渗透能力的差异,分离气体或液体混合物	
干燥	加热湿固体物料,使之干燥	
增减湿	利用加热或冷却来调节或控制空气或其他气体中的水汽含量	热、质同时传递过程
结晶	利用不同温度下溶质溶解度不同,使溶液中溶质变成晶体析出	
压缩	利用外力做功,提高气体压力	热力过程
冷冻	加入功,使热量从低温物体向高温物体转移	
粉碎	用外力使固体物体破碎	机械过程
颗粒分级	将固体颗粒分成大小不同的部分	

每一个产品的生产过程都包含了反应过程和单元操作过程(均是若干个单元操作与若干个单元反应的串联组合),所以化工生产过程可以简化为"三传一反"(见图0-2)。

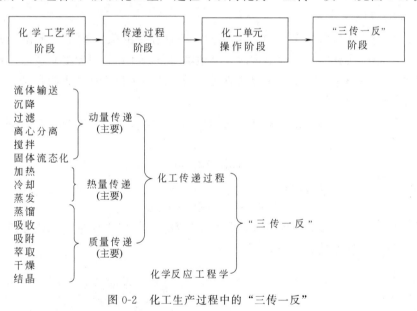

图0-2 化工生产过程中的"三传一反"

二、单位制与单位换算

任何物理量的大小都是由数字和单位共同表达的,二者缺一不可,否则将不具有任何物理意义。同一物理量在不同的单位制中,其数值会相应地改变。在科学技术的发展过程中,由于历史、地区及学科等原因形成了不同的单位制。常见的单位制有绝对单位制(包括CGS制和MKS制)、工程单位制、国际单位制(SI制)和法定单位制。其中,国际单位制是 1960 年 10 月在第十一届国际计量大会上通过的一种新的单位制度，由于其具有通用性和一贯性的优点，在国际上被迅速推广使用。目前，我国采用中华人民共和国法定计量单位制，它以 SI 制为基础，同时规定了一些我国选定的单位。所有单位制的共性是将物理量分为基本物理量和导出物理量，每种单位制根据使用方便的原则，规定了其基本物理量，其单位称为基本单位。其他物理量为导出物理量，其单位根据其物理意义，由有关基本单位组合而成。常见单位制所规定的基本物理量及单位如表 0-2 所示。

表 0-2　常见单位制的基本物理量及单位

项目	长度	时间	质量	力	温度	电流	光强度	物质的量
绝对单位制（CGS 制）	cm	s	g	—	—	—	—	—
绝对单位制（MKS 制）	m	s	kg	—	—	—	—	—
工程单位制（重力单位制）	m	s	—	kgf	—	—	—	—
国际单位制（SI 制）	m	s	kg	—	K	A	cd	mol

由于各单位制推广和使用在各地区、各学科领域不平衡，而且文献资料中所涉及的物理量又是多种单位制并存，这就需要了解和掌握不同单位制及其之间的换算方法。在本学科领域涉及的单位换算包括物理量的单位换算和公式的单位换算两类。

1. 物理量的单位换算

任何物理量的值都是由数字和单位组成的，即物理量的值＝数字×单位。就物理量而言，将其从一种单位换算成另一种单位时，其值本身不会变化，只是数值要发生改变。同一物理量的值在进行不同单位制下的单位换算时，需乘以两单位之间的换算因数。换算因数等于两单位制下同一物理量之比。

例如 1m 和 100cm 是两个相等长度，它们分别属于国际单位制和绝对单位制中长度的单位，即：

$$1m＝100cm$$

对应两种单位的换算因数为：

$$100cm/1m＝100cm/m$$

从本质上讲，包括单位的任何换算因数都是纯数 1，任何物理量乘以或除以单位的换算因数，都不会改变原物理量的大小。

 技术训练 0-1

水在 20℃时的热导率为 $0.515kcal/(m \cdot h \cdot ℃)$，试从基本换算单位开始，将水的热导率单位换算成国际单位制下单位 $W/(m \cdot ℃)$。

解：

$$1kcal＝4.187kJ$$

$$1h＝3600s$$

在国际单位制中，$1W=1J/s$，则水的热导率为

$$\lambda = 0.515kcal/(m \cdot h \cdot ℃)$$
$$= 0.515kcal/(m \cdot h \cdot ℃) \times (4.187 \times 10^3 J/kcal) \times (1h/3600s)$$
$$= 0.599J/(m \cdot s \cdot ℃)$$
$$= 0.599W/(m \cdot ℃)$$

关于物理量的单位换算，常用的方法是从参考资料中查出原单位和要换算的新单位之间的换算因数，用换算因数与原物理量相乘或相除，消去原单位而引入新单位，即可得到换算后的物理量新单位下的数值。

$$1kcal/(m \cdot h \cdot ℃) = 1.163W/(m \cdot ℃)$$
$$则 \ 0.515kcal/(m \cdot h \cdot ℃) = 0.515 \times 1.163W/(m \cdot ℃) = 0.599W/(m \cdot ℃)$$

2. 公式的单位换算

公式是对特定过程中各有关因素的数量关系的客观描述，在化工过程的工艺设计计算中所用到的公式可分为以下两类。

一类是根据物理过程规律建立的各物理量之间关系的物理方程，如牛顿第二运动定律

$$F = ma$$

式中　F——作用在物体上的力；

　　　m——物体的质量；

　　　a——物体运动的加速度。

物理方程具有单位一致性（或称量纲一致性）。各物理量的单位可以任选一种单位制。同一物理方程式中绝不允许同时采用两种单位制。

另一类是根据实验数据整理、归纳得到的经验公式，式中各符号仅代表对应物理量的数字部分，其单位必须采用指定的单位，经验公式只反映各物理量的数字之间的关系，故经验公式又称数字公式。若要采用非经验公式指定的单位，需先对经验公式进行换算，然后再代入数据计算。根据经验公式的特点，对其进行单位换算时，需根据物理量和单位的关系（物理量的值＝数字×单位）将经验公式中的各符号按物理量与希望的单位之比的形式列出，然后利用单位之间的换算因数，把原来的单位换算成希望的单位。

三、物料衡算与能量衡算

物料衡算与能量衡算是进行化工过程分析计算的基本手段。任何生产过程都是各个单元操作的协同作用的过程。要分析和确定过程中各股物料的数量、组成之间的关系及保证工艺过程的顺利实施中需要的能量供给和释放，必须对过程进行物料衡算和能量衡算。同时，要确定工艺过程中涉及的相关设备的工艺尺寸，必须依赖对应的平衡关系和速率关系，从而确定过程进行的极限，分析过程进行的快慢。因此，平衡关系和速率关系是研究各种单元操作原理的基本内容。

1. 物料衡算

物料衡算的基本依据是质量守恒定律。向系统输入的物料质量减去从系统输出的物料质量等于物料在系统内物料的累计质量，即

$$\sum m_i - \sum m_o = m_A$$

式中　$\sum m_i$——输入系统物料量的总和；

$\sum m_o$——输出系统物料量的总和；

m_A——系统内累计的物料量。

上式是物料衡算的通式，既适用于间歇操作过程，也适用于连续生产过程。衡算系统可以是任何指定的设备、车间、工段等空间范围。对于没有化学变化的过程，任一物质或组成都符合该通式；对有化学变化的过程，涉及的各元素也符合该通式。

物料衡算的步骤：

①划定衡算范围；②划定衡算基准（时间基准）；③列出化学反应式（无化学反应的过程，此步骤略）；④统一单位；⑤列物料衡算式进行计算。

衡算范围根据分析计算的要求和目标参数划定。对于间歇操作过程，衡算一般取一次或一批操作为基准；对于连续操作过程，常以时间单位为基准。对应的物料衡算式也可用下式表示，即

$$\sum W_i - \sum W_o = \mathrm{d}m_A/\mathrm{d}\theta$$

式中　W_i，W_o——每股输入、输出系统的物料的质量流量；

$\mathrm{d}m_A/\mathrm{d}\theta$——物料在系统内的质量累计速率。

对于连续稳定的生产过程，系统内不可能有物料的累计，即 $\mathrm{d}m_A/\mathrm{d}\theta = 0$，故

$$\sum W_i = \sum W_o$$

2. 能量衡算

能量衡算的基本依据是能量守恒定律。自然界能量以多种形式存在，如机械能、化学能、原子能、电能、热量、磁能等，各种能量之间可以相互转换。化工计算中涉及的不是能量之间的相互转换问题，是总能量衡算问题，而且大多数的能量衡算可简化为热量衡算。本课程介绍的能量衡算以热量衡算为重点。

根据能量守恒定律，进入系统的物料带入的能量等于排出系统的物料带出的能量与系统的热损失之和。即

$$\sum (W_H)_i = \sum (W_H)_o + Q_L$$

式中　$\sum (W_H)_i$——随物料进入系统的总热量，kJ 或 kW；

$\sum (W_H)_o$——随物料排出系统的总热量，kJ 或 kW；

Q_L——系统的热损失，kJ 或 kW。

进行能量衡算的方法与物料衡算的方法基本相同。因热量衡算涉及物料的焓，物料的焓的值与物料的状态有关，而且是相对值，所以，进行热量衡算时，除首先要划定衡算范围、确定衡算基准外，还需设定另一个基准，即基准温度。通常选 0℃为基准温度，并规定 0℃时液态的焓为 0。然后将所有相关参数的单位统一，列热量衡算式进行计算。

四、平衡关系与过程速率

平衡关系只能说明过程的方向和限度，而不能确定过程进行的快慢。过程进行的快慢只能用过程速率来描述。过程速率受诸多因素影响，目前还不能用一个简单的算术式来表示化工过程速率与其影响因素之间的关系。工业生产过程速率常以过程推动力与过程阻力的比值来表示，即

过程速率＝过程推动力/过程阻力

不同过程的推动力有不同的含义，如冷、热两流体之间传热推动力应为冷、热两流体之间的温度差，流体流动的推动力为势能差，而物质传递的推动力则为浓度差。无论是什么含

义，它们有一个共同点，即过程达平衡时推动力均为零。过程阻力较为复杂，应根据具体过程进行分析。

五、本课程的学习方法与建议

学习单元操作课程的目的可归纳为以下几点。

① 学习如何根据各单元操作在技术上和经济上的特点，进行"过程和设备"的选择，以适应指定物系的特征，从而经济而有效地满足工艺要求。

② 学习如何进行过程的计算和设备的设计。在缺乏数据的情况下，如何组织实验以取得必要的设计数据。

③ 学习如何进行操作和调节以适应生产的不同要求，在操作发生故障时如何寻找故障的缘由。

根据课程的目的与特点，在学习本课程过程中给学习者提供一些建议：

① 理论联系实际，将理论教学、课程实验、课程设计以及过程仿真结合在一起。

② 学习过程中将过程原理与设备结合在一起。

③ 掌握科学研究方法，学习相关的专业软件（ChemOffice、Origin、Aspen Plus 等）和专业英语等相关知识与技能。

④ 培养自学能力、创新能力，利用课余时间访问专业网站、精品课程网站、国家资源库网站等，通过自学、复习等，提高学习效果。

学习流体的基本性质（密度、黏度等）、流体流动的状态参数（压力、流量、流速等）、流体的流动形态、流体静力学方程、连续性方程、伯努利方程、流体阻力计算、流体的输送机械与操作、流体参数的测定等，根据工艺与管路的要求，能选择管子、管件的材质与种类，计算与确定管子的尺寸、管路的阻力、输送机械的功率与选择流体输送机械的类型，操作流体输送设备并能判断与处理输送过程中遇到的各种问题等。

具有流动特性的物质总称为流体，主要包括气体和液体。流体具有流动性；无固定形状，随容器形状而变化；受外力作用时内部产生相对运动。如果流体的体积不随压力变化而变化，该流体称为不可压缩性流体；若随压力发生变化，则称为可压缩性流体。一般液体的体积随压力变化很小，可视为不可压缩性流体；而对于气体，当压力变化时，体积会有较大的变化，常视为可压缩性流体，但如果变化率不大时，气体也可当作不可压缩性流体处理。

化工生产过程中所处理的物料，主要包括原料、半成品及产品等。生产过程中处理的物料大多数是流体，流体流动状态对许多单元操作过程有很大影响。

🔧 工业应用

如图 1-1 所示，在橡胶防老剂 RD 生产过程中，物料的输送包括原料从储罐输送到高位槽、成盐釜、反应釜、中和釜、精馏塔等，同时也包括中间环节的流体输送的设备。

现在要完成橡胶防老剂 RD 生产过程中流体输送方案、设备选型和操作方法的任务，首先要了解生产工艺流程中物料的性质，主要包括密度、黏度等。

解决这两个输送问题，需完成的工作任务是：

① 制定原料、中间体以及产品的输送方案；

② 确定输送过程所需补充的能量；

③ 选择输送管子、管件和阀件；

④ 确定输送过程的压力和流量的检测方法和装置；

⑤ 选择合适的输送泵；

⑥ 掌握输送过程的操作方法和规程。

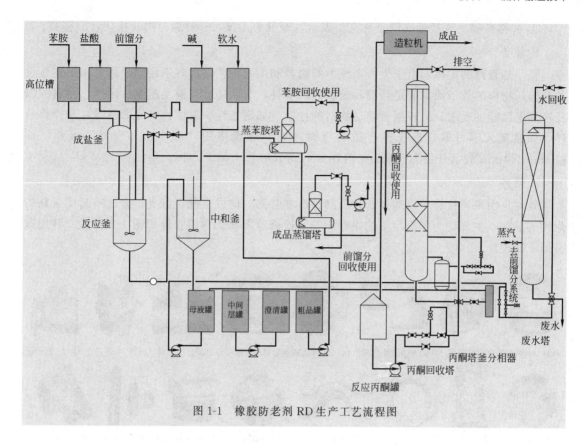

图 1-1　橡胶防老剂 RD 生产工艺流程图

任务1　认识流体输送管路

　　流体从某一位置或设备输送至储罐、反应器、换热器等,需要借助管路进行输送。在本任务中将学习管路的基本组成,了解管子的材质与应用范围、管件及阀门的种类与应用,熟悉管路的连接所用的管件、连接的方法、管路上的附件(流量计、压力表等)以及管路布置的原则。

子任务1　认识管路的构成

　　管路是由管子、管件、阀门和流量计等按一定的排列方式构成的,也包括一些附属于管路的管架、管卡、管撑、防腐装置、保护装置以及保温装置等辅件。由于生产中输送的流体是各种各样的,输送条件与输送量也各不相同,因此,管路也必然是各不相同的。但化工管路又是标准化的,即管子、管件、阀门及其他辅件的结构、尺寸、连接、压力等有一定标准,其中压力标准和直径标准是制定其他标准的依据,也是选择管子和辅件的主要依据。

　　① 公称压力　压力标准以公称压力表示,符号为 PN,表示温度在 $273 \sim 393\text{K}$ 范围内的最高允许工作压力。

② 公称直径　直径标准以公称直径表示，符号为DN，一般为与内径相接近的整数。

1. 管子

管子是管路的主体。由于生产系统中的物料和所处工艺条件各不相同，所以用于连接设备和输送物料的管子除需满足强度和流量的要求外，有的还必须满足耐温、耐压、耐腐蚀以及导热等性能的要求。应根据所输送物料的性质（如腐蚀性、易燃性、易爆性等）和操作条件（如温度、压力等）来选择合适的管材。管子的规格用"ϕ 外径 $\times$ 壁厚"表示，如 $\phi80\text{mm} \times 4\text{mm}$ 表示外径为 80mm、内径为 72mm 的管子。

2. 管件

管件是用来连接管子以达到延长管路、改变管路方向或直径、分支、合流或封闭管路的附件的总称，主要是为了满足工艺生产和安装检修等需要。常用管件如图 1-2 所示。其用途有如下几种。

(a)240异径管箍　(b) 90°弯头　(c) 92方边内外丝弯头 (d) 180方边四通 (e)270管箍　(f)130方边三通 (g)280六角外丝 (h) 三变三通

(i)291无边堵头(j)快速接头　(k) 310根母　(l) 85过桥　(m) 330活接　(n) 241补芯　(o) 280外丝　(p) 中大三通

图 1-2　常用管件

管件

① 用以改变流向　90°弯头、45°弯头、180°回弯头等。

② 用以堵截管路　管帽、丝堵（堵头）、盲板等。

③ 用以连接支管　三通、四通。有时三通也用来改变流向，多余的一个通道接头用管帽或盲板封上，在需要时打开再连接一条支管。

④ 用以改变管径　异径管、内外螺纹接头（补芯）等。

⑤ 用以延长管路　管箍（束节）、螺纹短节、活接头、法兰等。法兰多用于焊接连接管路，而活接头多用于螺纹连接管路。在闭合管路上必须设置活接头或法兰，尤其是在需要经常维修或更换的设备、阀门附近必须设置，因为它们可以就地拆卸、就地连接。

3. 动量输送设备

动量输送设备给输送的流体（水）提供动量、提高流速等，包括各种类型的泵、风机等，在后续任务中将作进一步介绍。

4. 阀门

阀门可调节管路中流体的流量或满足其他工艺设计的要求。

5. 保温装置

流体在输送冷、热介质时，要考虑热量或冷量的流失（如防止物料结晶或避免液体黏度过大影响正常输送），因此在管路上要增加保温装置，以保证工艺过程中的相关要求。

技能训练 1-1

液体（水）从地面送到较高位置的储槽（高位槽），液体输送流程如图 1-3 所示。

① 管路　主要包括直管。

② 附件　阀门、压力表、流量计等。

③ 动量输送设备　离心泵（具体的安装方法与操作将在后续课程中讨论）等。

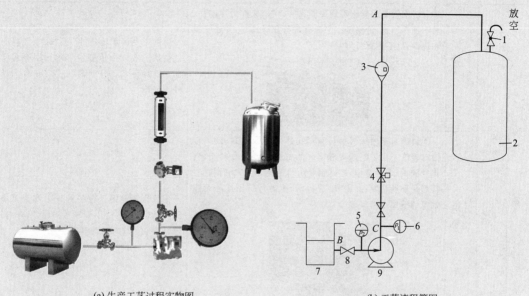

(a) 生产工艺过程实物图　　　　　　　　(b) 工艺流程简图

图 1-3　流体输送过程工艺流程

1—球阀；2—高位槽；3—转子流量计；4—电动阀；
5,6—压力表；7—水槽；8—截止阀；9—离心泵

操作：高位槽在输入液体之前，首先要打开放空阀门（保证槽内外压强相等，这样才能使得液体输入到槽内，否则不能输入液体），为了控制液体输入流量，可以在管路上安装流量计（控制液体的输入速度，其结构及测定原理在后续任务将详细介绍）。

技能训练 1-2

在图 1-3 中要改变管路的流动方向，在 A 位置上安装一个 90°的弯头即可。在 B、C 位置上，应该选用什么样的管件？

子任务 2　选择管路材料

设计或选用管路材料时，要根据流体的基本性质（如腐蚀性）、工作环境（如温度、压力）、工艺安装要求（如冷却、保温以及加热等）等许多因素考虑。

例如在输送水、稀盐酸时，要考虑水为一般流体，无毒、无腐蚀性，因此一般材质管路都能

适合输送水；但是盐酸为腐蚀性流体，因此管路材料应为耐腐蚀的铅、塑料或者玻璃等。

管子的分类

管子按使用的材料来进行分类，可分为金属管、非金属管和复合管，其中金属管占绝大部分。复合管指的是金属与非金属两种材料组成的管子。常见的化工管材及适用输送流体的种类见表1-1。

表1-1　常见的化工管材及适用输送流体的种类

种类及名称			结构特点	用途
金属管	钢管	有缝钢管	有缝钢管是用低碳钢焊接而成的钢管，又称为焊接管。易于加工制造，价格低。主要有水管和煤气管，分镀锌管和黑铁管（不镀锌管）两种	目前主要用于输送水、蒸汽、煤气等腐蚀性低的液体和压缩空气等。因有焊缝而不适宜在0.8MPa（表压）以上的压力条件下使用
		无缝钢管	无缝钢管是用棒料钢材经穿孔热轧或冷拔制成的，它没有接缝。用于制造无缝钢管的材料主要有普通碳钢、优质碳钢、低合金钢、不锈钢和耐热铬钢等。无缝钢管的特点是质地均匀、强度高、管壁薄，少数特殊用途的无缝钢管的壁厚也可以很厚	无缝钢管能用于在各种压力和温度下的流体输送，广泛用于输送高压、有毒、易燃易爆和强腐蚀性流体等
	铸铁管		有普通铸铁管和硅铸铁管。铸铁管价廉而耐腐蚀，但强度低，气密性也差，不能用于输送有压力的蒸汽、爆炸性气体及有毒性气体等	一般作为埋在地下的给水总管、煤气管及污水管等，也可以用来输送碱液及浓硫酸等
	有色金属管	铜管与黄铜管	由紫铜或黄铜制成。导热性好，延展性好，易于弯曲成型	适用于制造换热器和深冷装置的管子；适用于油压系统、润滑系统来输送有压液体；还适用于低温管路。黄铜管在海水管路中也得到广泛使用
		铝管	铝管有较好的耐酸性，其耐酸性主要由其纯度决定，但耐碱性差	铝具有很好的耐蚀性。铝管常用于输送浓硫酸、乙酸、硫化氢及二氧化碳等介质，也常用于换热器。铝管不耐碱，不能用于输送碱性溶液及含氯离子的溶液。由于铝管的机械强度随着温度的升高而显著降低，故铝管的使用温度不能超过200℃。对于受压管路，使用温度将更低。铝在低温下具有较好的机械性能，故在空气分离装置中大多采用铝及铝合金管

续表

种类及名称			结构特点	用途
金属管	有色金属管	铅管	铅管抗腐蚀性好，能抗硫酸及 10% 以下的盐酸，其最高工作温度是 473K。由于铅管机械强度差、性软且笨重、导热能力小，目前正被合金管及塑料管所取代	铅管常用作输送酸性介质的管路，可输送 0.5%～15% 的硫酸、二氧化碳、60% 的氢氟酸及浓度低于 80% 的乙酸等介质，不宜输送硝酸、次氯酸等介质
		铝塑复合管	抗腐蚀性强，可任意弯曲，与管件连接方便，使用寿命较长	一般低压流体
非金属管	陶瓷管		化工陶瓷与玻璃相近，耐腐蚀性好	除氢氟酸、氟硅酸和强碱外，能耐各种浓度的无机酸、有机酸和有机溶剂的腐蚀，由于强度低、性脆，一般用于排除腐蚀性介质的下水道和通风管道
	玻璃管		玻璃管具有耐腐蚀、透明、易于清洗、阻力小、价格低等优点，缺点是性脆、不耐压	常用于检测或实验性工作场合。玻璃管由于透明，可用于某些特殊介质的输送
	塑料管		常用的有硬聚氯乙烯管、软聚氯乙烯管、聚乙烯管、聚丙烯管以及金属管表面喷涂聚三氟氯乙烯等。其特点是质轻、抗腐蚀性好、易加工，但耐热耐寒性差、强度低，不耐压	一般用于常压、常温下酸、碱液的输送
	橡胶管		橡胶管具有较好的耐腐蚀性能，质量轻，有良好的可塑性，安装、拆卸灵活方便。常用的橡胶管一般由天然橡胶或合成橡胶制成，适用于对压力要求不高的场合	耐酸、碱，抗腐蚀，有弹性，能任意弯曲，但易老化。只能用于临时管路

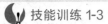

技能训练 1-3

（1）在图 1-3 中，如果把输送的物质由水改变成稀盐酸、高压蒸汽、热空气，管路的材质应如何选择。

参考：如表 1-1 所示，①有缝钢管可输送水、蒸汽（低压）；②无缝钢管可输送高压蒸汽、热空气；③玻璃管或者是塑料管可以输送稀盐酸。

（2）如果高位槽由 1 个变成 2 个，该选择什么样的管件？

参考：可以采用多种管件来实现。例如可以采用一个三通来实现，一根主管可以分成两个支路。

子任务 3 选择化工管路中的阀门

一、阀门

阀门是流体输送系统中具有截止、调节、导流、防止逆流稳压、分流或溢流泄压等功能的附件。根据在管路的作用不同，阀门可分为截止阀（又称切断阀）、节流阀、止回阀、安全阀等；根据结构形式，阀门可分为闸阀、旋塞阀（常称考克）、球阀、蝶阀、隔膜阀、衬里阀等。此外，根据制作阀门的材料，又分为不锈钢阀、铸钢阀、铸铁阀、塑料阀、陶瓷阀等。化工生产中常用的阀门主要有闸阀、截止阀、止回阀、球阀、减压阀、旋塞阀和隔膜阀以及控制阀等。

1. 闸阀

闸阀主要部件为闸板，通过闸板的升降以启闭管路。这种阀门流体阻力小，适用的压力、温度范围大，介质流动方向不受限制，密封性能良好。手动闸阀如图 1-4 所示。闸阀多用于大直径管路上，作启闭阀，在小直径管路中也有用作调节阀的。闸阀不宜用于含有固体颗粒或物料易于沉积的流体，以免引起密封面的磨损和影响闸板的闭合。闸阀可分为：平行式闸阀、楔式闸阀、升降式闸阀、旋转杆式闸阀、快速启闭闸阀、缩口闸阀、平板闸阀等。

(a) 结构示意图   (b) 外形图

图 1-4 手动闸阀结构示意图与外形图

2. 截止阀

截止阀主要部件为阀盘与阀座，流体自下而上通过阀座，其构造比较复杂，流体阻力较大，但密闭性与调节性能较好，如图 1-5 所示。截止阀不宜用于黏度大且含有易沉淀颗粒的介质。截止阀开闭过程中密封面之间摩擦力小，比较耐用，开启高度不大，制造容易，维修方便，不仅适用于中低压管路，而且适用于高压管路。

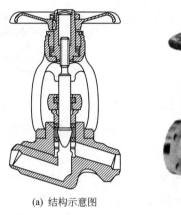

        (a) 结构示意图   (b) 外形图

图 1-5　截止阀结构示意图与外形图

3. 止回阀

止回阀又称止逆阀或叫单向阀，如图 1-6 所示。止回阀安装在管路中使流体只能向一个方向流动，不允许反向流动。它是一种自动关闭阀门，在阀体内有一个阀瓣或摇板。当介质顺流时流体将阀瓣自动顶开；当流体倒流时，流体（或弹簧力）自动将阀瓣关闭。按止回阀结构的不同，止回阀分为升降式和旋启式两类。升降式止回阀瓣是垂直于阀体通道作升降运动的，一般用于水平或垂直管道上；旋启式止回阀的阀瓣常称为摇板，摇板一侧与轴连接，摇板可绕轴旋转，旋启式止回阀一般安装在水平管道上，小口径的也可以安装于垂直的管道上，但要注意流量不宜太大。止回阀一般适用于输送清洁介质的管路中，含有固体颗粒和黏度较大的介质管路中不宜采用。升降式的止回阀封闭性能比旋启式的好，但旋启式的止回阀流体阻力比升降式的小。一般情况下旋启式止回阀适用于大口径的管路中。安装时要注意流体流动的方向。

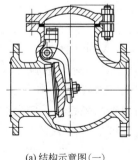

  (a) 结构示意图（一）   (b) 结构示意图（二）   (c) 外形图

图 1-6　止回阀结构示意图与外形图

4. 球阀

球阀阀芯呈球状，中间为一与管内径相近的连通孔，结构比闸阀和截止阀简单，启闭迅速，操作方便，体积小，重量轻，零部件少，流体阻力小，全通径的球阀基本没有流体阻力，如图 1-7 所示。球阀适用于低温高压及黏度大的介质，但不宜用于调节流量。

(a) 结构示意图　　　　　　　　　　　　　(b) 外形图

图 1-7　球阀结构示意图与外形图

5. 旋塞阀

旋塞阀是使用最早的一种阀门，结构简单，开关迅速，流体阻力小。其主要部分为一可转动的圆锥形旋塞，中间有孔，当旋塞旋转至 90°时，流动通道即全部封闭，需要较大的转动力矩，如图 1-8 所示。旋塞阀在温度变化大时容易卡死，且不能用于高压。

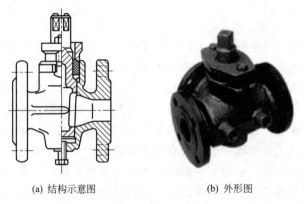

(a) 结构示意图　　　　　　　　　　　　　(b) 外形图

图 1-8　旋塞阀结构示意图与外形图

6. 安全阀

为确保化工生产的安全，在有压力的管路系统中，常设有安全装置，即选用一定厚度的金属薄片，像插入盲板一样装在管路的端部或三通接口上。当管路内压力升高时，薄片被冲破从而达到泄压目的。爆破板一般用于低压、大口径的管路中，但在大多数化工管路中则用安全阀。安全阀的种类很多，大致可分为两大类，即弹簧式和杠杆式。弹簧式安全阀如图 1-9 所示，主要依靠弹簧的作用力来达到密封。当管内压力超过弹簧的弹力时，阀门被介质顶开，管内流体排出，使压力降低。一旦管内压力降到低于弹簧弹力时，阀门重新关闭。杠杆式安全阀主要靠杠杆上重锤的作用力达到密封，作用原理同弹簧式。安全阀的选用，是根据工作压力和工作温度决定公称压力的等级，其口径大小可参考有关规定计算确定。安全阀的结构类型、阀门的材质均应按工作介质的性质、工作条件选用。安全阀的起跳压力、试验及验收等均有专门规定，由安全部门定期校验、铅封打印，在使用中不得任意调节，以确保安全，主要用在蒸汽锅炉及承受压力的设备上。

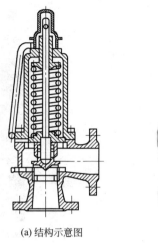

安全阀

(a) 结构示意图　　　　　(b) 外形图

图 1-9　弹簧式安全阀结构示意图与外形图

7. 蝶阀

蝶阀又叫翻板阀，是一种结构简单的调节阀，可用于低压管道介质，如图 1-10 所示。阀门可用于控制空气、水、蒸汽、各种腐蚀性介质、泥浆、油品、液态金属和放射性介质等各种类型流体的流动。在管道上主要起切断和节流作用。蝶阀启闭件是一个圆盘形的蝶板，在阀体内绕其自身的轴线旋转，从而达到启闭或调节的目的。

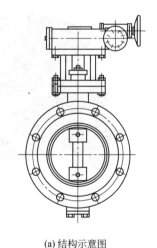

蝶阀

(a) 结构示意图　　　　　(b) 外形图

图 1-10　蝶阀结构示意图与外形图

8. 减压阀

减压阀是将介质压力降低到一定数值的自动阀门，如图 1-11 所示。一般阀后压力要小于阀前压力的 50%，它主要靠膜片、弹簧、活塞等零件利用介质的压差来控制阀瓣与阀座的间隙，达到减压的目的。减压阀的种类很多，常见的有活塞式和薄膜式两种。

9. 隔膜阀

隔膜阀的结构形式与一般阀门大不相同，是一种新型的阀门。它是一种特殊形式的截断阀，它的启闭件是一块用软质材料制成的隔膜，隔膜将阀体内腔与阀盖内腔及驱动部件隔开。隔膜阀现被广泛用于各个领域。

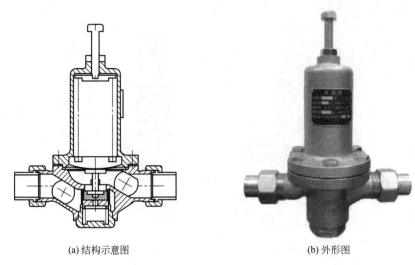

(a) 结构示意图　　　　　　　　　　　　(b) 外形图

图 1-11　减压阀结构示意图与外形图

　　常见的隔膜阀如图 1-12 所示。阀门的启闭是一块特制的橡胶膜片，膜片夹置在阀体与阀盖之间，关闭时阀杆下的圆盘把膜片压紧在阀体上达到密封。这种阀门结构简单，密封可靠，便于检修，流体阻力小。适用于输送酸性介质和带悬浮物的流体管路中，但一般不宜用于较高压力或温度高于 60℃的管路，不宜用于输送有机溶剂和强氧化介质的管路中。

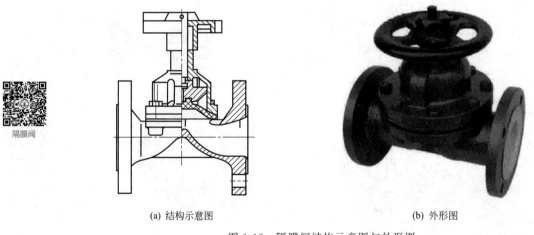

隔膜阀

(a) 结构示意图　　　　　　　　　　　　(b) 外形图

图 1-12　隔膜阀结构示意图与外形图

　　隔膜阀的阀体材料采用铸铁、铸钢，或铸造不锈钢，并衬以各种耐腐蚀或耐磨材料，隔膜材料有橡胶及聚四氟乙烯。衬里的隔膜阀耐腐蚀性能强，适用于强酸、强碱等强腐蚀性介质的调节，但一般不宜用于较高压力或温度高于 60℃的管路，不宜用于输送有机溶剂和强氧化介质的管路中。

10. 节流阀

　　节流阀属于截止阀的一种，如图 1-13 所示。其阀头的形状为圆锥形或流线形，可以较好地调节流体的流量或进行节流调压等。该阀制作精度要求较高，密封性能好。主要用于仪表控制或取样等管路中，但不宜用于黏度大和含固体颗粒介质的管路中。

(a)外套滑型节流阀　　　　(b)针型节流阀

图 1-13　节流阀

11. 衬里阀

为防止介质的腐蚀，有的阀门需要在阀体和阀头等部位衬以耐腐蚀的材料（铅、橡胶、搪瓷等），如图 1-14 所示。衬里材料应根据介质的性质来选用。为衬里方便，衬里阀门大多制成直角式或直流式。

12. 调节阀

调节阀又名控制阀，是在工业自动化过程控制领域中，通过接受调节控制单元输出的控制信号，借助动力操作去改变介质的流量，以控制压力、温度、液位等工艺参数的控制元件。调节阀一般由执行机构和阀门组成。如果按行程特点，调节阀可分为直行程和角行程；按其所配执行机构使用的动力，可以分为气动调节阀、电动调节阀、液动调节阀三种；按其功能和特性分为线性特性、等百分比特性及抛物线特性三种。调节阀适用于空气、水、蒸汽、各种腐蚀性介质、泥浆、油品等介质。

图 1-14　衬里阀
1—阀杆；2—球（全径）；3—阀体；
4—阀盖；5—球座

调节阀的阀体种类很多，常用的阀体种类有直通单座、直通双座、角形、隔膜、小流量、三通、偏心旋转、蝶形、套筒式、球形等。

① 单座调节阀　单座调节阀如图 1-15 所示，阀体内有一个阀芯和一个阀座，具有泄漏量小的特点。该阀不平衡力大，允许压差较双座阀小，在高压差、大口径条件下，最好配上阀门定位器。只要改变阀杆与阀芯的连接位置就可实现气开或气闭。

② 双座调节阀　双座调节阀如图 1-16 所示，是自动化控制系统中仪表的执行单元，以电源电压作动力，接受来自 DCS（Distributed Control System，集散控制系统）、PLC 系统（Programmable Logic Controller，可编程逻辑控制器）或调节仪表、操作器等输入的电流信号或电压信号（4～20mA、0～10mA 等），即可控制运转。双座调节阀采用机电一体化结构，具有机内伺服操作和开度信号位置反馈、位置指示、手动操作等功能，功能强、性能可靠、连线简单、调节精度高，以直行程输出的推力改变阀门开度位移，达到对流体介质的工艺参数的精确调节控制。

图 1-15　单座调节阀

图 1-16　双座调节阀

③ 角型调节阀　角型调节阀如图 1-17 所示，除阀体为角型外，其他结构均和单座阀相似，其特点决定了它的流路简单、阻力小，特别有利于高压降、高黏度、含有悬浮物和颗粒状物质流体的调节。它可以避免结焦、黏结和堵塞等现象发生，也便于清洗和自净。

④ 三通调节阀　三通调节阀如图 1-18 所示，是由直行程电子式电动执行机构和采用圆筒形薄壁窗口型阀芯的三通合流（分流）阀组成，具有结构紧凑、重量轻、动作灵敏、流量特性精确等特点，直接接受调节仪表输入的控制信号及单相电源（$4\sim20$ mA DC、$0\sim10$ mA DC 等）即可控制运转，实现对工艺管路流体介质的自动调节控制，广泛应用于精确控制气体、液体、蒸汽等介质的压力、流量、温度、液位等参数。

三通调节阀有三个出入口与管道相连，相当于将两台单座调节阀合成一体。

图 1-17　角型调节阀

图 1-18　三通调节阀

13. 疏水阀

疏水阀也叫自动排水器或凝结水排放器，可分为蒸汽系统使用和气体系统使用，主要包括倒吊桶式、杠杆浮球式、自由浮球式等类型，如图 1-19 所示。

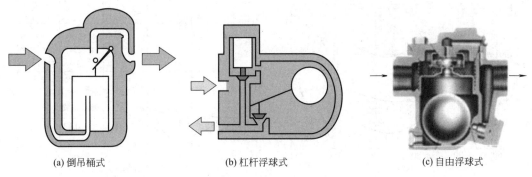

(a) 倒吊桶式　　　　　　　(b) 杠杆浮球式　　　　　　　(c) 自由浮球式

图 1-19　疏水阀的结构类型

如图 1-20 所示，疏水阀是利用浮力原理开关的，可以自动辨别汽、水，常用于需连续排水、流量较大、需对排出的水进行收集后再利用的场合。其中杠杆浮球式疏水阀和倒吊桶式疏水阀结构复杂。自由浮球式疏水阀结构简单，不漏气，一般用于管线疏水或设备疏水。

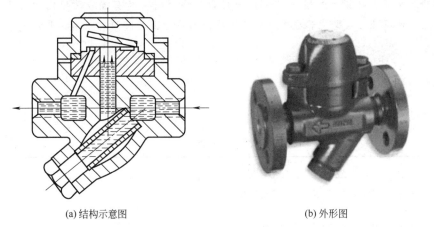

(a) 结构示意图　　　　　　　　　　(b) 外形图

疏水阀

图 1-20　疏水阀结构示意图与外形图

在输送高压蒸汽的过程中，由于热量的损失，蒸汽冷凝形成水汽混合物，使得蒸汽在管路中输送不畅。在管路中安装疏水器，可以将管路中的冷凝水排除，保证蒸汽的顺畅输送，如图 1-21 所示。

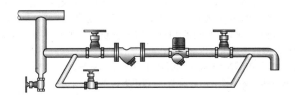

图 1-21　疏水阀应用实例

💡 技能训练 1-4

工业化生产过程中采用何种材质的管路和阀门输送浓硫酸？

温度、压力、流速等操作参数，都会影响材料的性能，如图 1-22 所示。

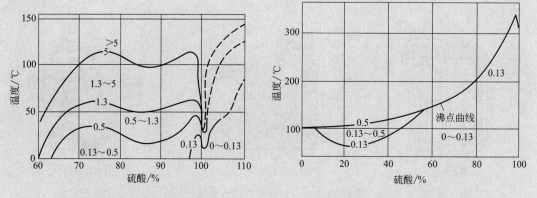

(a) 硫酸浓度、温度对碳钢腐蚀的影响   (b) 硫酸浓度、温度对高硅铸铁钢腐蚀的影响

图 1-22　硫酸腐蚀碳钢、高硅碳钢图

注：数字表示腐蚀速率，单位 mm/a。

参考：用氟塑料合金泵、碳钢（或塑料 PPH，一种聚丙烯材料，具有极好的耐化学腐蚀性、耐磨损、耐高温、抗腐蚀、抗老化和绝缘性好的优质产品）管道，阀门可以用衬聚四氟乙烯的阀门。

二、阀门选用的原则

阀门选用的适宜场合见表 1-2。

表 1-2　阀门选用的适宜场合

阀门名称	适宜场合
闸阀	使用不受场地限制，水中杂物较多、易堵塞的重要位置，可采用手电两用闸阀
球阀	(1)适用于低温(150℃以下)、高压、黏度大的介质； (2)不能作流量调节用； (3)用于要求快速启闭的场合； (4)双位调节、密封性能严格、有磨损、缩口通道、启闭动作迅速、高压截止(压差大)、低噪声、有汽化现象、操作力矩小、流体阻力小的管路中，推荐使用球阀； (5)适用于轻型结构、低压截止、腐蚀性介质中； (6)是用于低温、深冷介质的最理想阀门，低温介质的管路系统和装置上，宜选用加上阀盖的低温球阀； (7)球阀可用于带悬浮固体颗粒的介质中，据据密封的材料也可用于粉状和颗粒状的介质； (8)选用浮动球阀时其阀座材料应经得住球体和工作介质的全部载荷，大口径的球阀在操作时需要较大的力，DN200 以上的球阀应选用蜗轮传动形式； (9)如选用高压大口径的 DN200 以上球阀，应选用固定球球阀； (10)化工系统的酸碱等腐蚀性介质的管路，宜选用奥氏体不锈钢制造、聚四氟乙烯为阀座密封圈的全不锈钢球阀
止回阀	(1)为了防止介质逆流，在设备、装置和管道上都应安装止回阀； (2)止回阀一般适用于清净介质，不宜用于含有固体颗粒和黏度较大的介质管路； (3)一般在公称直径 50mm 的水平管道上都应选用立式升降止回阀； (4)直通式升降止回阀在水平管道和垂直管道上都可安装； (5)对于水泵进口管路，宜选用底阀，底阀一般只安装在泵进口的垂直管道上，并且介质自下而上流动； (6)升降式较旋启式密封性好，流体阻力大，卧式宜装在水平管道上，立式装在垂直管道上；

阀门名称	适宜场合
止回阀	(7)旋启式止回阀的安装位置不受限制,它可装在水平、垂直或倾斜的管线上,如装在垂直管道上,介质流向要由下而上; (8)旋启式止回阀不宜制成小口径阀门,可以承受很高的工作压力,PN 可达到42MPa,而且 DN 也可以做到很大,最大可以达到2000mm以上,根据壳体及密封件的材质不同可以适用任何工作介质和任何工作温度范围,介质为水、蒸汽、气体、腐蚀性介质、油品、药品等,介质工作温度范围在-196~800℃之间; (9)旋启式止回阀适用场合是低压大口径,而且安装场合受到限制; (10)蝶式止回阀的安装位置不受限制,可以安装在水平管路上,也可以安装在垂直或倾斜的管线上; (11)隔膜式止回阀适用于易产生水击的管路上,隔膜可以很好地消除介质逆流时产生的水击,它一般使用在低压常温管道上,特别适用于自来水管道,一般介质工作温度在-12~120℃,工作压力应小于1.6MPa,但隔膜式止回阀可以做到较大口径,DN 最大可以达到2000mm以上; (12)球形止回阀适用于中低压管路,可以制成大口径; (13)球形止回阀的壳体材料可以用不锈钢制作,密封件的空心球体可以包裹聚四氟乙烯,所以在一般腐蚀性介质的管路上也可应用,工作温度在-101~150℃,其公称压力≤4.0MPa,公称直径范围在200~1200mm之间; (14)对于 DN50mm 以下的高中压止回阀,宜选用立式升降止回阀和直通式升降止回阀; (15)对于 DN50mm 以下的低压止回阀,宜选用蝶式止回阀、立式升降止回阀和隔膜式止回阀; (16)对于 DN 大于 50mm、小于 600mm 的高中压止回阀,宜选用旋启式止回阀; (17)对于 DN 大于 200mm、小于 1200mm 的中低压止回阀,宜选用无磨损球形止回阀; (18)对于 DN 大于 50mm、小于 2000mm 的低压止回阀,宜选用蝶式止回阀和隔膜式止回阀; (19)对于要求关闭时水击冲击比较小或无水击的管路,宜选用缓闭式旋启止回阀和缓闭式蝶式止回阀
减压阀	(1)减压阀的应用范围很广,在蒸汽、压缩空气、工业用气、水、油和许多其他液体介质的设备和管路上均可使用,介质流经减压阀出口处的量,一般用质量流量或体积流量表示; (2)波纹管直接作用式减压阀适用于低压、中小口径的蒸汽介质; (3)薄膜直接作用式减压阀适用于中低压、中小口径的空气、水介质; (4)先导活塞式减压阀,适用于各种压力、各种口径、各种温度的蒸汽、空气和水介质,若用不锈耐酸钢制造,可适用于各种腐蚀性介质; (5)先导波纹管式减压阀,适用于低压、中小口径的蒸汽、空气等介质; (6)先导薄膜式减压阀,适用于低压、中压、中小口径的蒸汽或水等介质; (7)在介质工作温度比较高的场合,一般选用先导活塞式减压阀或先导波纹管式减压阀; (8)介质为空气或水(液体)的场合,一般宜选用直接作用薄膜式减压阀或先导薄膜式减压阀; (9)介质为蒸汽的场合,宜选用先导活塞式或先导波纹管式减压阀; (10)为了操作、调整和维修的方便,减压阀一般应安装在水平管道上
平板闸阀	(1)适用介质范围:水、蒸汽、油品、氧化性腐蚀介质、酸碱类烟道气等; (2)使用在开关频繁的部位,不宜用于易结焦的介质管路; (3)城市煤气输送管线选用单闸板或双闸板密封明杆平板闸阀; (4)城市自来水工程,选用单闸板或双闸板无导流孔明杆平板闸阀; (5)带有悬浮颗粒介质的管道,选用刀型平板闸阀
楔式闸阀	(1)一般只适用于需全开或全闭的场合,不能作调节和节流使用; (2)一般用在对阀门的外形尺寸没有严格要求,而且使用条件又比较苛刻的场合,如高温高压的工作介质,要求关闭件要保证长期密封的情况等; (3)高压、高压截止、低压截止、低噪声、有气穴和汽化现象、高温介质、低温深冷的场合,推荐使用楔式闸阀,如石油化工、城市建设中的自来水工程和污水处理工程等领域应用较多; (4)在要求流阻小、流通能力强、流量特性好、密封严格的工况选用; (5)在高温、高压介质上选用楔式闸阀,如高温蒸汽、高温高压油品; (6)低温、深冷介质,如液氨、液氢、液氧; (7)低压大口径,如自来水工程、污水处理工程;

续表

阀门名称	适宜场合
楔式闸阀	(8)当安装高度受限制时选用暗杆式，当安装高度不受限制时选用明杆式； (9)在开启和关闭频率较低的场合下，宜选用楔式闸阀； (10)楔式单闸板闸阀适用于易结焦的高温介质，楔式双闸板闸阀适用于蒸汽、油品和对密封面磨损较大的介质，或开关频繁的部位，不宜用于易结焦的介质管路
截止阀	(1)高温、高压的介质管路或装置上宜采用截止阀，如火电厂、石油化工系统的高温、高压管路上选用截止阀； (2)适用于对流动阻力要求不严的管路上，即对压力损失要求不高的地方； (3)小型阀门可选用截止阀，如针形阀、仪表阀、取样阀、压力计等； (4)有流量调节或压力调节，但对调节精度要求不高，而且管路直径又比较小，如公称直径在50mm以下的管路上，宜选用截止阀或节流阀； (5)城市建设中的供水、供热工程上，公称通径较小管路，可选用截止阀、平衡阀或柱塞阀，公称通径一般在150mm以下； (6)适用于DN200以下蒸汽等介质管道上； (7)不适用于黏度较大的介质； (8)不适用于含有颗粒易沉淀的介质； (9)不宜作放空阀及低真空系统的阀门
蝶阀	(1)适用制成较大口径的阀门(如DN600以上)； (2)在结构长度要求短的场合宜选用蝶阀； (3)不宜用于高温、高压的管路系统，一般用于：温度不大于80℃、工作压力不大于1.0MPa的原油、油品、水等介质管路； (4)由于蝶阀相对于闸阀、球阀压力损失比较大，故蝶阀适用于压力损失要求不严的管路系统中； (5)适用于需要进行流量调节的管路； (6)适用于启闭要求快速的场合； (7)通常，在节流、调节控制与泥浆介质中，要求启闭速度快、低压截止(压差小)，推荐使用蝶阀； (8)在双位调节、缩口的通道、低噪声、有汽化现象、少量渗漏，具有腐蚀性介质的工况下，可选用蝶阀； (9)在特殊工况下节流调节，如要求密封严格或磨损严重、低温(深冷)等工况条件下使用蝶阀时，需使用特殊设计的金属密封带调节装置的三偏心或双偏心的专用蝶阀； (10)中线蝶阀适用于要求达到完全密封、气体实验泄漏为零、寿命要求较高、工作温度一般为−10～150℃的淡水、污水、海水、盐水、蒸汽、天然气、食品、药品、油品和各种酸碱及其他管路上； (11)软密封偏心蝶阀适用于通风除尘管路的双向启闭调节，广泛用于冶金、轻工、电力、石油化工系统的煤气及水管道； (12)金属对金属线密封双偏心蝶阀适用于城市供水、供热、供气及煤气、油品、酸碱等管路的调节和节流装置； (13)金属对金属线密封三偏心蝶阀除作为大型变压吸附(PSA)气体分离装置程序控制阀使用外，还可广泛用于石油化工、冶金、电力等领域，是闸阀、截止阀的良好替代品

子任务 4　布置与安装化工管路

根据行业规范、流体特性、涂色、标示以及工艺要求，选择管子与管子、管子与管件等连接方式，以满足化工生产工艺设计与生产的相关要求。

管路的连接方式

知识储备

一、管路的连接方式

管路的连接包括管子与管子、管子与各种管件、阀门及设备接口等处的连接，化学工业生产中比较普遍采用的方式有：承插式连接、螺纹连接、法兰连接及焊接。

（1）承插式连接　铸铁管、耐酸陶瓷管、水泥管常用承插式连接。管子的一头扩大成钟形，使一根管子的平头可以插入。环隙内通常先填塞麻丝或棉绳，然后塞入水泥、沥青等胶合剂，如图1-23所示。它的优点是安装方便，允许两管中心线有较大的偏差，缺点是难以拆除，高压时不可靠。

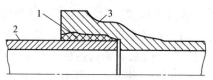

图 1-23　承插式连接

1—密封填料；2—管尾；3—承插口

（2）螺纹连接　螺纹连接常用于水管、煤气管。管端有螺纹，可用各种现成的螺纹管件将其连接而构成管路。螺纹连接通常仅用于小直径的水管、压缩空气管路、煤气管路及低压蒸汽管路。用以连接直管的管件常用的有管箍和活络管接头，如图1-24 和图 1-25 所示。

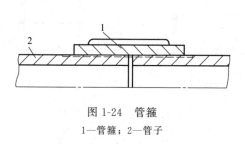

图 1-24　管箍

1—管箍；2—管子

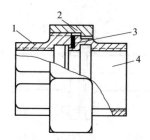

图 1-25　活络管接头

1,4—带内螺纹的管节；2—活套节；3—垫片

（3）法兰连接　管法兰及其垫片、紧固件统称为法兰接头。法兰接头是工程设计中使用极为普遍、涉及面非常广泛的一种零部件。它是配管、管件、阀门等连接必不可少的零件，而且也是设备、设备零部件（如人孔、视镜液面计等）中必备的构件。法兰的类型如图1-26所示。

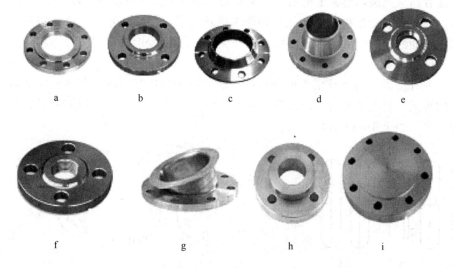

图 1-26　法兰的类型

a—板式平焊法兰；b—带颈平焊法兰；c—带颈对焊法兰；d—整体法兰；e—承插焊法兰；
f—螺纹法兰；g—对焊环松套法兰；h—平焊环松套法兰；i—法兰盖

法兰连接是常用的管路连接方法，如图 1-27 所示。它装拆方便，密封可靠，适用的压力、温度与管径范围很大。缺点是费用较高。铸铁管法兰是与管身同时铸成的，钢管的法兰可以用螺纹接合，但最方便的还是用焊接法固定。图 1-28 表示普通钢管的搭接式法兰与对焊法兰两种形式。两法兰间放置垫圈，起密封作用。垫圈的材料有石棉板、橡胶、软金属等，随介质的温度压力而定。如麻绳和浸过油的厚纸板适用于表压不大于 392kPa、温度不超过 120℃ 的水和无腐蚀的气体和液体；石棉橡胶板主要适用于 450℃ 以下和 4900kPa（表压）以下的水蒸气；高压管道的密封则用金属垫圈，常用的有铝、铜、不锈钢等。

（4）焊接连接　焊接法较上述连接法经济、方便、严密。钢管、有色金属管、聚氯乙烯管均可焊接，故焊接连接管路在化工厂中已被广泛采用，且特别适宜于长管路。但对于经常拆除的管路和对焊缝有腐蚀性的物料管路，以及不允许动火的车间中安装的管路，不得使用焊接。焊接管路中仅在与阀件连接处要使用法兰连接。

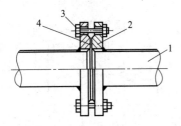
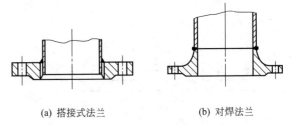

图 1-27　管路的法兰连接　　　　　图 1-28　法兰与管道的固定

1—管子；2—法兰盘；3—螺栓螺母；4—垫片　　　　(a) 搭接式法兰　　　(b) 对焊法兰

二、管路的热补偿

管路两端固定，当温度变化较大时，就会受到拉伸或压缩，严重时可使管子弯曲、断裂或接头松脱。管路的热补偿就是防止管道因温度升高（或降低）引起热伸长（或收缩）产生的应力而使管路遭到破坏所采取的措施，主要是利用管道弯曲管段的弹性变形或在管道上设置补偿器。一般温度变化在 32℃ 以上，便要考虑热补偿，但管路转弯处有自动补偿的能力，只要两固定点间两臂的长度足够，便可不用补偿器。化工厂中常采用的补偿器有凸面补偿器和回折管补偿器两种。

（1）凸面补偿器　凸面补偿器可以用钢、铜、铝等韧性金属薄板制成。图 1-29 表示了两种简单的形式。管路伸缩时，凸出部分发生变形而进行补偿。此种补偿器只适用于低压的气体管路（表压小于 196kPa）。

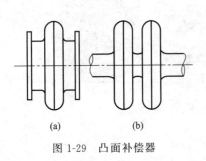
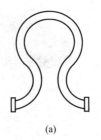
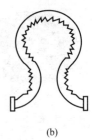

(a)　　　　　　(b)　　　　　　　　　　(a)　　　　　(b)

图 1-29　凸面补偿器　　　　　　　图 1-30　回折管补偿器

（2）回折管补偿器　回折管补偿器的形状如图 1-30 所示。此种补偿器制造简便，补偿能力大，在化工厂中应用比较普遍。回折管可以是外表光滑的，如图 1-30（a）所示，也可以是有折皱的，如图 1-30（b）所示。前者用于管径小于 250mm 的管路，后者用于管径大于 250mm 的管路。回折管路间可以用法兰或焊接连接。

三、管路布置与安装的原则

在管路布置及安装时，必须考虑安装、检修、操作的方便和安全，同时必须尽可能减少基建费和操作费，并根据生产的特点、设备的布置、物料特性及建筑物结构等方面进行综合考虑。管路布置和安装的一般原则是：

① 布置管路时，应对车间所有管路（生产系统管路、辅助系统管路、电缆、照明、仪表管路、采暖通风管路等）全盘规划，各安其位。

② 为了节约基建费用、便于安装和检修以及保证操作上的安全，管路铺设尽可能采取明线（除下水道、上水总管和煤气总管外）。

③ 各种管线应成列平行铺设，便于共用管架；要尽量走直线、少拐弯、少交叉，管件和阀门应尽可能少，以节约管材，使流体阻力减到最低，同时力求做到整齐美观。管子、管件与阀门应尽量采用标准件，以便于安装与维修。

④ 为了便于操作和安装检修，并列管路上的管件和阀门位置应错开安装。应合理安排管路，使管路与墙壁、柱子或其他管路之间有适当的距离（以容纳活接头或法兰等为度），以便于安装、操作、巡查与检修。

⑤ 在车间内，管路应尽可能沿厂房墙壁安装，管架可以固定在墙上，或沿天花板及平台安装。露天的生产装置，管路可沿挂架或吊架安装。管与管之间及管与墙壁之间的距离，以能容纳活接管或法兰以及进行检修为宜。

⑥ 为了防止滴漏，对于不需拆修的管路连接，通常都用焊接；在需要拆卸的管路中，适当配置一些法兰和活接管。

⑦ 管路应集中铺设，当穿过墙壁时，墙壁上应开预留孔。过墙时，管外最好加套管，套管与管子之间的环隙内应充满填料，管路穿过楼板时最好也是这样。如管路最突出的部分距墙壁或柱边的净空不小于 100mm，距管架支柱也不应小于 100mm。两管路的最突出部分间距净空：中压保持 40～60mm，高压保持 70～90mm。并排管路上安装手轮操作阀门时，手轮间距约 100mm。

⑧ 管路离地的高度，以便于检修为准，但通过人行道时，最低离地点不得小于 2m；通过公路时，不得小于 4.5m；与铁轨面净距离不得小于 6m；通过工厂主要交通干线时，一般高度为 5m。

⑨ 长管路要有支承，以免弯曲存液及受震动，跨距应按设计规范或计算决定。管路的倾斜度：气体和易流动的液体为 3/1000～5/1000，含固体结晶或粒度较大的物料为 1% 或大于 1%。

⑩ 一般上下水管及废水管适宜埋地铺设，埋地管路的安装深度，在冬季结冰地区，应在当地冰冻线以下。

⑪ 输送有毒或腐蚀性介质的管道，不得在人行道上空设置阀件、法兰等，以免泄漏时发生事故；输送易燃易爆介质的管道，一般应设有防火、防爆安全装置。

⑫ 输送易爆、易燃，如醇类、醚类、液体烃类物料，因它们在管路中流动会产生静电，使管路变为导电体，必须将管路可靠接地，以防止这种静电积聚。

⑬ 蒸汽管路上，每隔一定距离，应装置冷凝水排除器（疏水阀）。

⑭ 管路的排列应考虑管路互相的影响。管路排列时，通常热的在上，冷的在下；无腐蚀的在上，有腐蚀的在下；输气的在上，输液的在下；不经常检修的在上，经常检修的在下；高压的在上，低压的在下；保温的在上，不保温的在下；金属的在上，非金属的在下。在水平方向上，通常使常温管路、大管路、震动大的管路及不经常检修的管路靠近墙或柱子。

⑮ 管路安装完毕后，应按规定进行强度和严密度试验。未经试验合格，焊缝及连接处不得涂漆及保温。管路在开工前须用压缩空气或惰性气体进行吹扫。

⑯ 对于各种非金属管路及特殊介质管路的布置和安装，某些不能耐高温的材料（如聚四氟乙烯管、橡胶管）制成的管路应避开热管路，输送冷流体（如冷冻盐水）的管路应与热流体的管道避开。

四、管路的涂色与保温

管路的涂色

（1）管路的涂色 为了保护管路外壁和便于人们分辨管路内介质的类别，化工厂经常将管路外壁涂上各种规定颜色的油漆或在管路上涂几道色环，这样可为检修管路和处理某些紧急情况带来方便。

管路的涂色标志在行业中有统一的标准，见表1-3。可在管路全长都涂色，或在管路上涂宽150mm的色环，或用识别色胶带缠绕150mm的色环。色环间距视管径大小而定，一般为5～40m。

表1-3　管路的涂色与注字

序号	介质名称	涂色	管路注字名称	注字颜色
1	工业水	—	上水	白色
2	井水	绿色	井水	白色
3	生活水	绿色	生活水	白色
4	循环上水	绿色	循环上水	白色
5	循环下水	绿色	循环下水	白色
6	消防水	绿色	消防水	红色
7	冷冻水（上）	淡绿色	冷冻水	红色
8	冷冻回水	淡绿色	冷冻回水	红色
9	冷冻盐水（上）	淡绿色	冷冻盐水（上）	红色
10	冷冻盐水（回）	淡绿色	冷冻盐水（回）	红色
11	低压水蒸气	红色	低压蒸汽	白色
12	蒸汽回水冷凝液	暗红色	蒸汽冷凝液（回）	绿色
13	压缩空气	深蓝色	压缩空气	白色
14	仪表用空气	深蓝色	仪表空气	白色
15	氧气	天蓝色	氧气	黑色
16	氢气	深绿色	氢气	红色
17	氮气	黄色	氮气	黑色
18	二氧化碳	黑色	二氧化碳	黄色

序号	介质名称	涂色	管路注字名称	注字颜色
19	真空	白色	真空	天蓝色
20	氨气	黄色	氨气	黑色
21	氯气	草绿色	氯气	白色
22	烧碱	深蓝色	烧碱	白色
23	硫酸	红色	硫酸	白色
24	硝酸	管本色	硝酸	蓝色
25	煤气等可燃气体	紫色	煤气(可燃气体)	白色
26	可燃液体(油类)	银白色	油类(可燃液体)	黑色
27	物料管路	红色	按介质注字	黄色

（2）管路的保温　管路保温的目的是尽量减少管内介质在输送过程中与管外环境进行热交换。只要管内介质温度高于50℃以上就要保温。对于冷冻盐水等介质，为了防止冷量损失，也需保冷（又称隔热）。保温和保冷，又统称为绝热。保温材料和保冷材料统称为绝热材料。按热量运动的形态来看，保温和保冷是有区别的，但人们往往又不严格区分，习惯上统称为保温。

管路保温施工一般过程如下：管路试压不漏后，清理管路上的灰尘和铁锈，然后涂以防腐层，待防腐涂料彻底干燥后，包以保温材料。保温材料采用导热性能差的材料，厚度由传热计算确定。在保温施工中，为保证保温材料均匀牢固，保温材料的外表必须采用保护层（护壳），保护层一般采用抹面层与金属护壳，或同时采用抹面层、防潮层与金属护壳的复合保护层。金属护壳一般采用镀锌铁皮、铝合金皮或内涂防腐树脂、外喷铝粉的薄铁皮等。

技能训练 1-5

（1）设计一套家用太阳能供水系统。

（2）参阅相关文献与供热现场，画一段城市供热管路系统（街道上主管线—生活小区—居民楼—用户）。

任务 2　计算管路中流体的参数

流体自身以及混合物的性质包括密度、压力，流体在输送过程中的参数包括流速、体积流量、质量流量等，熟悉并理解这些参数，对后续的学习与工作具有重要的意义与作用。

子任务 1　计算流体的体积和质量

在生产过程工艺设计时，通常需计算储罐、反应器的体积以及进料、出料的体积及质量。要计算体积，必须根据流体的密度或混合流体密度计算。

从微观的角度，流体由大量的彼此之间有一定间隙的单个分子所组成，而且分子总是处于随机运动状态。但工程上，在研究流体流动时，常从宏观出发，将流体视为由无数流体质点（或微团）组成的连续介质。质点是指由大量分子构成的微团，其尺寸远小于设备尺寸，但却远大于分子自由程。这些质点在流体内部紧紧相连，彼此间没有间隙，即流体充满所占空间，为连续介质。

了解了流体的性质，有助于了解流体的操作、对流体输送设备的选择及掌握流体的密度、压力以及黏度的知识等。

一、储罐体积的计算

单位体积流体的质量，称为流体的密度，表达式为：

$$\rho = \frac{m}{V} \tag{1-1}$$

式中　ρ——流体的密度，kg/m^3；

　　　m——流体的质量，kg；

　　　V——流体的体积，m^3。

对一定的流体，其密度是压力和温度的函数，即：

$$\rho = f(p, T)$$

计算体积往往要用到密度。

$$V = \frac{m}{\rho} \tag{1-1a}$$

（1）纯物质液体的密度　通常液体可视为不可压缩流体，我们可认为其密度仅随温度变化（极高压力除外），其变化关系可由手册中查得，一般常用液体的密度见附录。

（2）纯物质气体的密度　对于气体，当压力不太高、温度不太低时，密度可按理想气体状态方程计算：

$$\rho = \frac{pM}{RT} \tag{1-2}$$

式中　p——气体的绝对压力，Pa；

　　　M——气体的摩尔质量，kg/mol；

　　　T——热力学温度，K；

　　　R——气体常数，其值为 $8.314\ J/(mol \cdot K)$。

一般在手册中查得的气体密度都是在一定压力与温度下的数据，若条件不同，则密度需进行换算。

（3）液体混合物的密度　化工生产中遇到的流体，大多为混合物，而通常手册中查得的是纯组分的密度，混合物的平均密度 ρ_m 可以通过纯组分的密度进行计算。

对于液体混合物，其组成通常用质量分数表示。假设各组分在混合前后体积不变，则有：

$$\frac{1}{\rho_m} = \frac{a_1}{\rho_1} + \frac{a_2}{\rho_2} + \cdots + \frac{a_n}{\rho_n} \tag{1-3}$$

式中　$a_1, a_2, \cdots, a_n$——液体混合物中各组分的质量分数；

　　　$\rho_1, \rho_2, \cdots, \rho_n$——各纯组分的密度，$kg/m^3$。

（4）气体混合物的密度　对于气体混合物，其组成通常用体积分数表示。假设各组分在混合前后质量不变，则有：

$$\rho_m = \rho_1 \phi_1 + \rho_1 \phi_2 + \cdots + \rho_n \phi_n \tag{1-4}$$

式中　ϕ_1，ϕ_2，$\cdots$，ϕ_n——气体混合物中各组分的体积分数。

气体混合物的平均密度 ρ_m 也可利用式（1-5）计算，即式（1-2）中的摩尔质量 M 用混合气体的平均摩尔质量 M_m 代替，即：

$$\rho_m = \frac{pM_m}{RT} \tag{1-5}$$

$$M_m = M_1 y_1 + M_2 y_2 + \cdots + M_n y_n$$

式中　M_1，M_2，$\cdots$，M_n——各纯组分的摩尔质量，kg/mol；

　　　　y_1，y_2，$\cdots$，y_n——气体混合物中各组分的摩尔分数。

对于理想气体，其摩尔分数 y 与体积分数相同。

二、密度其他表述形式

密度另一种表述形式为比体积，其定义是单位质量流体具有的体积，是密度的倒数，单位为 m^3/kg。

$$v = \frac{V}{m} = \frac{1}{\rho} \tag{1-6}$$

技术训练 1-1

（1）计算体积为 $60m^3$ 的槽罐，在室温的条件下（293K），能装多少质量的水、98%（质量分数）的硫酸、甲醇-水（质量分数分别为 90%、10%）。

解： 要计算已知体积某种物质的质量，一定要考虑密度。密度是温度的函数，温度不同密度不同。

293K，$\rho_{水} = 998kg/m^3$。

$M_{水} = \rho_{水} V = 998 \times 60 = 59880$（kg）

293K，$\rho_{硫酸} = 1836kg/m^3$。

$M_{硫酸} = \rho_{硫酸} V = 1836 \times 60 = 110160$（kg）

对于甲醇-水（质量分数分别为 90%、10%），不能单独使用其中的一个物质的密度，要计算它们的混合密度。

$a_1 = 0.9$，$a_2 = 0.1$；293K，$\rho_{甲醇} = 792kg/m^3$，$\rho_{水} = 998kg/m^3$

$$\frac{1}{\rho_m} = \frac{a_1}{\rho_{甲醇}} + \frac{a_2}{\rho_{水}}$$

$$\rho_m = 809kg/m^3$$

$$M_{甲醇-水} = \rho_m V = 809 \times 60 = 48540（kg）$$

（2）空气含有 21%（体积分数）的氧气、79% 的氮气，计算 100kPa、300K 时质量 1kg 空气为多少立方米。

解： 首先计算空气的密度，空气为混合物，因此计算公式为：

$$\rho_{空气} = \frac{pM_m}{RT}$$

体积分数等于摩尔分数。$\phi_{氧气}=0.21$；$\phi_{氮气}=0.79$

$M_{氧气}=32kg/kmol$；$M_{氮气}=28kg/kmol$

$M_m=M_{氧气}\times\phi_{氧气}+M_{氮气}\times\phi_{氮气}$

$=0.21\times32+0.79\times28=28.8$（kg/kmol）

$p=100kPa$，$T=300K$，$R=8.314kJ/$（kmol·K）

$$\rho_{空气}=\frac{pM_m}{RT}=1.15kg/m^3$$

$$V=1/1.15=0.87(m^3)$$

子任务 2 计算连续管路中流体流速

流体在进入反应设备时，需要计量，如何计算单位时间内流体的质量、体积以及体积流量与质量流量的关系是这一子任务主要关注的问题。

化工生产过程分为连续生产过程与间歇生产过程。一般在生产工艺成熟的情况下，生产操作各环节连续、同时进行，不间断地生产、输出产品，为连续生产过程。大规模的生产大部分时间是连续生产过程，年生产时间在330天左右。

一、定态流动与非定态流动

流体流动系统中，若各截面上的温度、压力、流速等物理量仅随位置变化，而不随时间变化，这种流动称之为定态流动或稳定流动；若流体在各截面上的有关物理量既随位置变化，又随时间变化，则称为非定态流动或非稳定流动。

如图1-31所示，（a）装置液位恒定，因而流速不随时间变化，为定态流动或稳定流动；（b）装置流动过程中液位不断下降，流速随时间递减，为非定态流动或非稳定流动。

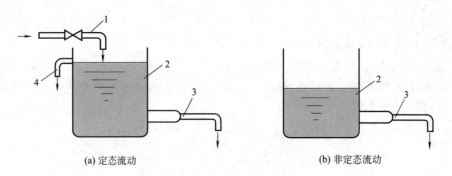

图1-31　定态流动与非定态流动
1—进水管；2—水槽；3—排水管；4—溢流管

在化工生产中，连续生产工艺过程中的开、停车阶段，属于非定态流动，而正常连续生产，均属于定态流动。一般讨论的生产过程都是定态流动过程。

二、定态流动中，流量与流速的变化

在生产过程中，流体输送常常是用每一批处理多少流体或者是单位时间内处理多少流体

来表示的。通常采用的物理量是流量或流速等等。

（1）流量

① 体积流量　单位时间内流经管道任意截面的流体体积，称为体积流量，以 q_V 表示，单位为 m^3/s 或 m^3/h。

② 质量流量　单位时间内流经管道任意截面的流体质量，称为质量流量，以 q_m 表示，单位为 kg/s 或 kg/h。

体积流量与质量流量的关系为：

$$q_m = q_V \rho \tag{1-7}$$

（2）流速

① 平均流速　流速是指单位时间内流体质点在流动方向上所流经的距离。实验发现，流体质点在管道截面上各点的流速并不一致，而是形成某种分布。在工程计算中，为简便起见，常常希望用平均流速表征流体在该截面的流速，于是定义平均流速为流体的体积流量与管道截面积之比，即：

$$u = \frac{q_V}{A} \tag{1-8}$$

平均流速单位为 m/s。一般情况下，平均流速简称流速。

② 质量流速　单位时间内流经管道单位截面积的流体质量，称为质量流速或质量通量，以 G 表示，单位为 $\text{kg/(m}^2 \cdot \text{s)}$。

质量流速与流速的关系为：

$$G = \frac{q_m}{A} = \frac{q_V \rho}{A} = u\rho \tag{1-9}$$

流量与流速的关系为：

$$q_m = q_V \rho = uA\rho = GA \tag{1-10}$$

三、定态流动系统的质量守恒——连续性方程

如图 1-32 所示的定态流动系统，流体连续地从 1—1′ 截面进入，2—2′ 截面流出，且充满全部管道。

流体通过 1—1′ 截面、2—2′ 截面时，管路中流体在没有增加和漏失的情况下，1—1′ 截面、2—2′ 截面的流速、质量流量如何变化？1—1′ 截面、2—2′ 截面哪个流速快呢？

根据物料衡算，单位时间进入 1—1′ 截面的流体质量与单位时间流出 2—2′ 截面的流体质量必然相等，即：

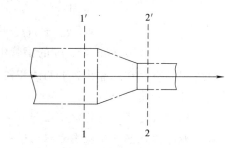

图 1-32　定态流动的质量守恒

$$q_{m1} = q_{m2}$$

$$\text{或} \qquad \rho_1 u_1 A_1 = \rho_2 u_2 A_2$$

对于在任意截面上流体质量守恒：

$$q_m = \rho_1 u_1 A_1 = \rho_2 u_2 A_2 = \cdots = \rho u A = \text{常数}$$

上式称为连续性方程，表明在定态流动系统中，流体流经各截面时的质量流量恒定。

对不可压缩流体，$\rho = $ 常数，连续性方程可写为：

$$q_V = u_1 A_1 = u_2 A_2 = \cdots = uA = 常数$$

表明不可压缩性流体流经各截面时的体积流量也不变。因流速 u 与管截面积成反比，截面积越小，流速越大；反之，截面积越大，流速越小。

对于圆形管道，连续性方程为：

$$\frac{u_1}{u_2} = \frac{A_2}{A_1} = \left(\frac{d_2}{d_1}\right)^2 \tag{1-11}$$

式（1-11）说明不可压缩流体在圆形管道中，任意截面的流速与管内径的平方成反比。

技术训练 1-2

（1）串联变径管路中（见图1-33），已知小管规格为 $\phi 52mm \times 3mm$，大管规格为 $\phi 80mm \times 4mm$，均为无缝钢管，水在小管内的平均流速为 2m/s，水的密度可取为 $1000kg/m^3$。①判断大管、小管中流速哪个大；②试求管路中水的体积流量和质量流量。

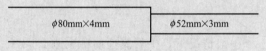

图 1-33 串联变径管路

解：①小管直径 $d_1 = 52 - 2 \times 3 = 46$ （mm），$u_1 = 2$m/s

大管直径 $d_2 = 80 - 2 \times 4 = 72$ （mm）

$$u_2 = u_1 \frac{A_1}{A_2} = u_1 \left(\frac{d_1}{d_2}\right)^2 = 2 \times \left(\frac{46}{72}\right)^2 = 0.816 (\text{m/s})$$

$u_1 > u_2$，即大管的速度小于小管的速度；由于两个管路中流动的流体为同一物质，因此在两管中任意截面质量流量与体积流量相同。

$$② \quad q_V = u_1 A_1 = u_1 \frac{\pi}{4} d_1^2 = 2 \times 0.785 \times (0.046)^2 = 0.0033 (\text{m}^3/\text{s})$$

$$q_m = q_V \rho = 0.0033 \times 1000 = 3.3 (\text{kg/s})$$

（2）在 $\phi 108mm \times 4mm$ 的钢管中输送压力为 202.66kPa（绝对）、温度为 100℃的空气。已知空气在标准状态下的体积流量为 $650 \text{m}^3/\text{h}$。试求空气在管内的流速、质量流速、体积流量和质量流量。

解：依题意，应将空气在标准状态下的流量换算为操作状态下的流量。又因压力不高，故可用理想气体状态方程式进行计算。

体积流量：$q_V = q_{V0} \left(\frac{T}{T_0}\right)\left(\frac{p_0}{p}\right) = \frac{650}{3600} \times \frac{273+100}{273} \times \frac{101.33}{202.66} = 0.123 (\text{m}^3/\text{s})$

流速：$u = \frac{q_V}{A} = \frac{q_V}{\frac{\pi}{4}d^2} = \frac{0.123}{0.785 \times 0.1^2} = 15.7 (\text{m/s})$

取空气的平均摩尔质量为 29kg/kmol，实际操作状态下空气的密度为：

$$\rho = \frac{29}{22.4} \times \frac{273}{273+100} \times \frac{202.66}{101.33} = 1.895 (\text{kg/m}^3)$$

或
$$\rho = \frac{pM}{RT} = \frac{202.66 \times 29}{8.314 \times (273 + 100)} = 1.895 (\text{kg/m}^3)$$

质量流量：$q_m = q_V \rho = 0.123 \times 1.895 = 0.233 (\text{kg/s}) = 839 (\text{kg/h})$

质量流速：$G = \rho u = 1.895 \times 15.7 = 29.7 [\text{kg/(m}^2 \cdot \text{s)}]$

或 $G = \dfrac{q_m}{A} = \dfrac{q_V \rho}{A} = \dfrac{0.123 \times 1.895}{0.785 \times 0.1^2} = 29.7 [\text{kg/(m}^2 \cdot \text{s)}]$

子任务 3　计算管径

管路都是要完成一定的输送任务来满足生产工艺要求的，管路的输送任务与管径密切相关，应该如何确定管径呢？

一、管径选取的基本步骤

① 根据流体的类型和性质，选取的适宜流速 $u_{选}$；

② 依据输送任务初步计算管子内径 $d_{计}$；

③ 根据管子尺寸标准，选定管子内径 d；

④ 用选定的管子尺寸计算流速，校核实际流速 u。若 $u_{校核}$ 与 $u_{选}$ 相差不大，则选定的管径为确定的管径，否则应重新选定、校核。

一般化工管道为圆形，若以 d 表示管道的内径，则流速可写成：

$$u = \frac{q_V}{\frac{\pi}{4}d^2}$$

$$d = \sqrt{\frac{4q_V}{\pi u}} \tag{1-12}$$

式（1-12）中，流量一般由生产任务决定，选定流速 u 后可用上式估算出管径，再圆整到标准规格。

二、流速的选择

适宜流速的选择应根据经济核算确定，通常可参考经验数据，如通常水及低黏度液体的流速为 $1 \sim 3 \text{m/s}$，一般常压气体流速为 10m/s，饱和蒸汽流速为 $20 \sim 40 \text{m/s}$ 等。一般，密度大或黏度大的流体，流速取小一些；对于含有固体杂质的流体，流速宜取得大一些，以避免固体杂质沉积在管道中。某些流体在管道中的常用流速范围见表 1-4。

表 1-4　某些流体在管道中的常用流速范围

流体及其流动类别	流速范围/(m/s)	流体及其流动类别	流速范围/(m/s)
自来水（3×10^5Pa 左右）	$1.0 \sim 1.5$	锅炉供水（8×10^5Pa 以下）	> 3.0
水及低黏度液体（$10^5 \sim 10^6$Pa）	$1.5 \sim 3.0$	饱和蒸汽	$20 \sim 40$
高黏度液体	$0.5 \sim 1.0$	过热蒸汽	$30 \sim 50$
工业供水（8×10^5Pa 以下）	$1.5 \sim 3.0$	蛇管、螺旋管内的冷却水	< 1.0

续表

流体及其流动类别	流速范围/(m/s)	流体及其流动类别	流速范围/(m/s)
低压空气	12～15	离心泵排出管(水类液体)	2.5～3.0
高压空气	15～25	往复泵吸入管(水类液体)	0.75～1.0
一般气体(常压)	10～20	往复泵排出管(水类液体)	1.0～2.0
鼓风机吸入管	10～20	液体自流速度(冷凝水等)	0.5
鼓风机排出管	15～20	真空操作下气体流速	<10
离心泵吸入管(水类液体)	1.5～2.0		

技术训练1-3

生产中，需安装一根输苯胺量为 $30m^3/h$ 的管道，试选择一合适的管子。

解：苯胺的黏度与水相差不大，取水在管内的流速为 $1.8m/s$，由式（1-12）得

$$d = \sqrt{\frac{4q_V}{\pi u}} = \sqrt{\frac{4 \times 30/3600}{3.14 \times 1.8}} = 0.077(\text{m}) = 77(\text{mm})$$

根据低压流体输送用焊接钢管规格，选用公称直径80mm（英制3in）的管子（或表示为 $\phi88.5mm \times 4mm$），该管子外径为88.5mm，壁厚为4mm，则内径为：

$$d = 88.5 - 2 \times 4 = 80.5(\text{mm})$$

计算苯胺在管中的实际流速为：

$$u = \frac{q_V}{\frac{\pi}{4}d^2} = \frac{30/3600}{0.785 \times 0.0805^2} = 1.64(\text{m/s})$$

在适宜流速范围内，所以该管子合适。

子任务 4　计算压力与排气液封高度

压力在化工生产过程中有着十分重要的作用，如何来计算与表示压力呢？本子任务将学习压力相关知识，以及了解如何利用压力的性质来进行容器的密封及安全控制。

一、压力

流体垂直作用于单位面积上的力，称为流体的静压力，简称压力，在理论学习中也称为压强。在静止流体中，作用于任意点不同方向上的压力在数值上均相同。

（1）压力的单位　在国际单位制中，压力的单位是 N/m^2，称为帕斯卡，以 Pa 表示。此外，压力的大小也间接地以流体柱高度表示，如用米水柱或毫米汞柱等。若流体的密度为 ρ，则液柱高度 h（为垂直高度）与压力 p 的关系为：

$$p = \rho g h \tag{1-13}$$

以不同单位表示标准大气压，有如下换算关系：

$1atm = 1.013 \times 10^5 Pa = 760mmHg = 10.33mH_2O = 1.033kg/cm^2 = 1.013bar$

以不同单位表示工程大气压，有如下换算关系：

$$1at = 9.807 \times 10^4 Pa = 735.6mmHg = 10mH_2O = 1kg/cm^2 = 0.9807bar$$

（2）压力的表示方法　压力的大小常以两种不同的基准来表示：一是绝对真空；另一是大气压力。基准不同，表示方法也不同。以绝对真空为基准测得的压力称为绝对压力，是流体的真实压力；以大气压为基准测得的压力称为表压或真空度。绝对压力是以绝对零压为起点计数的压力；表压是压力表指示的压力；真空度是真空表指示的数值。

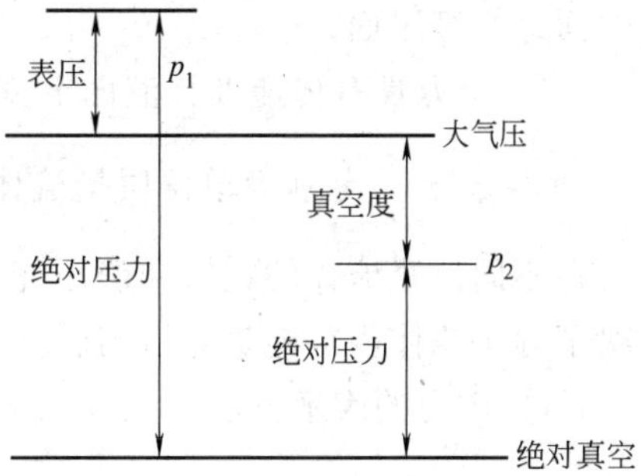

绝对压力与表压、真空度的关系如图 1-34 所示。

用公式可表示如下：

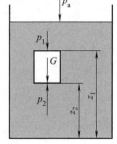

图 1-34　绝对压力、表压与真空度的关系

$$表压 = 绝对压力 - 大气压力$$
$$真空度 = 大气压力 - 绝对压力$$

在计算绝对压力时，通常对表压、真空度等加以标注，如 3000Pa（表压）、40mmHg（真空度）等，还应标明当地大气压力。

二、流体静力学基本方程

如图 1-35 所示，容器内装有密度为 ρ 的液体，液体可认为是不可压缩流体，其密度不随压力变化。在静止液体中取一段液柱，其截面积为 A，以容器底面为基准水平面，液柱的上、下端面与基准水平面的垂直距离分别为 z_1 和 z_2。作用在上、下两端面的压力分别为 p_1 和 p_2。

重力场中在垂直方向上对液柱进行受力分析：

① 上端面所受总压力 $F_1 = p_1 A$，方向向下；

② 下端面所受总压力 $F_2 = p_2 A$，方向向上；

③ 液柱的重力 $G = \rho g A (z_1 - z_2)$，方向向下。

液柱处于静止时，上述三项力的合力应为零，即：

$$p_2 A - p_1 A - \rho g A (z_1 - z_2) = 0$$

图 1-35　液柱受力分析

整理并消去 A，得：

$$p_2 = p_1 + \rho g (z_1 - z_2) \qquad （压力形式）$$

变形得：

$$\frac{p_1}{\rho} + g z_1 = \frac{p_2}{\rho} + g z_2 \qquad （能量形式）$$

若将液柱的上端面取在容器内的液面上，设液面上方的压力为 p_a，液柱高度为 h，则式可改写为：

$$p_2 = p_a + \rho g h$$

上述方程均称为流体静力学基本方程。

静力学基本方程适用于在重力场中静止、连续的同种不可压缩流体（流体是静止的、连续的、相同的）。对于液体来说，静力学基本方程均适用。而对于气体来说，密度随压力变化，因此静力学基本方程不适用，但若气体的压力变化不大，密度可近似地取其平均值而视为常数再使用静力学基本方程。

对于静力学基本方程，有几点须注意：

① 在静止的、连续的同种液体内，处于同一水平面上各点的压力处处相等。压力相等的面称为等压面。

② 压力具有传递性：液面上方压力变化时，液体内部各点的压力也将发生相应的变化。

③ gz、$\dfrac{p}{\rho}$ 分别为单位质量流体所具有的位能和静压能，此式反映出在同一静止流体中，处在不同位置流体的位能和静压能各不相同，但总和恒为常量。因此，静力学基本方程也反映了静止流体内部能量守恒与转换的关系。

④ 压力的表示方法，也可以采用液体高度。

$$\frac{p_2 - p_a}{\rho g} = h$$

上式说明压力或压力差可用液柱高度表示，此为前面介绍压力的单位可用液柱高度表示的依据。但需注明液体的种类。

三、液封

气柜中充有一定体积的气体，为了防止气柜中气体的泄漏或防止气柜内气体的压力超过了设计的压力范围，实际生产过程中可采用图 1-36 中的方案来实施液封。

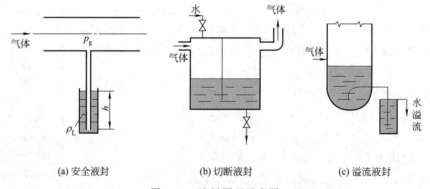

(a) 安全液封　　　　(b) 切断液封　　　　(c) 溢流液封

图 1-36　液封原理示意图

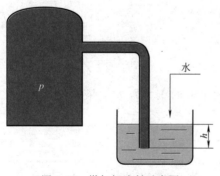

图 1-37　煤气柜液封示意图

液封的作用：

① 保持设备内不超过某一压力；

② 防止容器内气体逸出；

③ 真空操作时不使外界空气漏入。

液封还可达到防止气体泄漏的目的，而且它的密封效果极佳，甚至比阀门还要严密。例如煤气柜通常用水来封住（见图 1-37），以防止煤气泄漏。液封高度可根据静力学基本方程式进行计算。

液封高度可根据静力学基本方程计算。若要求设备内的压力不超过 p（表压），则水封管的插入深度 h 为：

$$h = \frac{p}{\rho g}$$

技术训练1-4

（1）某输送丙酮泵进口管处真空表的读数为 8.67×10^4 Pa，出口管处压力表的读数为 2.45×10^5 Pa。求该水泵前后水的绝压差。

解：首先应搞清楚表压、绝压、真空度以及大气压之间的关系。

泵进口管处 $p_{进} = 8.67 \times 10^4$ Pa（真空度）

出口管处 $p_{出} = 2.45 \times 10^5$ Pa（表压）

$$绝对压差\ \Delta p = p_{出} - p_{进} = (p_a + p_{表}) - (p_a - p_{真})$$
$$= p_{表} + p_{真} = 8.67 \times 10^4 + 2.45 \times 10^5 = 3.32 \times 10^5\ (Pa)$$

（2）如图1-38所示，某厂为了控制乙炔发生炉内的压力不超过 10.7×10^3 Pa（表压），需在炉外安装安全液封（又称水封）装置，其作用是当炉内压力超过规定值时，气体就从液封管中排出。试求炉的安全液封管应插入槽内水面下的深度 h。

解：当炉内压力超过规定值时，气体将由液封管排出，故先按炉内允许的最高的压力计算液封管插入槽内水面下的深度。

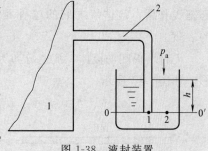

图 1-38　液封装置
1—乙炔发生炉；2—液封管

过液封管口作等压面 0—0′，在其上取 1、2 两点。其中：

$$p_1 = 炉内压力 = p_a + 10.7 \times 10^3$$

$$p_2 = p_a + \rho g h$$

因 $p_1 = p_2$

故 $p_a + 10.7 \times 10^3 = p_a + 1000 \times 9.81h$

解得 $h = 1.09$ m

为了安全起见，实际安装时管子插入水面下的深度应略小于 1.09 m。

任务3　认识管路中的阻力

　　熟悉流体阻力产生的原因（内因与外因），包括流体的性质（黏度等）、流动的状态以及管路的特性（管件、阀门以及管道截面的突然扩大或缩小等）等，在认识这些因素的基础上，理解上述因素对流动的影响，并计算阻力。

子任务1　认识阻力产生的原因

　　取一块平板玻璃，在平板玻璃上滴上一滴水和一滴油，之后把玻璃板倾斜一定的角度，这时你会发现水流下的速度要比油流下的速度快得多，这一现象说明了什么？这与水和油的哪些物理性质有关？

一、流体阻力产生的内因——流体的黏度

流体的典型特征是具有流动性，但不同流体的流动性能不同，这主要是因为流体内部质点间做相对运动时存在不同的内摩擦力。这种表明流体流动时产生内摩擦力的特性称为黏性。流体的黏性是流体产生流动阻力的根源，流体的黏性越大，其流动性越小。

如图 1-39 所示，设有上、下两块面积很大且相距很近的平行平板，板间充满某种静止液体。若将下板固定，而对上板施加一个恒定的外力，上板就以恒定速度 u 沿 x 方向运动。若 u 较小，则两板间的液体就会分成无数平行的薄层而运动。黏附在上板底面下的一薄层流体以速度 u 随上板运动，其下各层液体的速度依次降低。紧贴在下板表面的一层液体，因黏附在静止的下板上，其速度为零，两平板间流速呈线性变化。对任意相邻两层流体来说，上层速度较大，下层速度较小，前者对后者起带动作用，而后者对前者起拖曳作用，流体层之间的这种相互作用，产生内摩擦，而流体的黏性正是这种内摩擦的表现。

平行平板间的流体，流速分布为线性分布，而流体在圆管内流动时，速度分布呈抛物线形，如图 1-40 所示。

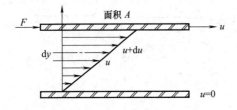

图 1-39 平板间液体速度变化

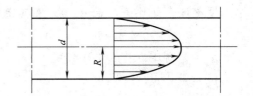

图 1-40 实际流体在管内的速度分布

实验证明，对于一定的流体，内摩擦力 F 与两流体层的速度差 du 成正比，与两层之间的垂直距离 dy 成反比，与两层间的接触面积 A 成正比，即：

$$F = \mu A \frac{\mathrm{d}u}{\mathrm{d}y} \tag{1-14}$$

式中　　F——内摩擦力，N；

$\dfrac{\mathrm{d}u}{\mathrm{d}y}$——法向速度梯度，即在与流体流动方向相垂直的 y 方向流体速度的变化率，1/s；

μ——比例系数，称为流体的黏度或动力黏度，Pa·s。

单位面积上的内摩擦力称为剪应力，以 τ 表示，单位为 Pa。

$$\tau = \mu \frac{\mathrm{d}u}{\mathrm{d}y} \tag{1-15}$$

式（1-15）称为牛顿黏性定律，表明流体层间的内摩擦力或剪应力与法向速度梯度成正比。

剪应力与速度梯度的关系符合牛顿黏性定律的流体，称为牛顿流体，包括所有气体和大多数液体；不符合牛顿黏性定律的流体称为非牛顿流体，如高分子溶液、胶体溶液及悬浮液

等。本任务讨论的均为牛顿流体。

1. 黏度的物理意义

流体流动时在与流动方向垂直的方向上产生单位速度梯度所需的剪应力即为黏度。黏度是衡量流体黏性大小的物理量。黏度是流体的物性之一，其值由实验测定。流体的黏度大，其他条件一定时，在管路中流动的阻力增大。如表 1-5 所示，以水为例，液体的黏度随温度的升高而降低，压力对其影响可忽略不计。如表 1-5 所示，以空气为例，气体的黏度随温度的升高而增大，一般情况下也可忽略压力的影响，但在极高或极低的压力条件下需考虑其影响。常用流体的黏度见表 1-6。

表 1-5 不同温度下水与空气的黏度

物质名称	温度/℃	黏度/cP	物质名称	温度/℃	黏度/cP
水	20	1	空气	−30	157
	50	0.55		−20	162
	75	0.39		−10	167
	100	0.29		0	172
	125	0.25		10	177
	150	0.21		20	181
	175	0.18		30	186
	200	0.15		40	191
	225	0.14		50	196
	250	0.12			

表 1-6 常用流体（20℃）的黏度

名称	黏度/cP	名称	黏度/cP
乙醚	0.233	柴油	2.28～6.08
甲基酮	0.4	浓硫酸(98%)	4
苯	0.652	植物油	72～500
甲苯	0.69	10 号汽车机油	65
汽油	0.8	20 号汽车机油	125
三氯乙烯	0.82	30 号汽车机油	200
四氯化碳	0.969	60 号汽车机油	1000
水	1	洗发水	900～11000
乙醇	1.2	蜂蜜	3000
汞	1.55	环氧树脂	1200
煤油	2.3	甘油	1180
蓖麻油	23	马达油	2500
原油	1～100	清漆	420
乙烯	16	墨汁	45000
牛奶	3	凡士林油	100000
花生油	10		

注:1cP＝1mPa·s。

2. 黏度的单位

在国际单位制下，黏度的单位为：

$$[\mu] = \frac{[\tau]}{[\mathrm{d}u/\mathrm{d}y]} = \frac{\mathrm{Pa}}{\dfrac{\mathrm{m/s}}{\mathrm{m}}} = \mathrm{Pa} \cdot \mathrm{s}$$

工程手册中，黏度的单位常常用 cP（厘泊），单位之间的换算关系为：1cP＝10^{-3} Pa·s。

3. 运动黏度

流体的黏性还可用黏度 μ 与密度 ρ 的比值表示，称为运动黏度，以符号 ν 表示。

$$\nu = \frac{\mu}{\rho} \tag{1-16}$$

国际单位制中运动黏度的单位为 m^2/s，显然运动黏度也是流体的物理性质。cgs 单位制中运动黏度的单位为 cm^2/s，称为斯托克斯，以 St（斯）表示。

$$1St = 100cSt(厘斯) = 1 \times 10^{-4} m^2/s。$$

4. 混合物的黏度

混合物的黏度通常可以用实验来测定，也可以采用经验公式来计算。

① 低压混合气体的平均黏度

$$\mu_m = \frac{\sum y_i \mu_i M_i^{0.5}}{\sum y_i M_i^{0.5}} \tag{1-17}$$

式中　μ_m——混合气体的黏度，Pa·s；

　　　y_i——混合气体中 i 组分的摩尔分数；

　　　μ_i——混合气体中 i 组分的黏度，Pa·s；

　　　M_i——混合气体中 i 组分的分子量。

② 不缔合混合液体的平均黏度

$$\lg \mu_m = \sum_{i=1}^{n} x_i \lg \mu_i \tag{1-18}$$

式中　μ_m——混合液体的黏度，Pa·s；

　　　x_i——混合液体中 i 组分的摩尔分数；

　　　μ_i——混合液体中 i 组分的黏度，Pa·s。

二、流体阻力产生的外因——流体的流动

1. 流体的流动形态

在化工生产中，流体输送、传热、传质过程及操作等都与流体的流动状态密切相关，因此我们需要了解流体的流动形态及其与在管路内的速度分布间的关系。

流体由于存在黏性，运动时就会产生黏性应力，黏性应力的大小不仅与流体的性质有关，还与流动的形态有关。为了直接观察流体流动时内部质点的运动情况及各种因素对流动状况的影响，1883 年，英国科学家雷诺（Reynolds）进行了如图 1-41 所示的实验，称为雷诺实验。水箱内装有溢流装置，以维持水位恒定（也就是定态流动系统）。箱的底部接一段直径相同的水平玻璃管，管出口处有阀门来调节流量。水箱上方装有带颜色液体的小瓶，有色液体可经过细管注入玻璃管内。

实验时可以观察到，当玻璃管里水流速度不大时，从细管引到水流中心的有色液体呈一直线平稳地流过整根玻璃管，与玻璃管里的水并不相混合，如图 1-41（a）所示。这一现象表明，玻璃管里水的质点是沿着与管轴平行的方向做直线运动的。流体质点沿管轴方向做直线运动，分层流动的这种形态，称为层流，又称滞流。若把水流速度逐渐提高到一定数值，有色液体的细线开始出现波浪形，速度再增大时，细线便完全消失，有色液体流出细管后随即散开，与水

完全混合在一起，使整根玻璃管中的水呈现均匀的颜色，如图 1-41（c）所示。此时，水的质点除了沿管道向前运动外，各质点还做不规则的杂乱运动，且彼此相互碰撞并相互混合，质点速度的大小和方向随时发生变化。流体质点除沿轴线方向做主体流动外，还在各个方向有剧烈的随机运动的这种形态，称为湍流，又称紊流。图 1-41（b）所示的状态为过渡状态，过渡状态不是一种独立的流动形态，它介于层流与湍流之间，可以看成是不完全的湍流，或不稳定的层流，或者是两者交替出现，其形态被外界条件而定，受流体流动干扰的控制。

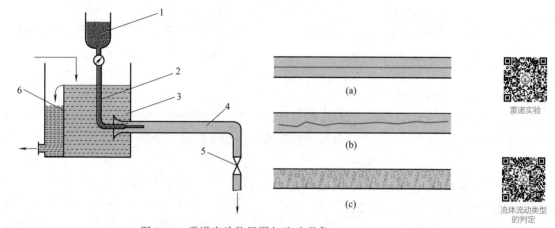

图 1-41　雷诺实验装置图与流动现象
1—彩色墨水瓶；2—细管；3—水箱；4—玻璃管；5—阀门；6—溢流装置

雷诺实验

流体流动类型
的判定

简言之，流体流动时，依不同的流动条件可以出现截然不同的流动形态，即层流、过渡流和湍流。层流，其质点做有规则的平行运动，各质点互不碰撞，互不混合。湍流，其质点做不规则的杂乱运动，并相互碰撞混合，产生大大小小的旋涡。

2. 流体流动形态的判定

（1）雷诺数　为了确定流体的流动形态，雷诺通过改变实验介质、管材、管径及流速等实验条件，做了大量的实验，并对实验结果进行了归纳总结，得出流体的流动形态主要与流体的密度 ρ、黏度 μ、流速 u 和管内径 d 等因素有关，并可以用这些物理量组成一个数群，称为雷诺数（Re），用来判定流动形态。

$$Re = \frac{du\rho}{\mu} \tag{1-19}$$

雷诺数无单位，计算时只要采用同一单位制下的单位，计算结果都相同。

Re 反映了流体流动中惯性力与黏性力的对比关系，标志着流体流动的湍动程度。其值越大，流体的湍动越剧烈，内摩擦力也越大。

（2）流型判据　流体在圆形直管内流动时：当 $Re \leqslant 2000$ 时，流动为层流，此区称为层流区；当 $Re \geqslant 4000$ 时，一般出现湍流，此区称为湍流区；当 $2000 < Re < 4000$ 时，流动可能是层流，也可能是湍流，实际形态与外界干扰有关，该区称为不稳定的过渡区。在生产操作中，常将 $Re > 2000$（有的资料中为 3000）的情况按湍流来处理。

3. 流体在圆管中的速度分布

层流时流体速度分布曲线呈抛物线形。如图 1-42 所示。管壁处速度为零，管中心处速度最大。

$$u_{\mathrm{m}} = 0.5 u_{\max} \tag{1-20}$$

湍流时其速度分布曲线呈不严格抛物线形。管中心附近速度分布较均匀，如图1-43所示。

$$u_m = 0.82u_{max} \tag{1-21}$$

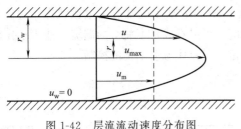

图1-42 层流流动速度分布图

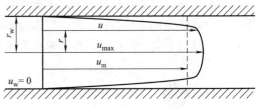

图1-43 湍流流动速度分布图

4. 湍流流体中的层流内层

当管内流体做湍流流动时，管壁处的流速也为零，靠近管壁处的流体薄层速度很低，仍然保持层流流动，这个薄层称为层流内层。层流内层的厚度随雷诺数 Re 的增大而减薄，但不会消失。

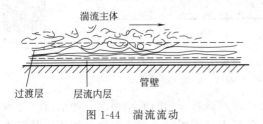

图1-44 湍流流动

湍流时，自层流内层向管中心推移，速度渐增，存在一个流动形态既非层流亦非湍流的区域，这个区域称为过渡层或缓冲层。再往管中心推移才是湍流主体。可见，流体在管内做湍流流动时，横截面上沿径向分为层流内层、过渡层和湍流主体三部分。如图1-44所示。

在湍流主体中，径向的传递过程因速度的脉动而大大强化，而在层流内层中，径向的传递只能依靠分子运动，因此层流内层成为传递过程主要阻力。层流内层虽然很薄，但却对传热和传质过程都有较大的影响。

三、流体阻力产生的外因——管路的性质

管路的性质主要与直管与弯管、各种管件及阀门、各种辅助装置（过滤器等）、管材与管子的新旧程度及管路中截面的变化等有关，在阻力计算过程中再详细阐述。

💡 **技能训练 1-6**

水和机油都有润滑性，为什么选择机油为机械的润滑剂？

参考：黏度为流体的基本性质，水的黏度比机油的要小很多，在20℃时水的黏度为1cP，而10号机油的黏度为65cP。

在高速旋转的轴上，黏度的大小可以决定轴上油膜的厚度、均匀性以及传热性能等等。由于水的黏度小、形成的水膜薄、停留时间短等原因，水不适合作润滑剂。

子任务 2 计算流体阻力

流体在管路中流动时的阻力分为直管阻力和局部阻力两种。直管阻力是流体流经一定管

径的直管时，由于流体的内摩擦而产生的阻力。局部阻力是流体流经管路中的管件、阀门及截面的突然扩大和突然缩小等局部地方的阻力。总阻力等于直管阻力和局部阻力的总和。

一、直管阻力

1. 范宁公式

直管阻力，也叫沿程阻力。直管阻力通常由范宁公式计算，其表达式为：

$$h_f = \lambda \frac{l}{d} \times \frac{u^2}{2} \tag{1-22}$$

式中　h_f——直管阻力，J/kg；

λ——摩擦系数，也称摩擦因数，无量纲；

l——管的长度，m；

d——直管的内径，m；

u——流体在管内的流速，m/s。

范宁公式中的摩擦系数是确定直管阻力损失的重要参数。范宁公式对层流与湍流均适用，只是两种情况下摩擦系数 λ 不同。

λ 的值与反映流体湍动程度的 Re 及管内壁粗糙程度的 ε 大小有关。

流体在管中流动时产生的阻力是以压力变化方式表现出来的，压力变化可以采用下面的公式进行计算：

$$\Delta p = \rho h_f = \lambda \frac{l}{d} \times \frac{u^2}{2} \rho \left[(N \cdot m/kg) \cdot kg/m^3 = N/m^2 = Pa \right] \tag{1-23}$$

2. 管壁粗糙程度

工业生产上所使用的管道，按其材料的性质和加工情况，大致可分为光滑管与粗糙管。通常把玻璃管、铜管、铅管和塑料管等列为光滑管，把钢管和铸铁管等列为粗糙管。实际上，即使是同一种材质的管子，由于使用时间的长短与腐蚀结垢的程度不同，管壁的粗糙度也会发生很大的变化。

（1）绝对粗糙度　绝对粗糙度是管道壁面凸出部分的平均高度，以 ε 表示，管壁粗糙程度对流体流动的影响如图 1-45 所示。表 1-7 中列出了某些工业管道的绝对粗糙度数值。

（2）相对粗糙度　相对粗糙度是指绝对粗糙度与管径的比值，即 ε/d。

管壁粗糙度对流动阻力或摩擦系数的影响，主要是由于流体在管道中流动时，流体质点与管壁凸出部分相碰撞而增加了流体的能量损失，其影响程度与管径的大小有关，因此在摩擦系数图中用相对粗糙度 ε/d，而不用绝对粗糙度 ε。

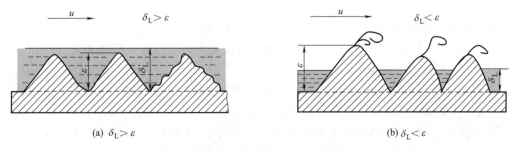

(a) $\delta_L > \varepsilon$ 　　　　　　　　　　　(b) $\delta_L < \varepsilon$

图 1-45　管壁粗糙程度对流体流动的影响

表 1-7   工业管道的绝对粗糙度数值

管道类别	绝对粗糙度 ε/mm
无缝黄铜管、铜管及铝管	$0.01\sim0.05$
新的无缝钢管或镀锌铁管	$0.1\sim0.2$
新的铸铁管	0.3
具有轻度腐蚀的无缝钢管	$0.2\sim0.3$
具有重度腐蚀的无缝钢管	0.5 以上
旧的铸铁管	0.85 以上
干净玻璃管	$0.0015\sim0.01$
很好整平的水泥管	0.33

3. 摩擦系数

（1）层流时摩擦系数   流体做层流流动时，流体层平行于管轴流动，层流层掩盖了管壁的粗糙面，同时流体的流动速度也比较缓慢，对管壁凸出部分没有什么碰撞作用，所以层流时的流动阻力或摩擦系数与管壁粗糙度无关，只与 Re 有关。

$$\lambda = \frac{64}{Re} \tag{1-24}$$

将 $\lambda = \dfrac{64}{Re}$ 代入范宁公式，则：

$$h_\text{f} = 32\frac{\mu u l}{\rho d^2} \tag{1-25}$$

式（1-25）为哈根-泊肃叶方程，是流体在圆直管内做层流流动时的阻力计算式。

（2）湍流时摩擦系数   流体做湍流流动时，靠近壁面处总是存在着层流内层。如果层流内层的厚度 δ_L 大于管壁的绝对粗糙度 ε，即 $\delta_\text{L} > \varepsilon$ 时，如图 1-45（a）所示，此时管壁粗糙度对流动阻力的影响与层流时相近，此为水力光滑管。随着 Re 的增加，层流内层的厚度逐渐减薄，当 $\delta_\text{L} < \varepsilon$ 时，如图 1-45（b）所示，壁面凸出部分伸入湍流主体区，与流体质点发生碰撞，使流动阻力增加，致使黏性力不再起作用，而包括黏度 μ 在内的 Re 不再影响摩擦系数的大小，流动进入了完全湍流区，此为完全湍流粗糙管。

由于湍流时流体质点运动情况比较复杂，目前还不能完全用理论分析方法得到求算湍流时摩擦系数 λ 的公式，只能通过实验测定，获得经验的计算式。各种经验公式均有一定的适用范围，可参阅有关资料。

为了计算方便，通常将摩擦系数 λ 对 Re 与 ε/d 的关系曲线标绘在双对数坐标上，如图 1-46 所示，该图称为莫狄图。这样就可以方便地根据 Re 与 ε/d 值从图中查得各种情况下的 λ 值。

$$\lambda = f(Re, \varepsilon/d)$$

根据雷诺数的不同，可在图中分出四个不同的区域：

① 层流区   当 $Re < 2000$ 时，λ 与 Re 为一直线关系，与相对粗糙度无关。此时 $\sum h_\text{f} \propto u$，即 $\sum h_\text{f}$ 与 u 的一次方成正比。

② 过渡区   当 $2000 < Re < 4000$ 时，管内流动类型随外界条件影响而变化，λ 也随之波动。工程上一般按湍流处理，λ 可从相应的湍流时的曲线延伸查取。

③ 湍流区   当 $Re > 4000$ 且在图中虚线以下区域时，λ 与 Re、ε/d 都有关，当 ε/d 一定时，λ 随 Re 的增大而减小，Re 增大至某一数值后，λ 下降缓慢；当 Re 一定时，λ 随 ε/d 的

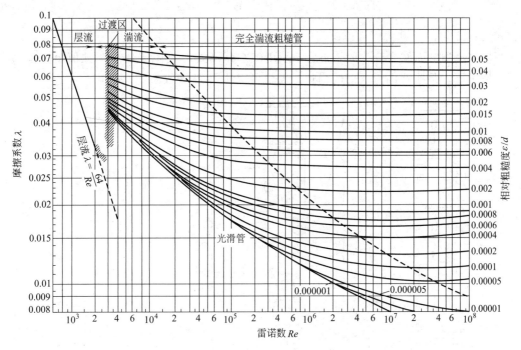

图 1-46 摩擦系数 λ 与雷诺数 Re、相对粗糙度 ε/d 的关系

增加而增大。

④ 完全湍流区 即图中虚线以上的区域，λ 与 Re 的数值无关，只取决于 ε/d。λ-Re 曲线几乎成水平线，当管子的 ε/d 一定时，λ 为定值。在这个区域内，阻力损失与 u^2 成正比，故又称为阻力平方区。由图可见，ε/d 值越大，达到阻力平方区的 Re 值越低。

二、局部阻力

局部阻力是流体流经管路中的管件、阀门、流量计及截面的突然扩大和突然缩小处等局部区域所产生的阻力。

流体在管路的进口、出口、弯头、阀门、突然扩大处、突然缩小处或流量计等局部流过时，必然发生流体的流速大小和方向的变化，流动受到干扰、冲击，可能产生旋涡并加剧湍动或产生涡流现象，加剧了能量消耗，使流动阻力显著增加，如图 1-47 所示。局部阻力一般有两种计算方法，即当量长度法和阻力系数法。

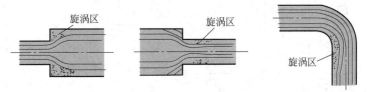

图 1-47 不同情况下的流动干扰

1. 当量长度法

当量长度法是将流体通过局部障碍时的局部阻力计算转化为直管阻力损失计算的方法。将流体流过的局部阻力，折合成直径相同、长度为 l_e 的直管所产生的阻力，即：

$$h'_f=\lambda\,\frac{l_e}{d}\times\frac{u^2}{2}\quad 或\quad H'_f=\lambda\,\frac{l_e}{d}\times\frac{u^2}{2g}\tag{1-26}$$

式（1-26）中 l_e 称为管件或阀门的当量长度。

当局部流通截面发生变化时，u 应该采用较小截面处的流体流速。l_e 数值由实验测定，在湍流情况下，某些管件与阀门的当量长度也可以从图 1-48 或表 1-8 查得。

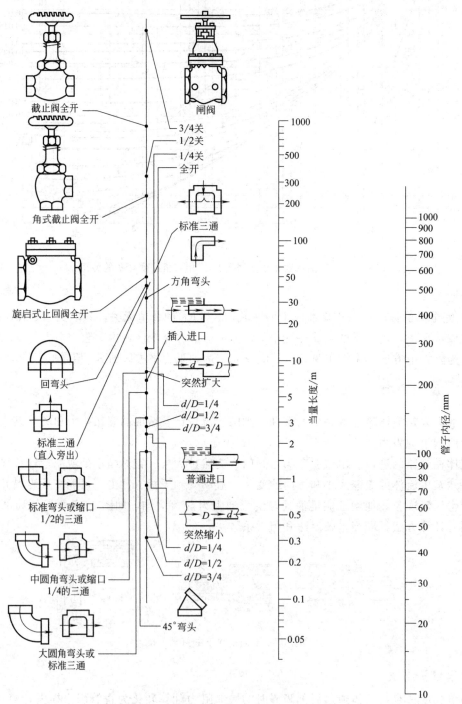

图 1-48　管件与阀件的当量长度共线图

2. 阻力系数法

阻力系数法是将局部阻力表示为动能的某一倍数。

$$h'_f = \zeta \frac{u^2}{2} \quad \text{或} \quad H'_f = \zeta \frac{u^2}{2g} \tag{1-27}$$

式（1-27）中，ζ 称为局部阻力系数，一般由实验测定。注意，计算突然扩大与突然缩小局部阻力时，u 为小管中较大的速度。常见的局部阻力系数见表 1-8 和表 1-9。

进口阻力系数 $\zeta_{进口}=0.5$，出口阻力系数 $\zeta_{出口}=1$。

表 1-8　常见局部阻力系数 ζ 值

管件和阀件名称	ζ 值								
标准弯头	$45°,\zeta=0.35$				$90°,\zeta=0.75$				
90°方形弯头	1.3								
180°回弯头	1.5								
活管接	0.4								

弯管	φ / R/d	30°	45°	60°	75°	90°	105°	120°
	1.5	0.08	0.11	0.14	0.16	0.175	0.19	0.20
	2.0	0.07	0.10	0.12	0.14	0.15	0.16	0.17

突然扩大 $\zeta=(1-A_1/A_2)^2$　$h_f=\zeta u_1^2/2$

A_1/A_2	0	0.1	0.2	0.3	0.4	0.5	0.6	0.7	0.8	0.9	1.0
ζ	1	0.81	0.64	0.49	0.36	0.25	0.16	0.09	0.04	0.01	0

突然缩小 $\zeta=0.5(1-A_2/A_1)$　$h_f=\zeta u_2^2/2$

A_2/A_1	0	0.1	0.2	0.3	0.4	0.5	0.6	0.7	0.8	0.9	1.0
ζ	0.5	0.45	0.40	0.35	0.30	0.25	0.20	0.15	0.10	0.05	0

流入大容器的出口	$\zeta=1$（用管中流速）

入管口（容器→管）	$\zeta=0.5$

水泵进口	没有底阀	2～3							
	有底阀 d/mm	40	50	75	100	150	200	250	300
	ζ	12	10	8.5	7.0	6.0	5.2	4.4	3.7

闸阀	全开	3/4 开	1/2 开	1/4 开
	0.17	0.9	4.5	24

标准截止阀（球心阀）	全开 $\zeta=6.4$				1/2 开 $\zeta=9.5$			
蝶阀 α	5°	10°	20°	30°	40°	45°	50°	60°	70°
ζ	0.24	0.52	1.54	3.91	10.8	18.7	30.6	118	751

管件和阀件名称	ζ 值					
旋塞	θ	5°	10°	20°	40°	60°
	ζ	0.05	0.29	1.56	17.3	206
角阀(90°)	5					
单向阀	摇板式 ζ=2			球形单向阀 ζ=70		
水表(盘形)	7					

表 1-9　管件和阀门的局部阻力系数 ζ 和当量长度与管径比值

名称		阻力系数 ζ	当量长度与管径之比 l_e/d	名称		阻力系数 ζ	当量长度与管径之比 l_e/d
弯头,45°		0.35	17	标准阀	全开	6.0	300
弯头,90°		0.75	35		半开	9.5	475
三通		1	50	角阀,全开		2.0	100
回弯头		1.5	75	止逆阀	球式	70.0	3500
管接头		0.04	2		摇板式	2.0	100
活接头		0.04	2				
闸阀	全开	0.17	9	水表,盘式		7.0	350
	半开	4.5	225				

三、流体在管路中的总阻力

流体在管路中的总阻力包括直管阻力和局部阻力，在流体流动过程中当管路直径相同时，管路系统的总阻力等于通过所有直管的阻力和所有局部阻力之和。

（1）当量长度法　当用当量长度法计算局部阻力时，其总阻力 $\sum h_f$ 计算式为：

$$\sum h_f = h_f + h_f' = \lambda \frac{l + \sum l_e}{d} \times \frac{u^2}{2} \tag{1-28}$$

式中　$\sum l_e$——管路全部管件与阀门等的当量长度之和，m。

（2）阻力系数法　当用阻力系数法计算局部阻力时，其总阻力计算式为：

$$\sum h_f = h_f + h_f' = \left(\lambda \frac{l}{d} + \sum \zeta\right)\frac{u^2}{2} \tag{1-29}$$

式中　$\sum \zeta$——管路全部的局部阻力系数之和。

应当注意，当管路由若干直径不同的管段组成时，管路的总能量损失应分段计算，然后再求和。

总阻力的表示方法除了以能量形式表示外，还可以用压头损失 H_f（1N 流体的流动阻力，m）及压力降 Δp_f（1m³ 流体流动时的流动阻力，m）表示。它们之间的关系为：

$$h_f = H_f g$$

$$\Delta p_f = \rho h_f = \rho H_f g$$

注意：计算局部阻力时，可用局部阻力系数法，亦可用当量长度法，但不能用两种方法重复计算。

四、管路计算

管路计算按配管情况可分为简单管路和复杂管路，后者又可分为分支管路和并联管路。

（1）简单管路　简单管路是指流体从入口至出口是在一条管路（管径可以相同，也可以不同）中流动，中间没有出现分支或汇总情况的管路，如图 1-49 所示。

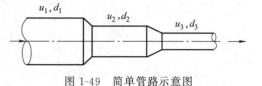

图 1-49　简单管路示意图

在定态流动时，其基本特点如下。

① 流体通过各管段的质量流量不变，对于不可压缩流体，则体积流量也不变，即：

$$q_1 = q_2 = q_3$$

② 整个管路的总能量损失等于各段能量损失之和，即：

$$\sum h_f = h_{f1} + h_{f2} + h_{f3}$$

（2）复杂管路　复杂管路主要包括分支、汇合和并联管路，如图 1-50 所示。流体分流后不再汇合称为分支管路，分流的管路汇合到一个管路称为汇合管路，流体分流以后又汇合在一起，称为并联管路。

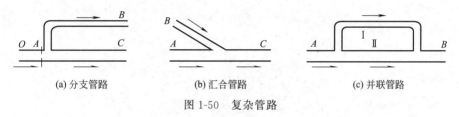

(a) 分支管路　　　　　　(b) 汇合管路　　　　　　(c) 并联管路

图 1-50　复杂管路

分支管路与汇合管路［如图 1-50（a）、（b）所示］特点。

① 对于不可压缩性流体，总管流量等于各支管流量之和。

② 虽然各支管的流量不等，但在分支点的总机械能为一定值，表明流体在各支管流动终了时的总机械能与能量损失之和必相等。

并联管路［如图 1-50（c）所示］特点如下。

① 对于不可压缩性流体，主管中的流量为并联的各支管流量之和。

② 并联管路中各支管的能量损失均相等。

注意：计算并联管路阻力时，可任选一根支管计算，而绝不能将各支管阻力加和在一起作为并联管路的阻力。

（3）非圆形管道的流动阻力　非圆形管内的湍流流动，仍可用在圆形管内流动阻力的计算式，但需用非圆形管道的当量直径代替圆管直径。当量直径定义为有效截面积与流体与固体壁面的接触长度（润湿周边）比值。

$$d_e = 4 \times \frac{流通截面积}{润湿周边} = 4 \times \frac{A}{\Pi} \tag{1-30}$$

对于套管环隙，当内管的外径为 d_1、外管的内径为 d_2 时，其当量直径为：

$$d_e = 4 \times \frac{\frac{\pi}{4}(d_2^2 - d_1^2)}{\pi d_2 + \pi d_1} = d_2 - d_1 \tag{1-31}$$

对于边长分别为 a、b 的矩形管，其当量直径为：

$$d_e = 4 \times \frac{ab}{2(a+b)} = \frac{2ab}{a+b} \tag{1-32}$$

技术训练 1-5

计算下列情况下，流体流过 $\phi 76\text{mm} \times 3\text{mm}$、长 10m 的水平钢管的能量损失、压头损失及压力损失。

(1) 密度为 910kg/m^3、黏度为 72cP 的前馏分，流速为 1.1m/s；

(2) 20℃的水，流速为 2.2 m/s。

解：(1) 前馏分：

$$Re = \frac{d\rho u}{\mu} = \frac{0.07 \times 910 \times 1.1}{72 \times 10^{-3}} = 973 < 2000$$

流动为层流。摩擦系数可从图 1-46 上查取，也可用公式来计算：

$$\lambda = \frac{64}{Re} = \frac{64}{973} = 0.0658$$

所以能量损失 $h_f = \lambda \dfrac{l}{d} \times \dfrac{u^2}{2} = 0.0658 \times \dfrac{10}{0.07} \times \dfrac{1.1^2}{2} = 5.69 \text{(J/kg)}$

压头损失 $\qquad\qquad H_f = \dfrac{h_f}{g} = \dfrac{5.69}{9.81} = 0.58 \text{(m)}$

压力损失 $\qquad\qquad \Delta p_f = \rho h_f = 910 \times 5.69 = 5178 \text{(Pa)}$

(2) 20℃水的物性：$\rho = 998.2 \text{kg/m}^3$，$\mu = 1.005 \times 10^{-3} \text{Pa·s}$

$$Re = \frac{d\rho u}{\mu} = \frac{0.07 \times 998.2 \times 2.2}{1.005 \times 10^{-3}} = 1.53 \times 10^5$$

流动为湍流。求摩擦系数尚需知道相对粗糙度 ε/d，查表 1-7，取钢管的绝对粗糙度 ε 为 0.2mm，则：

$$\frac{\varepsilon}{d} = \frac{0.2}{70} = 0.00286$$

根据 $Re = 1.53 \times 10^5$ 及 $\varepsilon/d = 0.00286$ 查图 1-46，得 $\lambda = 0.027$

所以能量损失：$h_f = \lambda \dfrac{l}{d} \times \dfrac{u^2}{2} = 0.027 \times \dfrac{10}{0.07} \times \dfrac{2.2^2}{2} = 9.33 \text{(J/kg)}$

压头损失：$\qquad\qquad H_f = \dfrac{h_f}{g} = \dfrac{9.33}{9.81} = 0.95 \text{(m)}$

压力损失：$\qquad\qquad \Delta p_f = \rho h_f = 998.2 \times 9.33 = 9313 \text{(Pa)}$

任务 4 选择流体输送方式与相关计算

本任务中，通过对流体本身所具有的能量进行分析，针对定态流动状态下的不可压缩流体，根据能量守恒定律，推导出伯努利方程。掌握与运用伯努利方程，解决流体在输送过程中的各种问题。

一、流体具有的能量

流动系统中涉及的能量有多种形式，包括内能、机械能、功、热、损失能量，若系统不涉及温度变化及热量交换，内能为常数，则系统中所涉及的能量只有机械能、功、损失能量，根据其属性可分为流体自身所具有的能量及系统与外部交换的能量。

流体的机械能有以下几种形式。

（1）内能　储存于物质内部的能量。设 1kg 流体具有的内能为 U，其单位为 J/kg。

（2）位能　流体受重力作用在不同高度所具有的能量称为位能。将质量为 m 的流体自基准水平面 0—0′ 升举到 z 处所做的功，即为位能。

$$位能 = mgz$$

（3）动能　流体以一定速度流动，便具有动能。

$$动能 = \frac{1}{2}mu^2$$

（4）静压能　在静止流体内部，任一处都有静压力，同样，在流动着的流体内部，任一处也有静压力。如果在一内部有液体流动的管壁面上开一小孔，并在小孔处装一根垂直的细玻璃管，液体便会在玻璃内上升一定高度，这便是管内该截面处液体静压力的表现，见图 1-51。对于图 1-51 的流动系统，由于在截面处流体具有一定的静压力，流体要通过该截面进入系统，就需要对流体做一定的功，以克服这个静压力。换句话说，进入截面后的流体，也就具有与此功相当的能量，这种能量称为静压能或流动功。

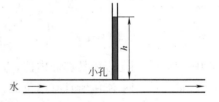

图 1-51　流体产生静压能示意图

质量为 m、体积为 V 的流体，通过截面所需的作用力 $F = pA$，流体推入管内所走的距离 $h = V/A$，故与此功相当的静压能：

$$静压能 = pA\frac{V}{A} = pV$$

1kg 流体具有的位能、动能和静压能分别为 zg、$\frac{1}{2}u^2$、pv，其单位均为 J/kg。

位能、动能、静压能均为流体在截面处所具有的机械能，三者之和称为某截面上的总机械能。

此外，流体在流动过程中，还有通过其他外界条件与衡算系统交换的能量。

（5）热能　若管路中有加热器、冷却器等，流体通过时必与之换热。一般规定换热器向 1kg 流体提供的热量为 q_e，其单位为 J/kg。

（6）外加功　在流动系统中，还有流体输送机械（泵或风机）向流体做功，1kg 流体从流体输送机械所获得的能量称为外功或有效功，用 W_e 表示，其单位为 J/kg。

（7）损失能量　由于流体具有黏性，在流动过程中要克服各种阻力，所以流动中有能量损失。单位质量流体流动时为克服阻力而损失的能量，用 $\sum h_f$ 表示，其单位为 J/kg。

机械能（即位能、动能、静压能）及外功，可用于输送流体。内能与热能不能直接转变为输送流体的机械能。

二、伯努利方程

伯努利方程反映了流体在流动过程中，各种形式机械能的相互转换关系。

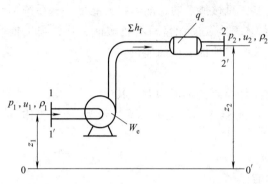

图 1-52 流体定态流动输送示意图

图 1-52 所示为定态流动系统，该流体为不可压缩的流体，流体从 1—1′ 截面流入，2—2′ 截面流出。

衡算范围：1—1′、2—2′ 截面以及管内壁所围成的系统。

衡算基准：1kg 流体。

基准水平面：0—0′ 水平面。

根据能量守恒原则，对于划定的流动范围，其输入的总能量必等于输出的总能量。在图 1-52 中，在 1—1′ 截面与 2—2′ 截面之间有：

$$U_1 + gz_1 + \frac{1}{2}u_1^2 + p_1 v_1 + W_e + q_e = U_2 + z_2 g + \frac{1}{2}u_2^2 + p_2 v_2 + \sum h_f$$

$$\text{或 } U_1 + gz_1 + \frac{1}{2}u_1^2 + \frac{p_1}{\rho_1} + W_e + q_e = U_2 + z_2 g + \frac{1}{2}u_2^2 + \frac{p_2}{\rho_2} + \sum h_f \tag{1-33}$$

式中　U——1kg 流体具有的内能，J/kg；

　　gz——1kg 流体所具有的位能，J/kg；

$\frac{1}{2}u^2$——1kg 流体所具有的动能，J/kg；

　　W_e——1kg 流体从输送机械所获得的能量称为外功或有效功，J/kg；

　　q_e——换热器向 1kg 流体提供的热量，J/kg；

　　v——比体积，$v = 1/\rho$，m^3/kg；

　　pv——静压能，1kg 流体所具有的静压能，J/kg；

　　$\sum h_f$——能量损失，1kg 流体所产生的能量损失，J/kg。

式（1-33）称为伯努利方程式，是伯努利方程的引申，习惯上也称为广义上的伯努利方程式（一般表达式）。

三、伯努利方程的分析与讨论

（1）以单位质量流体为基准　假设流体不可压缩，则 $v_1 = v_2 = \frac{1}{\rho}$；流动系统无热交换，则 $q_e = 0$；流体温度不变，则 $U_1 = U_2$。因实际流体具有黏性，在流动过程中必消耗一定的能量。根据能量守恒原则，能量不可能消失，只能从一种形式转变为另一种形式，这些消耗的机械能转变成热能，此热能不能再转变为用于流体输送的机械能，只能使流体的温度升高。从流体输送角度来看，这些能量是"损失"掉了。将 1kg 流体损失的能量用 $\sum h_f$ 表示，其单位为 J/kg，则有：

$$gz_1 + \frac{1}{2}u_1^2 + \frac{p_1}{\rho} + W_e = gz_2 + \frac{1}{2}u_2^2 + \frac{p_2}{\rho} + \sum h_f \quad (\text{J/kg}) \qquad (1\text{-}34)$$

式（1-34）即为不可压缩实际流体的机械能衡算式。

（2）以单位重量流体为基准　各项同除重力加速度 g：

$$z_1 + \frac{1}{2g}u_1^2 + \frac{p_1}{\rho g} + \frac{W_e}{g} = z_2 + \frac{1}{2g}u_2^2 + \frac{p_2}{\rho g} + \frac{\sum h_f}{g}$$

规定 $H_e = \dfrac{W_e}{g}$，$\sum H_f = \dfrac{\sum h_f}{g}$，则有：

$$z_1 + \frac{1}{2g}u_1^2 + \frac{p_1}{\rho g} + H_e = z_2 + \frac{1}{2g}u_2^2 + \frac{p_2}{\rho g} + \sum H_f \quad (\text{m}) \qquad (1\text{-}35)$$

式（1-35）的各项表示单位重量（1N）流体所具有的能量。虽然各项的单位为 m，与长度的单位相同，但在这里应理解为 m 液柱。各项的物理意义是指单位重量的流体所具有的机械能。习惯上将 z、$\dfrac{u^2}{2g}$、$\dfrac{p}{\rho g}$ 分别称为位压头、动压头和静压头，三者之和称为总压头，$\sum H_f$ 称为压头损失，H_e 为单位重量的流体从流体输送机械所获得的能量，称为外加压头或有效压头。

（3）理想流体的机械能衡算　理想流体是指没有黏性（即流动中没有摩擦阻力）的不可压缩流体。这种流体实际上并不存在，是一种假想的流体，但这种假想对解决工程实际问题具有重要意义。理想流体在无外功的情况下：

$$gz_1 + \frac{1}{2}u_1^2 + \frac{p_1}{\rho} = gz_2 + \frac{1}{2}u_2^2 + \frac{p_2}{\rho}$$

$$z_1 + \frac{1}{2g}u_1^2 + \frac{p_1}{\rho g} = z_2 + \frac{1}{2g}u_2^2 + \frac{p_2}{\rho g} \qquad (1\text{-}36)$$

子任务 2　认识位差输送

伯努利方程与连续性方程是解决流体流动问题的基础，应用伯努利方程，可以解决流体输送与流量测量等实际问题。在用伯努利方程解决问题时，一般应先根据题意画出流动系统的示意图，标明流体的流动方向，定出上、下游截面，明确流动系统的衡算范围，具体应注意以下几个问题。

（1）截面的选取

① 截面应与流体的流动方向相垂直；

② 两截面间流体应是定态连续流动；

③ 截面宜选在已知量多、计算容易的位置。

（2）基准水平面的选取　基准水平面必须与地面平行。为计算方便，宜选取两截面中位置较低的截面为基准水平面。若截面不是水平面，而是垂直于地面，则基准水平面应选通过管中心线且与地面平行的平面。

（3）物理量单位一致　计算中要注意各物理量的单位保持一致，尤其在计算截面上的静压能时，p_1、p_2 不仅单位要一致，同时表示方法也应一致，即同为绝压或同为表压。一般采用表压时，表压为正值，真空度为负值。

利用伯努利方程可以计算高位槽的位置、阻力、压力以及外加机械所做的功或外加机械的功率、流量或流速等。

技术训练 1-6

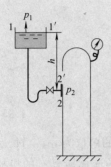

图 1-53　料液输
送到精馏塔

如图 1-53 所示，料液由敞口高位槽流入精馏塔中。塔内进料处的压力为 30kPa（表压），输送管路为 $\phi45mm \times 2.5mm$ 的无缝钢管，直管长为 10m。管路中装有 180° 回弯头一个、90° 标准弯头一个、标准截止阀（全开）一个。若维持进料量为 $5m^3/h$，问高位槽中的液面至少高出进料口多少米？（操作条件下料液的物性：$\rho = 890kg/m^3$，$\mu = 1.2 \times 10^{-3} Pa \cdot s$）

解：如图取高位槽中液面为 1—1′ 面，管出口内侧为 2—2′ 截面，且以过 2—2′ 截面中心线的水平面为基准面。在 1—1′ 与 2—2′ 截面间列伯努利方程：

$$gz_1 + \frac{1}{2}u_1^2 + \frac{p_1}{\rho} = gz_2 + \frac{1}{2}u_2^2 + \frac{p_2}{\rho} + \sum h_f$$

其中：$z_1 = h$；$u_1 \approx 0$；$p_1 = 0$（表压）；$z_2 = 0$；$p_2 = 30kPa$（表压）；

$$u_2 = \frac{V_s}{\frac{\pi}{4}d^2} = \frac{5/3600}{0.785 \times 0.04^2} = 1.1(m/s)$$

管路总阻力 $\sum h_f = h_f + h_f' = \left(\lambda \frac{l}{d} + \sum \zeta\right)\frac{u^2}{2}$

$$Re = \frac{d\rho u}{\mu} = \frac{0.04 \times 890 \times 1.1}{1.3 \times 10^{-3}} = 3.01 \times 10^4$$

取管壁绝对粗糙度 $\varepsilon = 0.3mm$，则 $\frac{\varepsilon}{d} = \frac{0.3}{40} = 0.0075$

从图 1-46 中查得摩擦系数 $\lambda = 0.036$

由表 1-8 查得各管件的局部阻力系数：

进口突然缩小　　　　$\zeta = 0.5$
180° 回弯头　　　　　$\zeta = 1.5$
90° 标准弯头　　　　 $\zeta = 0.75$
标准截止阀（全开）　$\zeta = 6.4$

$$\sum \zeta = 0.5 + 1.5 + 0.75 + 6.4 = 9.15$$

$$\sum h_f = \left(\lambda \frac{l}{d} + \sum \zeta\right)\frac{u^2}{2} = \left(0.036 \times \frac{10}{0.04} + 9.15\right) \times \frac{1.1^2}{2} = 10.98(J/kg)$$

所求位差：

$$h = \left(\frac{p_2}{\rho} + \frac{u_2^2}{2} + \sum h_f\right)/g = \left(\frac{30 \times 10^3}{890} + \frac{1.1^2}{2} + 10.98\right)/9.81 = 4.62(m)$$

子任务 3　认识压差输送

如图 1-54 所示，流体在水平等径直管中做定态流动。

在 $1—1'$ 和 $2—2'$ 截面间列伯努利方程：

$$gz_1 + \frac{1}{2}u_1^2 + \frac{p_1}{\rho} = gz_2 + \frac{1}{2}u_2^2 + \frac{p_2}{\rho} + h_f$$

因是直径相同的水平管，$u_1 = u_2$，$z_1 = z_2$

所以，
$$h_f = \frac{p_1 - p_2}{\rho} \tag{1-37}$$

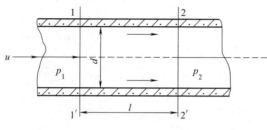

图 1-54　直管阻力

若管道为倾斜管，则

$$h_f = \left(\frac{p_1}{\rho} + z_1 g\right) - \left(\frac{p_2}{\rho} + z_2 g\right) \tag{1-38}$$

由此可见，无论是水平安装，还是倾斜安装，流体的流动阻力均表现为静压能的减少，仅当水平安装时，流动阻力恰好等于两截面的静压能之差。

喷射泵是利用流体流动时静压能与动能的转换原理进行吸、送流体的设备。当一种流体经过喷嘴时，由于喷嘴的截面积比管道的截面积小得多，流体流过喷嘴时速度迅速增大，使该处的静压力急速减小，造成真空，从而可将支管中的另一种流体吸入，二者混合后在扩大管中速度逐渐降低，压力随之升高，最后将混合流体送出。

技术训练 1-7

某车间用压缩空气来压送 98% 浓硫酸，如图 1-55 所示，每批压送量为 0.3m^3，要求 10min 内压送完毕。硫酸的温度为 293K。管子为 $\phi38\text{mm} \times 3\text{mm}$ 钢管，管子出口距硫酸储罐液面的垂直距离为 15m，设损失能量为 10J/kg。试求开始压送时压缩空气的表压。

解： 作出压送硫酸装置示意图，选储罐液面为 $1—1'$，管出口截面为 $2—2'$，以截面 $1—1'$ 为基准平面。

已知 $\sum h_f = 10\text{J/kg}$；$W_e = 0$（管路中无外加功）；$p_{2\text{表}} = 0$；$z_1 = 0$；$z_2 = 15\text{m}$；$\rho = 1831\text{kg/m}^3$（由附录查得）。

硫酸在管内的流速 u_2，则：

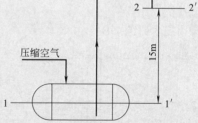

图 1-55　压缩空气来压送 98% 浓硫酸

$$u_2 = \frac{q_V}{\frac{\pi}{4}d^2}$$

$$d = 38 - 2 \times 3 = 32 \ (\text{mm}) = 0.032 \ (\text{m})$$

$q_V = V/t = 0.3/(10 \times 60) = 0.0005 \ (\mathrm{m^3/s})$

得 $u_2 = 0.0005/[0.785 \times (0.032)^2] = 0.625 \ (\mathrm{m/s})$

$u_1 \approx 0$（因储罐截面比管截面大得多，计算得到的 u_1 很小，可忽略不计）

将各值代入下式：

$$gz_1 + \frac{u_1^2}{2} + \frac{p_{1\text{表}}}{\rho} + W_e = gz_2 + \frac{u_2^2}{2} + \frac{p_{2\text{表}}}{\rho} + \sum h_f$$

得 $p_{1\text{表}} = (z_2 - z_1)\rho g + \frac{(u_2^2 - u_1^2)\rho}{2} + p_{2\text{表}} + (\sum h_f - W_e)\rho$

$$p_{1\text{表}} = (15 - 0) \times 1831 \times 9.81 + 0.625^2 \times \frac{1831}{2} + 10 \times 1831$$

$$= 288.099 (\mathrm{kPa})$$

即压缩空气的表压为 288.099kPa。

子任务 4　认识机械输送

在伯努利方程式中，gz、$\frac{1}{2}u^2$、$\frac{p}{\rho}$ 分别表示单位质量流体在某截面上所具有的位能、动能和静压能，也就是说，它们是状态参数；而 W_e、$\sum h_f$ 是指单位质量流体在两截面间获得或消耗的能量，可以理解为它们是过程的函数。W_e 是输送设备对 1kg 流体所做的功，P_e 为单位时间输送设备所做的有效功，称为有效功率。

$$P_e = q_m W_e \tag{1-39}$$

式中　P_e——有效功率，W；

　　　q_m——流体的质量流量，kg/s。

实际上，输送机械本身也有能量转换效率，则流体输送机械实际消耗的功率应为：

$$P_T = \frac{P_e}{\eta} \tag{1-40}$$

式中　P_T——流体输送机械的总轴功率，W；

　　　η——流体输送机械的效率。

技术训练 1-8

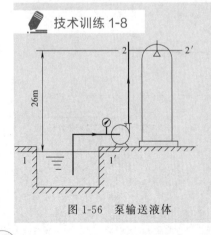

图 1-56　泵输送液体

用泵将储水池中常温的水送至吸收塔顶部，水面维持恒定，各部分相对位置如图 1-56 所示。水面到塔顶的距离为 26m，输水管为 $\phi 76\mathrm{mm} \times 3\mathrm{mm}$ 钢管，排水管出口与喷头连接处的压力为 $6.15 \times 10^4 \mathrm{Pa}$（表压），送水量为 34.5$\mathrm{m^3/h}$，水流经全部管道（不包括喷头）的能量损失为 160J/kg。水的密度取 1000$\mathrm{kg/m^3}$。求：①水在管内的流速；②泵的有效功率（kW）；③若泵的效率为 60%，则泵所需的功率为多少？

解：① $u = \dfrac{V_s}{\dfrac{\pi}{4}d^2} = \dfrac{\dfrac{34.5}{3600}}{\dfrac{\pi}{4} \times 0.070^2} = 2.49 \, (\text{m/s})$

② 取水池液面为 1—1′ 截面，且定为基准水平面，取排水管出口与喷头连接处为 2—2′ 截面，如图 1-56 所示。

在两截面间列出伯努利方程：

$$gz_1 + \frac{u_1^2}{2} + \frac{p_1}{\rho} + W_e = gz_2 + \frac{u_2^2}{2} + \frac{p_2}{\rho} + \sum h_{f1-2}$$

各量确定如下：$z_1 = 0$，$z_2 = 26\text{m}$，$u_1 \approx 0$，$u_2 = u = 2.49\text{m/s}$，$p_{1\text{表}} = 0$，$p_{2\text{表}} = 6.15 \times 10^4 \text{Pa}$，$\sum h_{f1-2} = 160\text{J/kg}$

将已知量代入伯努利方程式，可求出 W_e：

$$W_e = gz_2 + \frac{u_2^2}{2} + \frac{p_{2\text{表}}}{\rho} + \sum h_{f1-2} = 26 \times 9.81 + \frac{2.49^2}{2} + \frac{6.15 \times 10^4}{1000} + 160$$

$$= 479.66 (\text{J/kg})$$

$$q_m = q_V \rho = \frac{34.5}{3600} \times 1000 = 9.583 \, (\text{kg/s})$$

而 $P_e = W_e q_m = 479.66 \times 9.583 = 4596.7 \, (\text{W}) \approx 4.597 \, (\text{kW})$

③ 泵的效率为 60%，则泵的轴功率：

$$P_T = \frac{P_e}{\eta} = \frac{4.597}{0.6} = 7.66 \, (\text{kW})$$

任务 5　选用液体输送机械

本任务中我们将学习根据液体流体的性质、输送目的和工艺条件要求，选择恰当的输送设备类型，确定输送设备参数。

子任务 1　认识液体输送设备

一、流体输送机械

（1）流体输送机械在化工生产中的应用

① 为流体提供动力，以满足输送要求；

② 为工艺过程创造必要的压力条件。

（2）流体输送设备的分类　化工生产中要输送的流体种类繁多，流体的温度、压力、流量等操作条件也有较大的差别。为了适应不同情况下输送流体的要求，需要不同结构和特性的流体输送机械。

一般来说流体输送机械可分为液体输送机械（通称为泵）和气体输送机械（如风机、压缩机、真空泵等）。

流体输送机械的分类方法有多种，按其工作原理可分为四大类。

① 叶轮式（又称动力式） 利用高速旋转的叶轮使流体获得能量，包括离心式、轴流式和旋涡式流体输送机械。

② 容积式（又称正位移式） 利用活塞或转子的挤压使流体获得能量，包括往复式和旋转式输送机械。此类流体输送机械的突出特点是在一定工作条件下可维持所输送的流体排出量恒定，而不受输送管路压头的影响，故又称为定排量式流体输送机械。

③ 流体作用式 包括水喷射泵、蒸汽喷射泵、空气升扬器、虹吸管等。

④ 其他 如磁力泵等。

二、离心泵

离心泵是一种最常用的液体输送设备（使用量占泵总量的 70%～80%），其特点是结构简单、流量易于调节、适用不同种类的流体及安装使用方便。下面主要来介绍离心泵。

1. 离心泵的工作原理

离心泵如图 1-57 所示。启动前，应先将泵壳和吸入管路充满被输送液体。启动后，泵轴带动叶轮高速旋转，在离心力的作用下，液体从叶轮中心甩向外缘，流体在此过程中获得能量，静压能和动能均有所提高。液体离开叶轮进入泵壳后，由于泵壳中流道逐渐加宽，液体流速逐渐降低，又将一部分动能转变为静压能，使泵出口处液体的静压能进一步提高，最后以高压沿切线方向排出。液体从叶轮中心流向外缘时，在叶轮中心形成低压，在储槽液面和泵吸入口之间压力差的作用下，将液体吸入叶轮。可见，只要叶轮不停地转动，液体便会连续不断地吸入和排出，达到输送的目的。

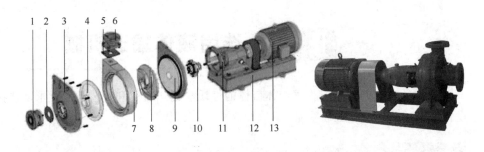

离心泵

(a) 离心泵结构图　　　　　　　　　(b) 离心泵外形图

图 1-57　离心泵结构与外形图

1—进口法兰；2—进口垫片；3—前夹板；4—前泵盖；5—出口垫片；6—出口法兰；
7—泵体；8—叶轮；9—后盖；10—密封部件；11—轴承座；12—底板；13—电机

若离心泵启动前泵壳和吸入管路中没有充满液体，则泵壳内存有空气，而空气的密度又远小于液体的密度，故产生的离心力很小，因而叶轮中心处所形成的低压不足以将储槽内液体吸入泵内，此时虽启动离心泵，也不能输送液体，此种现象称为气缚现象，因此，离心泵在启动前必须灌泵。

2. 离心泵的主要部件

离心泵最基本的部件包括供能装置（叶轮）、能量转换装置（泵壳、导轮）以及轴封等。

（1）叶轮　叶轮是离心泵的核心部件，其主要功能是提供液体流动和上升所需的动能和静压能。按机械结构，叶轮分为开式、半开式和闭式三种结构形式，如图 1-58 所示。闭式叶轮两侧有前后盖板，易被固体杂物堵塞，故适用于输送清洁液体。开式叶轮（无前后盖板）和半开式叶轮（只有后盖板）流通截面大，不易堵塞，适用于输送含有固体颗粒或黏度较大的液体，但效率低于闭式叶轮。

(a) 开式　　　　　(b) 半开式　　　　　(c) 闭式

图 1-58　离心泵的叶轮结构示意图

闭式和半闭式叶轮在运转时，离开叶轮的一部分高压液体可漏入叶轮与泵壳之间的空腔中，因叶轮前侧液体吸入口处压力低，故液体作用于叶轮前、后侧的压力不等，便产生了指向叶轮吸入口侧的轴向推力。该力推动叶轮向吸入口侧移动，引起叶轮和泵壳接触处的磨损，严重时造成泵的振动，破坏泵的正常操作。在叶轮后盖板上钻若干个小孔，可减少叶轮两侧的压力差，从而减轻了轴向推力的不利影响，但同时也降低了泵的效率。这些小孔称为平衡孔。

叶轮上叶片的几何形状有后弯、径向和前弯三种，实践证明后弯叶片有利于液体的动能转化为静压能，故后弯叶片应用广泛。

按吸液方式，叶轮分为单吸式和双吸式两种，如图 1-59 所示。单吸式叶轮只能从一侧吸入液体，结构简单。双吸式叶轮可同时对称地从叶轮两侧吸入液体，既增大了吸液能力，又基本上消除了轴向推力，但结构较复杂。

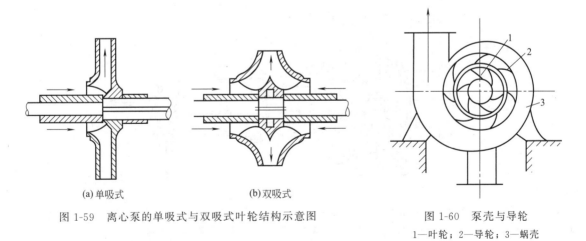

(a) 单吸式　　　　　(b) 双吸式

图 1-59　离心泵的单吸式与双吸式叶轮结构示意图

图 1-60　泵壳与导轮

1—叶轮；2—导轮；3—蜗壳

（2）离心泵的泵壳和导轮　如图 1-60 所示，离心泵泵壳多为蜗牛壳状，故又称蜗壳。这种液体流道截面沿流向逐渐扩大并弯转，使液体流速渐小、流向渐变，既利于液体汇集，又利于液体动能有效地转化为静压能，同时还可减小摩擦阻力损失和冲击能量损失。

为减小高速液体直接冲击泵壳引起的能量损失，有时在泵壳上安装带有叶片的固定导轮。导轮上叶片的弯曲方向恰好适应从叶轮甩出的液体流向，引导液体逐渐转向并随流道扩大而减速，使部分动能有效转化成静压能。通常，多级离心泵都安装导轮。

蜗牛壳形泵壳、导轮和叶轮的后弯叶片，均能提高动能转化为静压能的效率，都可称为能量转化部件。

（3）离心泵的轴封装置　泵轴与泵壳之间的密封称为轴封，其作用是防止泵壳内高压液体沿轴外漏，同时防止空气进入泵内。常用的轴封装置有机械密封和填料密封两种。机械密封的密封效果好，功耗小，寿命长，适用于输送酸、碱、易燃易爆及有毒的液体，但造价高、维修麻烦。填料密封结构简单，但需经常维修，且不能完全避免泄漏，只适用于对密封要求不高的场合。

① 填料密封（填料函或盘根纱）　填料采用浸油或涂石墨的石棉绳。注意：不能用干填料；不要压得过紧以避免填料的破损，允许有液体滴漏（1 滴/s）；不能用于酸、碱、易燃易爆液体的输送。

② 机械密封（又称端面密封）　机械密封是转轴上的动环和壳体上的静环构成的，两环之间形成一个薄薄的液膜起密封和润滑作用。机械密封密封性好、功率消耗低，多用于酸、碱、易燃易爆的液体输送，但造价相对较高。

离心泵的分类

3. 离心泵的类型

在化工生产中被输送液体的性质、流量、压力、温度等差异很大，为适应各种不同的要求，人们已制造出种类众多的离心泵。例如，按输送液体性质，可分为清水泵、油泵、耐腐蚀泵、杂质泵等；按液体被吸入的方向可分为单吸泵和双吸泵；按泵内叶轮的数目可分为单级泵和多级泵。

（1）清水泵　在化工生产中，清水泵被广泛用于输送清水以及物理、化学性质类似于水的清洁液体。常用的型号有 IS 型、D 型、SH 型三类。

① IS 型离心泵　IS 型离心泵是单级单吸悬臂式离心水泵，其结构如图 1-61 所示。

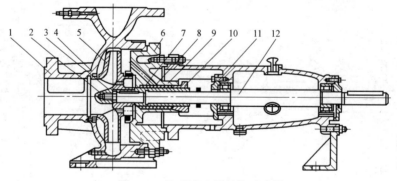

图 1-61　IS 型离心泵结构示意图

1—泵体；2—叶轮螺母；3—止动垫圈；4—密封环；5—叶轮；6—泵盖；7—轴套；
8—填料环；9—填料；10—填料压盖；11—悬架轴承部件；12—轴

② D 型离心泵　如果运送要求扬程较高、流量中等，则可采用 D 型多级离心泵。

③ SH 型离心泵　若输送液体的流量大而压头不高，则可采用双吸式 SH 型离心泵，如图 1-62 所示。

（2）耐腐蚀泵　输送酸、碱、浓氨水等腐蚀性液体时，必须用耐腐蚀泵，如图 1-63 所示。

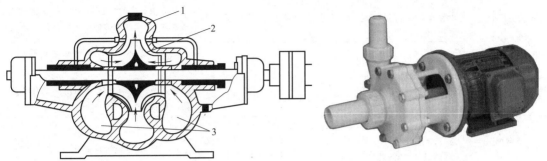

图 1-62　SH 型离心泵结构示意图
1—排出蜗壳；2—叶轮；3—吸入口

图 1-63　耐腐蚀泵外形图

（3）油泵　输送石油产品的泵称为油泵，系列代号为 Y。

（4）杂质泵　输送含有悬浮物流体时常采用杂质泵，系列代号为 P。

（5）磁力泵　磁力泵是一种高效节能的特种离心泵，如图 1-64 所示。

磁力泵

图 1-64　磁力泵外形图

（6）屏蔽泵　屏蔽泵可用来输送易燃、易爆、剧毒及具有放射性液体，如图 1-65 所示。

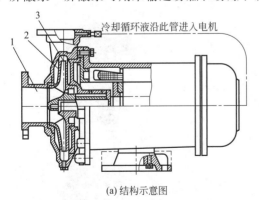

冷却循环液沿此管进入电机

(a) 结构示意图

(b) 外形图

图 1-65　屏蔽泵结构示意图与外形图
1—吸入口；2—叶轮；3—集液室

屏蔽泵

各类型离心泵的结构特点及用途见表 1-10。

表 1-10　各类型离心泵的结构特点及用途

类　型		结构特点	用　途
清水泵	IS 型	单级单吸式。泵体和泵盖都是用铸铁制成。特点是泵体和泵盖为后开门结构类型，优点是检修方便，不用拆卸泵体、管路和电机	是应用最广的离心泵，用来输送清水以及物理、化学性质类似于水的清洁液体
	D 型	多级泵，可达到较高的压头	适用于要求压头较高而流量并不太大的场合
	SH 型	双吸式离心泵，叶轮有两个入口，故输送液体流量较大	输送液体的流量较大而所需的压头不高的场合
耐腐蚀泵（F 型）		特点是与液体接触的部件用耐腐蚀材料制成，密封要求高，常采用机械密封装置。有 FH 型（灰口铸铁），FG 型（高硅铸铁），FB 型（铬镍合金钢），FM 型（铬镍钼钛合金钢），FS 型（聚三氟氯乙烯塑料）	输送酸、碱等腐蚀性液体
油泵（Y 型）		有良好的密封性能。热油泵的轴密封装置和轴承都装有冷却水夹套	输送石油产品
杂质泵（P 型）		叶轮流道宽，叶片数目少，常采用半敞式或敞式叶轮。有些泵壳内衬以耐磨的铸钢护板。不易堵塞，容易拆卸。有耐磨 PW 型（污水泵），PS 型（砂泵），PN 型（泥浆泵）	输送悬浮液及黏稠的浆液等
屏蔽泵		无泄漏泵，叶轮和电机连为一个整体并密封在同一泵壳内，不需要轴封装置。缺点是效率较低，约为 26%～50%	常输送易燃、易爆、剧毒及具有放射性的液体
液下泵（EY 型）		液下泵经常安装在液体储槽内，对轴封要求不高，既节省了空间又改善了操作环境。其缺点是效率不高	适用于输送化工过程中各种腐蚀性液体和高凝固点液体

三、其他种类的泵

（1）往复泵　往复泵也是化工生产上较为常用的一种泵，主要由泵体、活塞（或柱塞）和单向阀构成，活塞由曲柄连杆机构带动而做往复运动。单动往复泵的工作原理如图 1-66 所示，当活塞在外力作用下向右移动时，泵体内形成负压，上端的阀（排出阀）承受压力而关闭，下端的阀（吸入阀）则被泵外液体的压力推开，将液体吸入泵内。当活塞向左移动

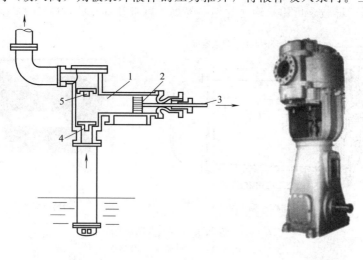

往复泵

(a) 结构示意图　　　　　　　　(b) 外形图

图 1-66　单动往复泵结构示意图与外形图

1—泵缸；2—活塞；3—活塞杆；4—吸入阀；5—排出阀

时，由于活塞的挤压，泵内液体的压力增大，吸入阀承受压力而关闭，排出阀受压则开启，将液体排出泵外。活塞不断地做往复运动，液体就间歇地吸入和排出。可见，往复泵是通过活塞将外功以静压的方式传递给液体。

活塞在泵体内左、右移动的顶点称为"端点"，两端点之间的活塞行程即活塞运动的距离称为"冲程"。活塞往复一次（即活塞移动双冲程），只吸入和排出液体各一次的泵称为单作用泵（或单动泵）。单作用泵的排量是不均匀的，仅在活塞压出行程排出液体，而在吸入行程无液体排出。此外，由于活塞的往复运动是由曲柄连杆机构的机械运动引起的，故活塞的往复运动是不等速的，排液量也就随着活塞的移动有相应的起伏。因此，往复泵输入到系统的液体量，可以平均流量计算。

为了改善单动泵流量的不均匀性，可采用双动泵或三联泵，其结构示意图如图 1-67 所示。图 1-67（a）所示为双动泵，此泵在活塞两侧的泵体内均装有吸入和排出阀，因此无论活塞向何方向运动，总有一吸入阀和一排出阀开启，即在活塞往复一次中，吸液和排液各两次，这样吸入和排出管路中均有液体流过，送液可连续但流量仍有起伏。图 1-67（b）所示为三联泵，实际上为三台单动泵并联构成、其流量较单动泵均匀。往复泵的流量分布曲线，如图 1-68 所示，三联泵和双动泵的平均流量较高。

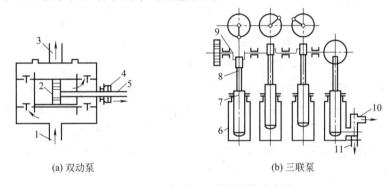

(a) 双动泵　　　　　　　　　　　(b) 三联泵

图 1-67　双动泵与三联泵结构示意图

1—入口；2—活塞；3—出口；4—轴轮；5—活动杆；6—液缸；7—柱塞；8—连杆；9—曲轴；10—排出口；11—吸入口

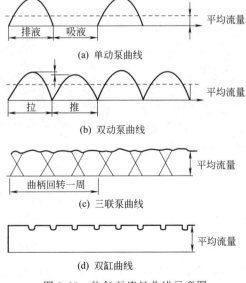

(a) 单动泵曲线

(b) 双动泵曲线

(c) 三联泵曲线

(d) 双缸曲线

图 1-68　往复泵流量曲线示意图

（2）隔膜泵　隔膜泵（防腐蚀泵）如图 1-69 所示，隔膜是用耐腐蚀的弹性材料制作的，它可将活塞与腐蚀性液体隔离。当活塞做往复运动时，迫使隔膜交替地向两侧弯曲，从而使液体在隔膜左侧轮流地被吸入和压出。隔膜泵的隔膜根据不同液体介质分别采用丁腈橡胶、氯丁橡胶、氟橡胶、聚偏氟乙烯、聚四六乙烯等制作。隔膜泵外壳共有四种材质：塑料、铝合金、铸铁、不锈钢，以满足需要。隔膜泵安置在各种特殊场合，用来抽送各种常规泵不能抽吸的介质。

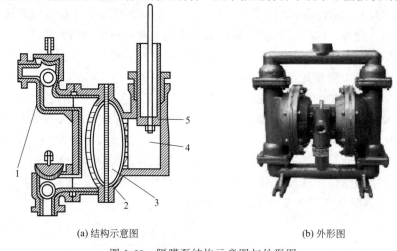

（a）结构示意图　　　　　　　　（b）外形图

图 1-69　隔膜泵结构示意图与外形图

1—球形阀；2—泵体；3—隔膜；4—汽缸；5—活柱

（3）齿轮泵　齿轮泵的主要构件为泵壳和一对相互啮合的齿轮，如图 1-70 所示，其中一个齿轮由电动机带动，称主动轮，另一个齿轮为从动轮。两齿轮与泵体间形成吸入和排出空间。当两齿轮沿着箭头方向旋转时，在吸入空间因两齿轮的齿互相拔开，形成低压而将液体吸入齿穴中，然后分两路，由齿沿壳壁推送至排出空间，两齿轮的齿又互相合拢，形成高压而将液体排出。

齿轮泵的压头高而流量小，适用于输送高黏度液体及膏糊状物料，但不能输送有固体颗粒的悬浮液。KCB 型齿轮油泵的性能范围是：流量为 $1.1 \sim 5 \mathrm{m}^3/\mathrm{h}$，扬程为 $33 \sim 145 \mathrm{mH_2O}$。

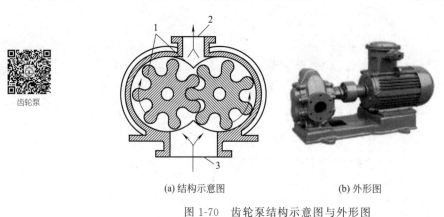

（a）结构示意图　　　　　　　　（b）外形图

图 1-70　齿轮泵结构示意图与外形图

1—齿轮；2—排出口；3—吸入口

（4）螺杆泵　螺杆泵主要由泵壳与一根或一根以上的螺杆构成，如图 1-71 所示。图 1-71（a）所示为一单螺杆泵。此类泵的工作原理是靠螺杆在螺纹形的泵壳中偏心转动，将液体沿轴间推进，最后挤压至排出口推出。图 1-71（b）所示的双螺杆泵与齿轮泵十分相似，它利用两根相互啮合的螺杆来排送液体。当所需的扬程很高时，可采用长螺杆。

螺杆泵的扬程高，效率高，运转时噪声小，振动小，且流量均匀。适用于输送高黏度液体。

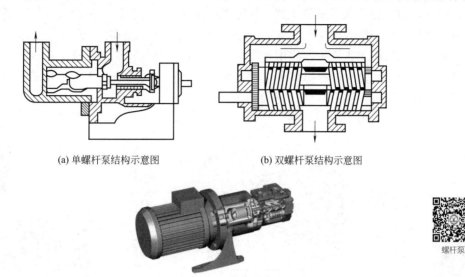

(a) 单螺杆泵结构示意图　　　　(b) 双螺杆泵结构示意图

(c) 外形图

图 1-71　螺杆泵结构示意图与外形图

（5）旋涡泵　旋涡泵又称涡轮泵，是一种特殊类型的离心泵，如图 1-72 所示。旋涡泵主要由泵壳和叶轮构成。泵壳呈圆形，叶轮为一圆盘，其上有许多径向叶片，叶片与叶片之间形成凹槽，在泵壳与叶轮间有一同心的流道，吸入口与排出口由隔板隔开，间壁与叶轮只有很小的缝隙，使吸入腔与排出腔得以分开。

旋涡泵跟离心泵一样，也是靠离心力作用输送液体的，但其工作原理和离心泵又不完全相同。泵内液体随叶轮高速旋转的同时，又在流道和叶片间反复做旋转运动，液体由吸入口到排出口，由于受到多次离心力的作用，从而获得较高的扬程。液体在流道内的反复迂回运动是依靠离心力的作用，所以旋涡泵启动前也需灌泵。

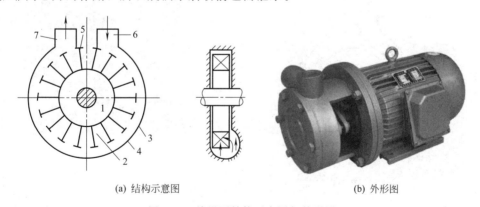

(a) 结构示意图　　　　　　(b) 外形图

图 1-72　旋涡泵结构示意图与外形图

1—叶轮；2—叶片；3—泵壳；4—流道；5—隔板；6—吸入口；7—排出口

旋涡泵流量小，扬程高，适用于高扬程、小流量和黏度不高、无悬浮颗粒液体的输送。

（6）计量泵　计量泵也称定量泵或比例泵，如图 1-73 所示。计量泵是一种可以满足各种严格的工艺流程需要，流量可以在 0～100% 范围内无级调节，用来输送液体（特别是腐蚀性液体）的一种特殊容积泵。其工作方式有往复式、回转式、齿轮式。计量泵的突出特点是可以保持与排出压力无关的恒定流量。使用计量泵可以同时完成输送、计量和调节的功能，从而简化生产工艺流程。使用多台计量泵，可以将几种介质按准确比例输入工艺流程中进行混合。由于其自身的突出特点，计量泵如今已被广泛地应用于石油化工、制药、食品等各工业领域中。

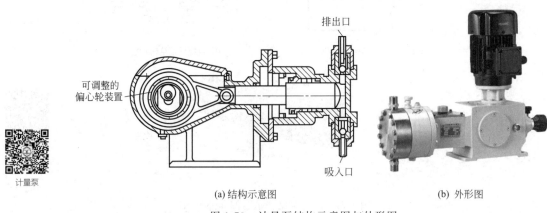

计量泵

(a) 结构示意图　　　　　　　　　　(b) 外形图

图 1-73　计量泵结构示意图与外形图

（7）蠕动泵　蠕动泵如图 1-74 所示，蠕动泵就像用手指夹挤一根充满流体的软管。随着手指向前滑动管内流体向前移动，只是由滚轮取代了手指，通过对泵的弹性输送软管交替进行挤压和释放来泵送流体。

蠕动泵由三部分组成：驱动器、泵头和软管。流体被隔离在泵管中、可快速更换泵管、流体可逆行、可以干运转、维修费用低等特点构成了蠕动泵的主要竞争优势。

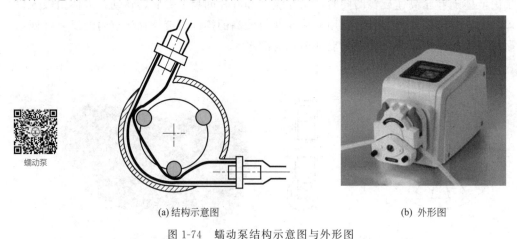

蠕动泵

(a) 结构示意图　　　　　　　　　　(b) 外形图

图 1-74　蠕动泵结构示意图与外形图

子任务 2　选择液体输送设备

本任务中，我们将以离心泵为例，通过学习根据离心泵参数、特性曲线、性能因素、流量调节方法选择等，了解如何选择适合于工艺条件的液体流体输送设备。

一、离心泵的性能参数

离心泵的主要性能参数有流量 Q、压头 H、效率 η、有效功率 P_e、轴功率 P 等。

① 流量 Q　即离心泵单位时间内输送到管路系统的液体体积，m^3/s 或 m^3/h。

② 压头（扬程）H　表示单位重量的液体经离心泵后所获得的有效能量，J/N 或 m 液柱。

③ 效率 η　反映泵内能量损失，主要有容积损失、水力损失、机械损失。

④ 轴功率 P　离心泵的轴功率是指由电机输入离心泵泵轴的功率，W 或 kW。

离心泵的有效功率 P_e 是指液体实际上从离心泵所获得的功率。

$$\eta = \frac{P_e}{P} \times 100\% \tag{1-41}$$

泵的有效功率：　　　$P_e = QH\rho g\,(\text{W})$　　或　　$P_e = \frac{QH\rho}{100}\,(\text{kW})$ 　　(1-42)

泵的轴功率：　　　$P = \frac{QH\rho g}{\eta}\,(\text{W})$　　或　　$P = \frac{QH\rho}{100\eta}\,(\text{kW})$ 　　(1-43)

二、离心泵的特性曲线

离心泵特性曲线如图 1-75 所示，是在一定转速下，用 20℃ 水测定的，由 H-Q、P-Q、η-Q 三条曲线组成。

① H-Q 曲线　离心泵的压头在较大流量范围内随流量的增大而减小。不同型号的离心泵，H-Q 曲线的形状有所不同。

② P-Q 曲线　离心泵的轴功率随流量的增大而增大，当流量 $Q=0$ 时，泵轴消耗的功率最小。因此离心泵启动时应关闭出口阀门，使启动功率最小，以保护电机。

③ η-Q 曲线　开始泵的效率随流

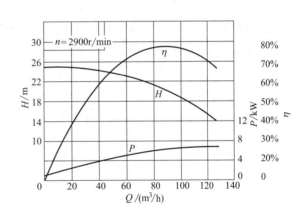

图 1-75　离心泵的特性曲线

量的增大而增大，达到一最大值后，又随流量的增加而下降。这说明离心泵在一定转速下有一最高效率点，该点称为离心泵的设计点。一般离心泵出厂时铭牌上标注的性能参数均为最高效率时测定的数据。高效率区通常为最高效率的 92% 左右的区域。

三、影响离心泵性能的主要因素

① 液体密度　离心泵的流量与被输送液体的密度无关，离心泵的压头与被输送液体的密度也无关，泵的效率也与液体的密度无关，但是离心泵的轴功率与液体的密度有关，密度增大，轴功率增大。当输送液体的密度与水的密度相差较大时，需重新计算轴功率。

② 液体黏度　被输送液体黏度增加，离心泵的流量、扬程及效率下降，而离心泵的轴

功率增大。当输送液体的黏度大于常温下水的黏度时，特性曲线将有所改变。因此，如输送液体的黏度变化，选泵时应对原特性曲线进行修正，根据修正后的特性曲线进行选择。

③ 叶轮转速　离心泵的特性曲线是在转速固定的条件下测定的，同一台离心泵，转速发生变化，特性曲线也将发生变化。当泵的转速改变不大的情况下（以±20％以内为限），可以认为：转速改变前后，液体离开叶轮处的速度三角形相似。

$$\frac{Q_1}{Q_2} = \frac{n_1}{n_2}; \frac{H_1}{H_2} = \left(\frac{n_1}{n_2}\right)^2; \frac{P_1}{P_2} = \left(\frac{n_1}{n_2}\right)^3 \tag{1-44}$$

④ 叶轮直径　对同型号的离心泵，若对叶轮的外径进行切削（即换用较小的叶轮，其他尺寸不变），当外径的切削量小于5％时，离心泵的效率不变。此时泵的流量、扬程、轴功率与转速的关系近似遵循离心泵的切削定律。

$$\frac{Q_1}{Q_2} = \frac{D_1}{D_2}; \frac{H_1}{H_2} = \left(\frac{D_1}{D_2}\right)^2; \frac{P_1}{P_2} = \left(\frac{D_1}{D_2}\right)^3 \tag{1-45}$$

四、离心泵的工作点与流量调节

（1）管路特性曲线　表示特定管路中液体流动所需压头与流量的关系的方程称为管路特性方程。根据管路特性方程标绘的压头与流量的关系曲线称为管路特性曲线。

管路特性方程　　　　　　　　$$H_e = A + BQ^2 \tag{1-46}$$

其中　　　　　　　　$$A = \Delta z + \frac{\Delta p}{\rho g}, \quad B = \lambda \frac{8}{\pi^2 g} \times \frac{l + \sum l_e}{d^5}$$

管路特性曲线仅与管路的布局及操作条件有关，而与泵的性能无关。曲线的截距 A 与两储槽间液位差 Δz 及操作压力差 Δp 有关，曲线的斜率 B 与管路的阻力状况有关。高阻力管路系统的特性曲线较陡峭，低阻力管路系统的特性曲线较平坦。

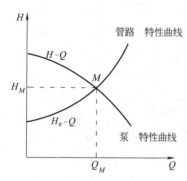

图 1-76　管路的特性曲线与
离心泵的工作点

（2）离心泵的工作点　泵安装在特定的管路中，其特性曲线 $H\text{-}Q$ 与管路特性曲线 $H_e\text{-}Q$ 的交点称为离心泵的工作点。若该点所对应的效率在离心泵的高效率区，则该工作点是适宜的。

工作点所对应的流量与压头，可利用图解法求取，如图 1-76 所示。也可由管路特性方程 $H_e = f(Q)$ 和泵特性方程 $H = \phi(Q)$ 联立求解。

（3）离心泵的流量调节

① 改变管路特性曲线　最简单的调节方法是在离心泵排出管线上安装调节阀。改变阀门的开度，就是改变管路的阻力状况，从而使管路特性曲线发生变化。

这种改变出口阀门开度调节流量的方法，操作简便、灵活，流量可以连续变化，故应用较广，尤其适用于调节幅度不大，而经常需要改变流量的场合。但当阀门关小时，不仅增加了管路的阻力，使增大的压头用于消耗阀门的附加阻力上，且使泵在低效率下工作，经济上不合理。

② 改变泵特性曲线　这一方法通过改变泵的转速或直径改变泵的性能。由于切削叶轮为一次性调节，因而通常采用改变泵的转速的方法来实现流量调节。

这种调节方法，不额外增加阻力，且在一定范围内可保持泵在高效率下工作，能量利用率高。

五、离心泵的组合操作

（1）并联操作　两泵并联后，流量与压头均有所提高，但由于受管路特性曲线制约，管路阻力增大，两台泵并联的总输送量小于原单台泵输送量的两倍。连接方式如图 1-77（a）所示。

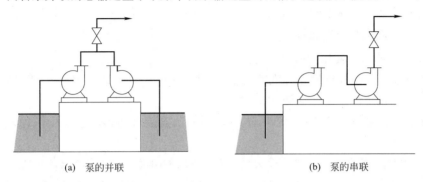

（a）　泵的并联　　　　　　　　　　　（b）　泵的串联

图 1-77　泵的串联与并联

（2）串联操作　两泵串联后，压头与流量也会提高，但两台泵串联的总压头仍小于原单台泵压头的两倍。连接方式如图 1-77（b）所示。

对于低阻输送管路，并联组合优于串联；而对于高阻输送管路，串联组合优于并联。

六、离心泵的安装

1. 汽蚀现象

汽蚀现象是指当泵入口处压力等于或小于同温度下液体的饱和蒸气压时，液体发生汽化，气泡在高压作用下，迅速凝聚或破裂产生压力极大、频率极高的冲击，泵体强烈振动并发出噪声，液体流量、压头（出口压力）及效率明显下降。这种现象称为离心泵的汽蚀。

汽蚀现象发生时，会产生噪声和引起振动，流量、扬程及效率均会迅速下降，严重时不能吸液。工程上规定，当泵的扬程下降 3% 时，即进入了汽蚀状态。

2. 汽蚀余量

汽蚀余量是指在泵吸入口处单位重量液体所具有的超过汽化压力的富余能量，单位用米标注，用 $NPSH$ 表示。吸程即为必需汽蚀余量 Δh，即泵允许吸液体的真空度，亦即泵允许的安装高度，单位为 m。

$$\text{实际汽蚀余量}\qquad NPSH=\frac{p_1}{\rho g}+\frac{u_1^2}{2g}-\frac{p_v}{\rho g} \tag{1-47}$$

$$\text{允许汽蚀余量}\qquad (NPSH)_{允}=\frac{p_{1允}}{\rho g}+\frac{u_1^2}{2g}-\frac{p_v}{\rho g} \tag{1-48}$$

式中　p_v——操作温度下液体的饱和蒸气压，Pa。

$(NPSH)_{允}$ 一般由泵制造厂通过汽蚀实验测定。泵正常操作时，实际汽蚀余量 $NPSH$ 必须大于允许汽蚀余量 $(NPSH)_{允}$，标准中规定应大于 0.5m 以上。

3. 离心泵的允许安装高度

离心泵的允许安装高度是指储槽液面与泵的吸入口之间所允许的垂直距离。

$$H_{g允}=\frac{p_0-p_{1允}}{\rho g}-\frac{u_1^2}{2g}-\sum h_{f0-1} \tag{1-49}$$

$$H_{g允} = \frac{p_0 - p_v}{\rho g} - (NPSH)_允 - \sum h_{f0-1} \qquad (1-50)$$

式中　　$H_{g允}$——允许安装高度，m；

$\quad\quad p_0$——吸入液面压力，Pa；

$\quad\quad p_{1允}$——吸入口允许的最低压力，Pa；

$\quad\quad u_1$——吸入口处的流速，m/s；

$\quad\quad \rho$——被输送液体的密度，kg/m^3。

根据离心泵样本中提供的允许汽蚀余量（$NPSH$）$_允$，即可确定离心泵的允许安装高度。实际安装时，为安全计，应再降低 0.5～1m。

判断安装是否合适：若 $H_{g实}$ 低于 $H_{g允}$，则说明安装合适，不会发生汽蚀现象，否则，需调整安装高度。

欲提高泵的允许安装高度，必须设法减小吸入管路的阻力。泵在安装时，应选用较大的吸入管路，管路尽可能地短，减少吸入管路的弯头、阀门等管件，而将调节阀安装在排出管线上。

七、离心泵的选择

（1）离心泵的类型及适用条件　根据被输送液体的性质和操作条件确定离心泵的类型，如液体的温度、压力，黏度、腐蚀性、固体粒子含量以及是否易燃易爆等因素都是选择离心泵类型的重要依据。按输送液体性质和使用条件，离心泵可分为以下几种类型。

① 清水泵　适用于输送各种工业用水以及物理、化学性质类似于水的其他液体。

② 耐腐蚀泵　用于输送酸、碱、浓氨水等腐蚀性液体。

③ 油泵　用于输送石油产品。

④ 液下泵　通常安装在液体储槽内，可用于输送化工过程中各种腐蚀性液体。

⑤ 屏蔽泵　用于输送易燃易爆或剧毒的液体。

（2）离心泵的选用　基本步骤如下。

① 确定输送系统的流量和压头　一般液体的输送量由生产任务决定。如果流量在一定范围内变化，应根据最大流量选泵，并根据情况，计算最大流量下的管路所需的压头。

② 选择离心泵的类型与型号　根据管路要求的流量 Q 和扬程 H 来选定合适的离心泵型号。在选用时，应考虑到操作条件的变化并留有一定的余量。选用时要使所选泵的流量与扬程比任务需要的稍大一些。如果用系列特性曲线来选，要使（Q，H）点落在泵的 Q-H 线以下，并处在高效区。

若有几种型号的泵，同时满足管路的具体要求，则应选效率较高的，同时也要考虑泵的价格。

③ 核算泵的轴功率　若输送液体的密度大于水的密度，则要核算泵的轴功率，以选择合适的电机。

✎ **技术训练 1-9**

如图 1-78 所示，某化工厂用泵将敞口储槽内的溶液输送到反应器中，输送管为 $\phi76\text{mm} \times 3\text{mm}$ 的钢管，长度（包括局部阻力当量长度在内）为 80m，溶液密度为 950kg/m^3，黏度为 30cP（厘泊），输送量为 5.2m^3/h，反应器内的压力为 0.5at（表压），储槽内液面与反应器内液面间的垂直距离保持 10m，泵效率为 60%。试求：（1）溶液在管内的流动类型；（2）泵所需的轴功率；（3）现因泵腐蚀坏了，从表 1-11 的三种型号库存泵中选择一台较合适的泵进行替换。（1cP$=10^{-3}$Pa·s；1at$=9.81\times10^4$N/m^2；$\lambda=64/Re$）

表 1-11　离心泵主要性能参数表

泵	流量 $Q/(m^3/h)$	扬程 H/m	轴功率 P/kW	效率 $\eta/\%$
A	10,20,30	28.5,25.2,20.0	1.45,2.09,1.54	54.5,65.4,64.1
B	11,17,22	21.0,18.5,16.0	1.10,1.47,1.66	56.0,68.0,66.0
C	30,45,55	35.5,32.9,28.9	4.60,5.56,6.25	62.5,71.5,68.2

解：（1）$u=\dfrac{5.2/3600}{\dfrac{\pi}{4}\times0.07^2}=0.376$（m/s）

$$Re=\frac{0.07\times0.376\times950}{30\times10^{-3}}=833.5<2000\quad\text{层流}$$

（2）$\lambda=\dfrac{64}{Re}=\dfrac{64}{833.5}=0.0768$

令低位槽液面为 1—1$'$ 截面，高位槽液面为 2—2$'$ 截面，有：

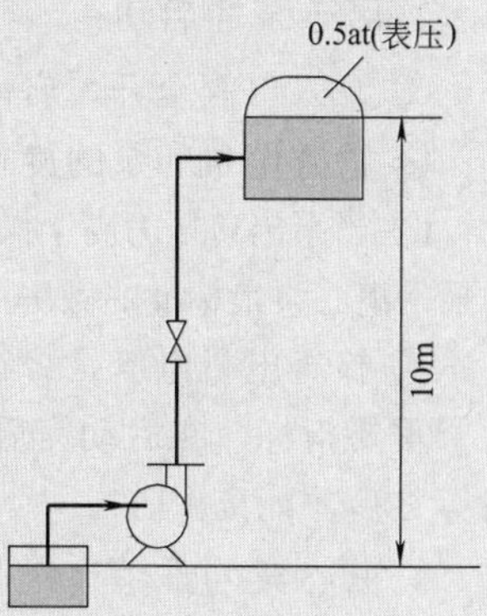

$$W=g(z_2-z_1)+\frac{\Delta p}{\rho}+\frac{\Delta u^2}{2}+\sum h_{f1-2}$$

$$=9.81\times10+\frac{0.5\times9.81\times10^4}{950}+0+0.0768\times$$

$$\frac{80}{0.07}\times\frac{0.376^2}{2}=155.94\text{（J/kg）}$$

$$P=\frac{q_v\rho w}{\eta}=\frac{5.2\times950\times155.94}{3600\times0.60}=356.64\text{（W）}$$

（3）$H=\dfrac{155.94}{9.81}=15.90$（m），$Q=5.2\text{m}^3/\text{h}$

与表 1-11 对照，可选 B。

0.5at(表压)

10m

图 1-78　流体输送装置

子任务 3　操作液体输送设备

本任务中，我们要掌握液体输送设备运行前的各项检查、设备的诊断、设备的维护与保养、不良现象与事故处理等，保证化工生产过程的正常进行，仍以化工生产过程中常用的离心泵为例进行说明。

一、离心泵的操作

1. 启动前的准备工作

① 开车前检查泵的出入口管线阀门、压力表接头有无泄漏，检查冷却水是否畅通、地

脚螺栓及其他连接处有无松动。（高温油泵一定要先检查冷却水阀是否打开投用，否则机封会因温度过高而损坏，泵体也可能会受损。）

② 按规定向轴承箱加入润滑油，油面在油标 1/2～2/3 处。清理泵体机座地面环境卫生。（无润滑油开车后果可想而知，轴承将烧损。）

③ 盘车检查转子是否轻松灵活，泵体内是否有金属碰撞的声音。（启泵前一定要盘车灵活，否则强制启动会引起机泵损坏、电机跳闸甚至烧损。）

④ 全开冷却水出入口阀门。

⑤ 检查排水地漏使其畅通无阻。

⑥ 打开泵入口阀，使液体充满整个泵体，打开出口放空阀（或者灌泵），排出泵内空气后，关闭放空阀。

2. 离心泵的启动

① 泵入口阀全开，启动电机，全面检查泵的运转情况。

② 检查电机和泵的旋转方向是否一致。（电机检修后的泵一定要检修此项。）

③ 当泵出口压力高于操作压力时，逐渐开大出口阀，控制好泵的流量、压力。出口全关启动泵是离心泵最标准的做法，主要目的是流量为 0 时轴功率最低，从而降低了泵的启动电流。

④ 检查电机电流是否在额定值，超负荷时，应停车检查。这是检查泵运行是否正常的一个重要指标。在启动完后其实还需要检查电机、泵是否有杂音，是否异常震动，是否有泄漏等之后才能离开。

3. 离心泵的维护

① 离心泵在开泵前必须先盘车，检查盘根或机械密封处是否填压过紧或有其他异常现象。检查润滑油系统油路是否畅通。轴承箱油面不得低于油箱液面高度的 2/3。打开冷却水保持畅通，打开入口阀检查各密封点泄漏情况，检查对轮螺栓是否紧固，对轮罩是否完好。

② 正常运转时，应随时检查轴承温度。滑动轴承正常温度一般在 65℃ 以下，严密注意盘根及机械密封情况，应经常检查震动情况及转子部分响声，听听是否有杂音。

③ 热油泵启动前一定要利用热油通过泵体进行预热。预热标准是：泵壳温度不得低于入口温度 60～80℃，预热升温速度每小时不大于 50℃，以免温差过大损坏设备。

④ 不得采取关入口阀的办法来控制流量，避免造成叶轮和其他机件损坏。

⑤ 停用泵的检修必须按规定办理工作票，并将出入口阀门关闭，放净泵体内的存油，方可拆卸。

⑥ 重油泵严禁电盘车，因泵体内存油黏稠，凝固而盘不动车时，应先用蒸汽将存油暖化后再盘车、启动。

⑦ 离心泵严禁带负荷启动，以免电机超电流烧坏。

二、离心泵故障的诊断与注意事项

离心泵诊断技术以离心泵的故障机理为基础，通过准确采集和检测反映设备状态的各种信号，并利用现代信号处理技术将现场采集的各种信号经过相应变换，提取真正反映设备状态的信息，然后根据已掌握的故障特征信息和状态参数判断故障及原因并做处理（见表 1-12），还可预测故障的发展和设备寿命。按检测手段分类，主要分为：振动检测诊断法、噪声检测诊断法、温度检测诊断法、压力检测诊断法、声发射检测诊断法、润滑油或冷却液中金属含量分析诊断法等。

表 1-12　离心泵不正常现象原因及处理

不正常现象	原因与处理
电流超过额定值	原因:填料过紧;水泵装配不良;叶轮摩擦壳体;出水量过大;电源中一相断线;启动时出口阀未关。 处理:拧松填料;检查水泵;关小出口阀;检查电源情况
填料过热	原因:填料压得太紧;填料表面有损伤。 处理:放松填料;修复轴表面损伤处
填料函漏水过多	原因:填料磨损;填料压得不紧;轴弯曲及摆动;填料缠法错误。 处理:更换填料;拧紧填料压盖;校正更换轴
轴承过热	原因:轴承装置不正确;轴安装不对;轴承损坏轴弯曲;润滑油变质或不足。 处理:校正;修理或更换轴承,更换加润滑油
电动机过热	原因:转速高于额定值;水泵输水量高于额定值;水泵或电动机损坏。 处理:停机检查电机及相关设施
泵或电机振动	原因:泵内有固体物;泵内有气;机械损坏,轴弯曲;水泵和电机转子不平衡;靠背轮对心不好;轴承损坏;缺油;地脚螺栓松动;汽蚀或汽化。 处理:重新找正;更换轴或轴承;更换润滑油;加固底座,拧紧地脚螺栓
给水泵压力下降	原因:水泵叶轮损坏;叶轮和间隙密封太大;电压下降;水泵入口法兰或盘根漏气
启动负荷过大	原因:启动没有关闭出口阀,填料压得太紧;润滑油进不去;水封管不通水;轴心不正;轴承安装不当
运行中,消耗功率过大	原因:高压液体回到低压,没送出;泵内进泥沙或杂物;轴承磨损或损坏;填料太紧;泵泄漏;轴弯曲;管路阻力大;液体流速高相互碰撞;机械摩擦大
泵不上水,压力剧烈震动	原因:进水管浸入深度不够,水池水位低;进水口堵塞;泵内有空气或密封不严;进水管阻力过大
离心泵吸入困难或不输水	原因:泵内有气,密封不严;转向不对;吸入管及叶轮堵塞;出水管阻力过大;进水阀或出水阀未开;泵的转速不够;电压低;出口阀或逆止阀坏
流量减小或压头降低	原因:排水管漏水;叶轮堵塞;出口阀开度不够;转速不够;泵漏气;破裂;机械损坏;吸入高度增加;液体温度高;液体黏度增加。 处理:检查来水情况;清除泵内杂物;检查电机转向或电流
离心泵电流增大	原因:液体密度或黏度增大;轴承动量大;机械摩擦大;填料压得太紧;输水量过大
离心泵抽空	原因:水温太高,水位太低;汽化;来水管路堵塞;入口阀损坏;叶轮堵塞;泵漏气
引起离心泵震动	原因:叶片水力冲击引起的震动;汽蚀引起的震动;在低于最小流量下引起的震动;中心不正引起的震动;转子不平衡引起的震动;油膜振荡引起的震动;转子接近临近转速引起的震动

　　对离心泵的管路和密封状况进行检查,要求每个班次上岗前都要进行此项检查,在启动离心泵之前还要通过手动的方式进行检查,看其是否能正常运转。

　　检查油位的情况,每天根据观察的情况对润滑油的缺位进行及时的补充,还要定期(每月一次)进行更换。

　　离心泵进入工作状态后,及时打开出口的阀门,同时要对电机的运转负荷状况进行观察,对管路的压力情况进行观察。在离心泵正常运转的状况下,调节出口阀,使离心泵的工作指标在正常控制范围内,使离心泵达到最佳的运行效率。

　　在离心泵正常运转的状态下,轴承温度一般最高不超过80℃,在日常的温度控制上,如果发现轴承温度高于60℃,就需要检查润滑油的油位和冷却水的管路情况,有时也可能是由于油箱内进入了异物。在工作程序上,在停止离心泵工作时,需要先关出口阀,再关压力表,最后停止电机的运转。

　　在新离心泵刚开始安装使用时,在经过初始的100h运转后要进行润滑油的更换,在之后的使用中经过 500h 后进行一次换油即可。

一般在冬季离心泵将进入停运状态，此时需要拧开离心泵下方的放液螺塞，放干净存留的介质，防止冬季发生冻裂现象；如果离心泵需要长时间的停用，在闲置之前要将离心泵拆开并且擦干，再对旋转部位和接合处进行润滑处理后，再进行存放。

三、离心泵的维护

（1）准确选择离心泵的流量、扬程　准确地选择流量、扬程，可以确保离心泵在使用过程中处于最佳的性能状态。若离心泵在低流量状态下运转，在离心泵内会造成环流旋涡，并产生径向力，使叶轮处于不平衡状态，轴承负载加大，引起密封和轴承受损，严重的低流量还能使流体温度升高、涡轮和泵壳受损，并增加泵轴的偏斜，甚至使泵轴发生疲劳断裂。若生产上无法提高流量，可以考虑从工艺配管上增加回流，以达到调节流量的目的。

（2）保持润滑效果　要经常检查润滑剂的质量和油位，以确保润滑效果。新泵投用一次后应换油，大修时更换了轴承的离心泵也应如此。因为新的轴承同轴运行跑合时，会有异物进入油内，因此必须换油，以后每季度更换一次，所用的润滑油一定要符合质量要求。油雾润滑需要一套使油雾化并以雾状加到轴承上的装置。油雾系统的突出优点是能不断地将新油加到轴承上，同时在轴承箱内形成正压，阻止来自周围环境的污染物。

（3）加强易损件的维护　密封圈、油杯（大部分是塑料）、机械密封等均为易损件，特别是机械密封，造价较高，但是其使用寿命直接关系到离心泵故障平均间隔时间的长短。流体水力负荷不断变化、污染物太多、轴偏转、频繁拆装修理等都是导致机械密封寿命缩短的重要因素，应尽量减少。对于输送含固体颗粒的离心泵，更应特别注意，一定要在停泵前，用清水冲洗，防止颗粒进入密封，造成密封损坏。

技能训练 1-7

（1）指出如图 1-79 所示的 2B31 型离心泵装置 ［吸入管直径为 2in （1in＝2.54cm），为 B-单级单吸悬臂式离心泵］有哪些错误？并说明原因。

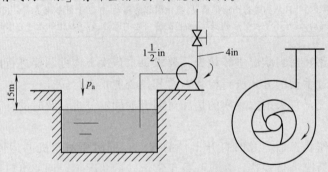

图 1-79　离心泵装置示意图

① 安装高度太高，会造成汽蚀；
② 吸入管径和出水管径与型号不对，二者不应相差太大；
③ 泵壳不是蜗壳型，流体能量损失大；
④ 叶轮的叶片弯曲方向与旋转方向错误，应改为后弯。

（2）化工泵检修前应进行哪些方面的处理？

提示：

① 机械、设备检修前必须停车，降温、泄压、切断电源；

② 有易燃、易爆、有毒、有腐蚀性介质的机器、设备，检修前必须进行清洗、中和、置换分析检测合格后方可进行施工；

③ 检修有易燃、易爆、有毒、有腐蚀性介质或蒸汽设备、机器、管道，必须切断物料出入口阀门，并加设盲板。

（3）化工泵组装时应注意哪些事项？

提示：①泵轴是否弯曲、变形；②转子平衡状况是否符合标准；③叶轮和泵壳之间的间隙是否符合要求；④机械密封缓冲补偿机构的压缩量是否达到要求；⑤泵转子和蜗壳的同心度是否符合要求；⑥泵叶轮流道中心线和蜗壳流道中心线是否对中；⑦轴承与端盖之间的间隙调整是否规范；⑧密封部分的间隙调整是否规范；⑨传动系统电机与变（增、减）速器的组装是否符合标准；⑩联轴器的同轴度找正是否符合要求；⑪口环间隙是否符合标准；⑫各部分连接螺栓的紧力是否合适。

任务6　选用气体输送机械

本任务中我们将认识气体输送设备的种类、结构组成、工作原理以及适用的范围。了解气体输送过程中常用的离心式通风机、鼓风机和压缩机等。根据气体的性质、输送目的和工艺条件要求，选择恰当的气体输送设备类型、确定设备参数，以适合生产工艺要求。

子任务1　认识气体输送设备

本任务中，我们将了解气体输送目的及设备的分类，理解与掌握输送气体的离心式通风机、压缩机的结构及其他类型的气体输送设备的结构、特点、用途以及适用的场合。

气体输送机械在化工生产中应用广泛。气体输送机械的结构和原理与液体输送机械大体相同，也有离心式、旋转式、往复式及流体作用式等类型。但由于气体属于可压缩性流体，在输送过程中，当压力发生变化时，其体积和温度也将随之发生变化，因而气体输送设备与液体输送设备也不尽相同。根据气体进出口产生的压力差或压缩比的大小，气体输送设备可分为以下几种，如表 1-13 所示。

表 1-13　气体输送机械的分类

类型	终压/kPa（表压）	压缩比	用途
通风机	<15	1～1.15	用于换气通风
鼓风机	15～300	1.15～4	用于送气
压缩机	>300	>4	造成高压
真空泵	当地大气压	由真空度决定	用于减压操作

离心式通风机、鼓风机和压缩机的工作原理与离心泵相似，依靠叶轮的旋转运动，使气体获得能量，从而提高了压力。通风机通常都是单级的，所提高的压力低于 $1500\mathrm{mmH_2O}$（$\mathrm{mmH_2O}$，压力单位，$1\mathrm{mmH_2O}=9.80665\mathrm{Pa}$），对气体仅起输送作用。鼓风机和压缩机则

是多级的，前者所产生的压力低于 3atm（表压，atm，压力单位，1atm＝101325Pa），而后者所产生的压力高于 3atm（表压），两者对气体具有显著的压缩作用。

一、离心式通风机

工业上常用的通风机主要有离心式通风机和轴流式通风机两种类型，如图 1-80 所示。轴流式通风机所产生的风压很小，一般只作通风换气之用。用于气体输送的，多为离心式通风机。

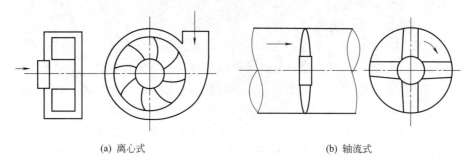

(a) 离心式　　　　　　　　　　　　　(b) 轴流式

图 1-80　通风机的分类

离心式通风机的工作原理和离心泵一样，在蜗壳中有一高速旋转的叶轮，叶轮旋转时所产生的离心力使气体压力增大而将其排出。离心式通风机的结构与单级离心泵也大同小异。图 1-81 为一离心式通风机。它的机壳也是蜗壳形，壳内逐渐扩大的气体通道及其出口的截面则有方形和圆形两种，中、低压通风机多是方形，高压的多为圆形。通风机叶轮上叶片数目较多且长度较短，叶片有平直的，有后弯的，亦有前弯的。图 1-82 所示为一低压通风机所用的平叶片叶轮。中、高压通风机的叶片是弯曲的，因此，高压通风机的外形与结构更像单级离心泵。根据所生产的压头大小，可将离心式通风机分为如表 1-14 所示的几类。

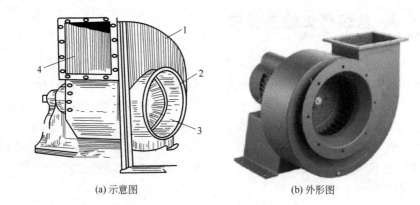

离心式通风机

(a) 示意图　　　　　　　　　　　　(b) 外形图

图 1-81　离心式通风机示意图与外形图

1—机壳；2—叶轮；3—吸入口；4—排出口

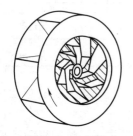

图 1-82　低压通风机的叶轮示意图

表 1-14　离心式通风机的分类

分类	出口风压(表压)/10^3Pa
低压离心式通风机	＜0.9807
中压离心式通风机	0.9807～2.942
高压离心式通风机	2.942～14.7

二、离心式压缩机

1. 离心式压缩机的工作原理、主要构造和型号

离心式压缩机又称透平压缩机，其结构、工作原理与离心式通风机、鼓风机相似，但由于单级压缩机不可能产生很高的风压，故离心式压缩机都是多级的，叶轮的级数多，通常10级以上。叶轮转速高，一般在 5000r/min 以上。因此可以产生很高的出口压力。由于气体的体积变化较大，温度升高也较显著，故离心式压缩机常分成几段，每段包括若干级，叶轮直径逐段缩小，叶轮宽度也逐级有所缩小。段与段间设有中间冷却器将气体冷却，避免气体终温过高，如图 1-83 所示。

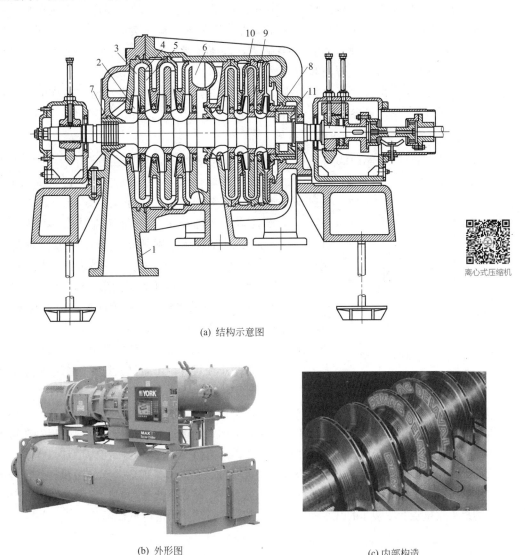

离心式压缩机

(a) 结构示意图

(b) 外形图　　　　　　　　　　(c) 内部构造

图 1-83　离心式压缩机典型结构示意图与外形图

1—吸入室；2—叶轮；3—扩压器；4—弯道；5—回流器；6—蜗室；7,8—轴端密封；

9—隔板密封；10—轮改密封；11—平衡盘

离心式压缩机的主要优点：排气量大，排气均匀，气流无脉冲；转速高；机内不需要润滑；密封效果好，泄漏现象少；有平坦的性能曲线，操作范围较广；易于实现自动化和大型化；易损件少、维修量少、运转周期长。

主要缺点：操作的适应性差，气体的性质对操作性能有较大影响；在机组开车、停车、运行中，负荷变化大；气流速度大，流道内的零部件有较大的摩擦损失；有喘振现象，对机器的危害极大。

适用于大中流量、中低压力的场合。

近年来在化工生产中，除了要求生产压力特别高的情况外，离心式压缩机的应用已日趋广泛。

国产离心式压缩机的型号代号的编制方法有许多种。有一种与离心式鼓风机型号的编制方法相似，例如：DA35-61 型离心式压缩机为单侧吸入，流量为 350m³/min，有 6 级叶轮，第 1 次设计的产品。另一种型号代号编制法，以所压缩的气体名称的头一个拼音字母来命名。例如，LT185-13-1，为石油裂解气离心式压缩机，流量为 185m³/min，有 13 级叶轮，第 1 次设计的产品。离心式压缩机作为冷冻机使用时，型号代号表示出其冷冻能力。还有其他的型号代号编制法，可参阅相关资料。

2. 离心式压缩机的性能曲线

离心式压缩机的性能曲线与离心泵的特性曲线相似，是由实验测得的。图 1-84 为典型

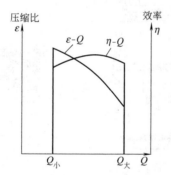

图 1-84　典型的离心式压缩机
性能曲线示意图

的离心式压缩机性能曲线，它与离心泵的特性曲线很相似，但其最小流量 Q 不等于零，而等于某一定值。离心式压缩机也有一个设计点，实际流量等于设计流量时，效率 η 最高；流量与设计流量偏离越大，则效率越低；一般流量越大，压缩比 ε 越小，即进气压力一定时，流量越大出口压力越小。

当实际流量小于性能曲线所表明的最小流量时，离心式压缩机就会出现一种不稳定工作状态，称为喘振。喘振现象开始时，由于压缩机的出口压力突然下降，不能送气，出口管内压力较高的气体就会倒流入压缩机。发生气体倒流后，压缩机内的气量增大，至气量超过最小流量时，压缩机又按性能曲线所示的规律正常工作，重新把倒流进来的气体压送出去。压缩机恢复送气后，机内气量减少，至气量小于最小流量时，压力又突然下降，压缩机出口处压力较高的气体又重新倒流入压缩机内，重复出现上述的现象。这样，周而复始地进行气体的倒流与排出。在这个过程中，压缩机和排气管系统产生一种低频率高振幅的压力脉动，使叶轮的应力增加，噪声加重，整个机器强烈振动，无法工作。由于离心式压缩机有可能发生喘振现象，它的流量操作范围受到相当严格的限制，不能小于稳定工作范围的最小流量。一般最小流量为设计流量的 70%～85%。压缩机的最小流量随叶轮转速的减小而降低，也随气体进口压力的降低而降低。

三、往复式压缩机

往复式压缩机主要由气缸、活塞、吸入和压出气阀所组成。它的工作原理与往复泵相似，依靠活塞的往复运动而将气体吸入和压出。但由于压缩机的工作流体为气体，密度比液体小得多，且可压缩，因此，在结构上要求吸入和排出气阀轻便而易于启闭。活塞与气缸盖间的余隙要小，各处配合需要更严密。此外，还需要根据压缩情况，附设必要的冷却装置。

（1）压缩机工作原理　图 1-85 表现了一单动往复式压缩机工作时，各阶段活塞的位置。现照此图，对其工作原理加以说明。活塞在气缸内运动至最左端时，如图 1-85（a）所示，活塞与气缸之间还留有一很小的空隙，称为余隙，其作用主要是防止活塞撞击在气缸上。由于余隙的存在，在气体排出之后，气缸内还残存一部分压力为 p_2 的高压气体，其状态如图 1-85（e）的 A 点。当活塞从最左端向右运动时，残留在余隙中的气体便开始膨胀，压力从 p_2 降至 p_1 时，活塞达到图 1-85（b）所示位置，此时气体的状态相当于图 1-85（e）上的 B 点，这一阶段称为膨胀阶段。活塞再向右移动时，气缸内的压力下降到稍低于 p_1，于是吸入阀开启，压力为 p_1 的气体进入气缸，直到活塞移至最右端，其位置如图 1-85（c）所示，气体状态相当于图 1-85（e）上的 C 点，这一阶段称为吸气阶段。此后，活塞改向左移动，缸内气体被压缩，压力升高，吸入阀关闭，气体继续被压缩，直至活塞到达图 1-85（d）的位置，压力增大到稍高于 p_2，气体状态相当于图 1-85（e）中的 D 点，这一阶段为压缩阶段。此时，排出阀开启，气体在压力 p_2 下从气缸中排出，直至活塞回复到图 1-85（a）所示位置，这一阶段称为排出阶段。

由此可见，压缩机的一个循环是由膨胀、吸入、压缩、排出等四个阶段组成，在图1-85（e）的 p-V 坐标上为一封闭曲线，BC 为吸入阶段，CD 为压缩阶段，DA 为排出阶段，而 AB 则为余隙气体的膨胀阶段。由于气缸余隙内有高压气体存在，因而使吸入气体量减少，增加动力消耗。

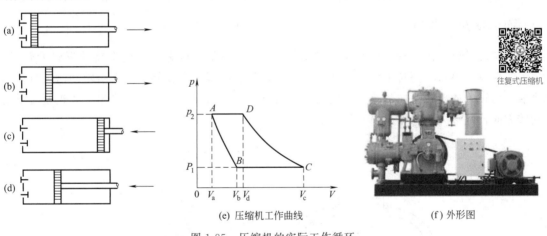

往复式压缩机

(e) 压缩机工作曲线　　　　　(f) 外形图

图 1-85　压缩机的实际工作循环

若生产上所需的气体压缩比很大，要把压缩过程用一个气缸一次完成，往往是不可能的，即使理论上可行，也不切合实际。因此，当压缩比大于 8 时，则需采用多级压缩，此种压缩机称为多级压缩机。

多级压缩机把两个或两个以上的气缸串联起来，在一个气缸里压缩了一次的气体，又送入另一个气缸再度压缩，经几次压缩后才达到最终的压力。图 1-86 所示为三级压缩机流程。

（2）往复式压缩机的分类　往复式压缩机的分类方法很多，按活塞的一侧

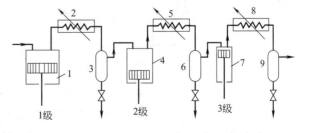

图 1-86　三级压缩机流程图

1,4,7—气缸；2,5—中间冷却器；
3,6,9—油水分离器；8—出口气体冷却器

或两侧吸、排气而分为单动和双动式；按气体受压次数而分为单级、双级和多级；按压缩机所产生的终压而分为低压（10at）、中压（10～100at）、高压（100～1000at）、超高压（1000at 以上），当前在超高压领域主要采用往复式压缩机；按生产能力分为小型（10m³/min 以下）、中型（10～100m³/min）和大型（100m³/min 以上）；按所压缩气体种类分为空气压缩机、氨压缩机、氢压缩机、石油气压缩机等。决定压缩机类型的主要标志，是气缸所在空间的位置以及气缸的排列方式，若按此分类，则依照压缩机在空间位置的不同，可分为立式、卧式和角度式压缩机；依照压缩机气缸排列方式不同，可分为单列、双列和对称平衡型。

往复式压缩机国产型号均以拼音字母代表结构类型，如立式为 Z，卧式为 P，对称平衡型为 D、H、M，角度式的有 L、V、W 等。与型号并用的数字分别表示气缸列数、活塞推力、排气量和排气压力。例如 2D6.5-7.2/150 型压缩机，表示气缸为 2 列，对称平衡型（D型），活塞推力 6.5t，排气量 7.2m³/min，排气压力 150at（表压）。

（3）往复式压缩机的注意事项　往复式压缩机的排气，如同往复泵的排液一样，是脉动的，因此，压缩机的出口要连接储气柜（缓冲缸），使气体输出均匀稳定，同时使气体中夹带的水沫和油沫在此处沉降下来。为了操作安全，储气柜上要安装压力表和安全阀。压缩机的吸入口应安装过滤器，防止吸入灰尘和杂物，磨损活塞、气缸等部件。此外压缩机在运转过程中必须注意润滑和气缸的冷却等。

四、罗茨鼓风机

罗茨鼓风机工作原理与齿轮泵相似，如图 1-87 所示。机壳内有两个特殊形状的转子，常为腰形或三星形，两转子之间、转子与机壳之间缝隙很小，使转子能自由转动而无过多的泄漏。两转子的旋转方向相反，可使气体从机壳一侧吸入，而从另一侧排出。如改变转子的旋转方向，则吸入口与排出口互换。

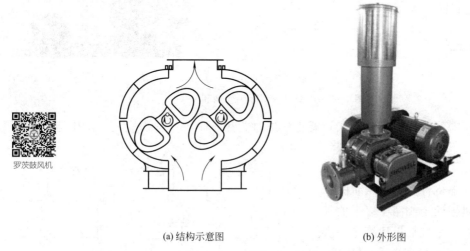

罗茨鼓风机

(a) 结构示意图　　　　　　　　(b) 外形图

图 1-87　罗茨鼓风机结构示意图与外形图

罗茨鼓风机的风量和转速成正比，而且几乎不受出口压力变化的影响。罗茨鼓风机转速一定时，风量可保持大体不变，故称为定容式鼓风机。这一类型鼓风机的输气量范围是 2～500m³/min，出口表压在 0.8kgf/cm² 以内，但在表压为 0.4kgf/cm²（kgf/cm²，压力单位，

$1kgf/cm^2 = 1 \times 10^5 Pa$）附近效率较高。罗茨鼓风机的出口应安装气体稳压罐，并配置安全阀。一般采用回流支路调节流量。出口阀不能完全关闭。操作温度不能超过 85℃，否则会使转子受热膨胀，发生碰撞。

五、液环式压缩机

如图 1-88 所示，液环式压缩机由一个略似椭圆的外壳和加转叶轮所组成，壳中盛有适量的液体。当叶轮旋转时，叶片带动液体旋转，由于离心力的作用，液体被抛向外壳，形成一层椭圆形的液环，在椭圆形长轴两端形成两个月牙形空间。当叶轮旋转一周时，月牙形空间内的小室逐渐变大和变小各两次，因此气体从两个吸入口进入机内，而从两个排出口排出。

液环式压缩机中的液体将被压缩的气体与外壳隔开，气体仅与叶轮接触，因此输送腐蚀性的气体时，只需叶轮的材料抗腐蚀即可。壳内的液体应与所输送气体不起作用，例如压送氯气时，壳内可充填以一定量硫酸。液环式压缩机所产生的表压可高达 $5 \sim 6 kgf/cm^2$，但在 $1.5 \sim 1.8 kgf/cm^2$（表压）间效率最高。

液环式压缩机

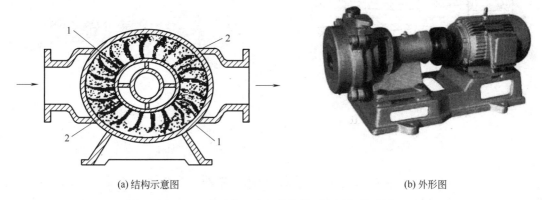

(a) 结构示意图　　　　　　　　　　　　　　(b) 外形图

图 1-88　液环式压缩机的结构示意图与外形图

1—吸入口；2—排出口

六、水环式真空泵

水环式真空泵结构简单，如图 1-89 所示。圆形叶壳中有一偏心安装的转子，由于壳内注入一定量的水，当转子旋转时，由于离心力的作用，将水抛向壳壁形成水环，此水环具有

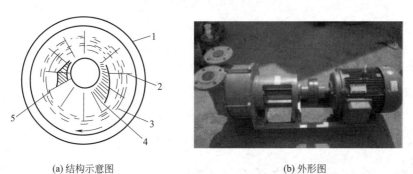

(a) 结构示意图　　　　　　　　　　　　　　(b) 外形图

图 1-89　水环式真空泵

1—圆形叶壳；2—转子；3—形成的水环；4—气体吸入口；5—气体压出口

液封作用，将叶片间空隙封闭成许多大小不同的空室。当转子旋转，空室由小到大时，气体从吸入口吸入；当空室由大到小时，气体由压出口压出。

水环式真空泵属于湿式真空泵，结构简单紧凑，没有阀门，最高真空度可达85%。水环式真空泵内的充水量约为一半容积高度。因此，运转时，要不断地充水以保持充水量并维持泵内的液封，同时也为了冷却泵体。水环真空泵可作为鼓风机用，但所产生的压力不超过1at（表压）。图1-88所示的液环式压缩机亦可作为真空泵用，称为液环式真空泵。由于液环式真空泵可以处理腐蚀气体，在化工中应用较广。水环式真空泵的类型代号为SZ。

七、喷射式真空泵

喷射式真空泵简称喷射泵。喷射泵如图1-90所示，是利用流体流动时，静压能与动压能相互转换的原理来吸送流体的。它可吸送气体，也可吸送液体。在化工生产中，喷射泵常用于抽真空，故称为喷射式真空泵。

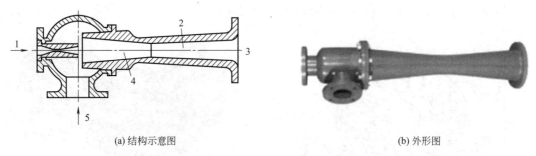

(a) 结构示意图　　　　　　　　　　　　　　　　(b) 外形图

图1-90　喷射泵结构示意图与外形图

1—工作蒸汽；2—扩大管；3—压出口；4—混合室；5—气体吸入口

图1-90所示为一单级蒸汽喷射泵，当蒸汽进入喷嘴后，即做绝热膨胀，并以极高的速度喷出，于是在喷嘴口处形成低压而将流体由吸入口吸入；吸入的流体与工作蒸汽一起进入混合室，然后流至扩大管，在扩大管中混合流体的流速逐渐降低，压力因而增大，最后至压出口排出。单级蒸汽喷射泵仅能达到90%的真空度，如果要得到更高的真空度，则需采用多级蒸汽喷射泵。

单级蒸汽喷射泵可产生的最终绝对压为100mmHg；双级蒸汽喷射泵可产生的最终绝对压为20~120mmHg；三级蒸汽喷射泵可产生的最终绝对压为4~25mmHg；四级蒸汽喷射泵可产生的最终绝对压为0.3~6mmHg；五级蒸汽喷射泵可产生的最终绝对压为0.05~1mmHg。

喷射泵构造简单，制造容易，可用各种耐腐蚀材料制成，不需基础工程和传动设备。但由于喷射泵的效率低，只有10%~25%，故一般多用作抽真空，而不作输送用。水喷射泵所能产生的真空度比蒸汽喷射泵的低，一般只能达到700mmHg左右的真空度，但是由于结构简单，能源普遍，且兼有冷凝蒸汽的能力，故在真空蒸发设备中广泛应用。

喷射泵的缺点是产生的压头小、效率低，其所输送的液体要与工作流体混合，因而使其应用范围受到限制。

子任务2　选择气体输送设备

本任务中，我们将根据气体流体的要求，依据选择离心式通风机性能参数、特性曲线、流量调节方法，选择适合生产工艺条件的气体输送设备。

一、离心式通风机的性能参数

（1）流量（风量）Q　流量是指单位时间内通风机输送的气体体积，以通风机进口处气体的状态计，单位为 m^3/s 或 m^3/h。

（2）全风压和静风压　全风压以 H_T 表示，是指 $1m^3$ 被输送气体（以进口处气体状况计）经通风机后增加的总能量；而静风压 H_s 表示，仅反映气体静压力的增加。测定离心式通风机的风压，可通过测量通风机进出口处有关的流速或流量和压力的资料，从伯努利方程计算得到。

离心式通风机对气体所提供的能量以 $1m^3$ 气体作基准，参照计算离心泵扬程的伯努利方程，以下标"1"、"2"分别表示进、出口的状态，并在该式左、右两端分别乘以 ρg，则得全风压。

$$H_T = H\rho g = (z_2 - z_1)\rho g - (p_2 - p_1) + \frac{u_2^2 - u_1^2}{2}\rho + \sum h_{fl-2}\rho g$$

上式中，ρ 和 $z_2 - z_1$ 数值较小，进、出口间管段较短，阻力相对较小，空气直接进入风机，u_1 接近零。因此，上式可简化为：

$$H_T = (p_2 - p_1) + \frac{u_2^2}{2}\rho = H_s + H_k$$

式中，$p_2 - p_1$ 为静风压 H_s，$\frac{u_2^2}{2}\rho$ 为动风压 H_k，因此全风压等于静风压与动风压的和。

风压的单位与压力的单位相同，均为 Pa。但习惯上，风压的单位常用 mmH_2O（$1mmH_2O = 9.81Pa$）表示。

（3）轴功率与效率　轴功率可由下式计算：

$$P = \frac{H_T Q}{\eta}$$

二、离心式通风机的特性曲线

离心式通风机的性能参数在一定的转速下，可表示成风量 Q 与全风压 H_T、静风压 H_s、轴功率 P 和效率 η 四者的关系曲线，称为离心式通风机的特性曲线，如图 1-91 所示。由图中 H_T-Q 和 H_s-Q 的特性，还可以间接地看出 H_k-Q 的特性关系。

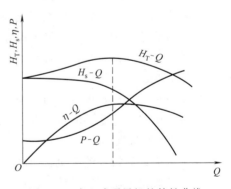

图 1-91　离心式通风机的特性曲线

三、离心式通风机的选用

离心式通风机的选用与离心泵类似，可根据所需要的气体流量和风压，对照离心式通风机的特性曲线或性能参数表选择合适的通风机。离心式通风机的风压及功率与被输送气体的密度直接相关，而产品样本中所列举的风压则又是在规定的压力为 760mmHg、温度为 20℃、进口空气密度 $\rho_0 = 1.2kg/m^3$ 情况下的数据。故选用时，必须把管路系统所需要的风压 H_T 换算成上述规定状况下的风压 $H_T^{\ominus}$。

换算关系为

$$\frac{H_T^\ominus}{\rho_0} = \frac{H_T}{\rho}$$

$$H_T^\ominus = H_T \frac{\rho_0}{\rho} = H_T \frac{1.2}{\rho}$$

选用通风机时，还要根据被输送气体的性质（如清洁空气，易燃、易爆或腐蚀性气体等）与风压范围，确定通风机类型。例如输送的是清洁空气或与空气性质相近的气体可选用一般的离心式通风机，常用的低压通风机有 4-72 型，中压通风机有 8-18 型，高压通风机有9-27 型。

然后还要根据实际操作所需风量（以风机进口状态计）与换算成规定状态下的风压，从产品样本中的性能表或特性曲线查得合适的型号。

每一种型号的离心式通风机又有各种不同直径的叶轮，因此通风机的型号是在选定类型之后再确定机号，如 4-72No12，4-72 代表低压离心式通风机型，No12 表示机号，其中 12表示叶轮直径为 1.2m。

子任务3 操作气体输送设备

本任务中，我们将掌握气体输送设备运行前的各项检查、开车与停车操作、设备的诊断、设备的维护与保养、不良现象与事故处理等，保证化工生产过程的正常进行，主要以化工生产过程中常用的离心式鼓风机为对象进行说明。

一、离心式鼓风机操作

（1）启动风机前的准备工作

① 检查风机和电机轴承座内填充的润滑油是否合乎要求。

② 检查管道及消音器、过滤器的连接固定部位是否牢固。

③ 检查各传动部位是否符合技术要求，并盘转风机轴 3～5 圈，转动要灵活自如，不能有阻滞现象和撞击声。

④ 检查风机出口与进口阀门是否关闭。

⑤ 检查电机、电路及电压、电流和隔离开关。

（2）启动风机操作

① 确认无误后按启动按钮启动风机，观察电压、电流。

② 注意观察启动中的震动、声音是否异常，如有异常应立即停机检查。

③ 如无异常，迅速全开风机的出口阀门，再缓慢开风机的进口阀门，同时观察电流，将风机调至正常运行参数。

④ 检查润滑、电源、电压、电机温度、轴温度等是否正常。

（3）启动风机后的检查

① 启动开机 5min 内，操作员工不得离开现场。

② 注意观测鼓风机有无异响、异味、震动、卡阻等现象，如出现此类现象，应停机检查，排除后再启动。

③ 检查各连接部位有无气体泄漏。

④ 正常运转后必须每两小时巡检一次，检查泵润滑、电源、电压、电机温度、泵轴温度等是否正常，声音、振动是否异常，若发现异常，应立即停车检修。

（4）停风机

① 按停止按钮。

② 迅速关闭泵的进出口阀门。

③ 停风机后，盘转风机轴 3 圈。

④ 断开隔离开关。

二、离心式鼓风机的维护、保养及注意事项

1. 鼓风机的维护与保养

① 日常维护与保养必须按说明书进行。

② 对轴承箱的温度计及油标的灵敏性应定期进行检查。定期检查润滑脂的情况，进行必要的更换和补充，至少每二十天补充一次，若环境温度过高或有泄漏必须缩短加油时间。

③ 每三个月要对轴承内的润滑脂进行更换。更换时，应将里面的旧油脂去除干净，再加入新油脂，加入量为空间的 $1/3 \sim 1/2$。鼓风机进口消音器和空气过滤层应每月进行清扫，并检查过滤网是否损坏。

④ 两台鼓风机应交替使用，一般每月至少更换一次，不得单台长期使用。

⑤ 每年必须对鼓风机进行一次全面的检查。检查轴承是否损坏；检查叶轮有无损伤、腐蚀及灰尘等。

2. 风机正常运转中的注意事项

① 检查有无震动。

② 应保证煤气焦油及杂质在未进入风机前加以严格净化，以防焦油附着在叶轮上从而破坏平衡。

③ 风机进口应保持正压操作，以防进气管道有空气吸入产生事故。

④ 不允许煤气在风机回流或使煤气产生意外的碰撞。

⑤ 如发现流量过大，不符合使用要求，或短期内需要较少的流量，应调节进出口阀门以保证进口保持正压，达到使用要求。

⑥ 对轴承箱的温度计及油标的灵敏性应定期进行检查。

⑦ 在风机的开车、停车或运转过程中如发现不正常现象，应立即进行检查。

⑧ 对于检查发现的小故障，应及时查明原因，设法消除或处理，小故障不能消除，或发现大故障时，应立即停车进行检修。

⑨ 按使用步骤投入运行，一般规定在新装风机使用 100h 后即将润滑油换过。

⑩ 风机安装使用后，每台风机都应建立设备维修保养记录，以此为基础进行定期检修。设备维修保养记录上应注明风机及电动机的主要规格、制造厂名、进货日期等主要项目，同时还应记入每次定期维修保养时的检修记录。

⑪ 维护检修应按具体使用情况拟订合理的维修制度，按期进行，建议每年大修一次，并更换轴承和有关易损件，鼓风机大修建议由本公司或专业维修人员进行检修。

任务 7　测定流体输送过程中的参数

化工生产过程中控制流体的参数主要包括流速、流量、压力、液位等，本任务中将学习和掌握参数的测定原理、仪器设备类型、仪器设备的优缺点以及适用的范围，学习根据生产工艺的要求选择适合的测量设备和安装方式等。

子任务 1　测定流速、流量

流速或流量是工艺过程中常常要进行调节与控制的参数，学习测量流速、流量的方法非常重要。

测定流速流量
的设备

一、测速管

1. 测速原理

测速管又称皮托管，如图 1-92 所示。它由两根弯成直角的同心套管组成，内管管口正对着管道中流体流动方向，外管的管口是封闭的，在外管前端壁面四周开有若干测压小孔。为了减小误差，测速管的前端经常做成半球形以减少涡流。测速管的内管与外管分别与 U 形管压差计相连。

内管所测的是流体在 A 处的局部动能和静压能之和，称为冲压能。

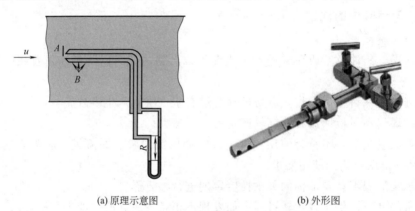

(a) 原理示意图　　　　　　　　　(b) 外形图

图 1-92　测速管原理示意图与外形图

内管 A 处：

$$\frac{p_A}{\rho} = \frac{p}{\rho} + \frac{1}{2}u^2$$

由于外管壁上的测压小孔与流体流动方向平行，所以外管仅测得流体的静压能。

外管 B 处：

$$\frac{p_B}{\rho} = \frac{p}{\rho}$$

U 形管压差计实际反映的是内管冲压能和外管静压能之差，即：

$$\frac{\Delta p}{\rho} = \frac{p_A}{\rho} - \frac{p_B}{\rho} = \left(\frac{p}{\rho} + \frac{1}{2}u^2\right) - \frac{p}{\rho} = \frac{1}{2}u^2$$

则该处的局部速度为

$$u = \sqrt{\frac{2\Delta p}{\rho}}$$　　　　　　　　　　(1-51)

将 U 形管压差计公式代入，可得

$$u = \sqrt{\frac{2Rg(\rho_0 - \rho)}{\rho}}$$

2. 测速管的安装

① 必须保证测量点位于均匀流段，一般要求测量点上、下游的直管长度大于 50 倍管内径，至少也应大于 8～12 倍。

② 测速管管口截面必须垂直于流体流动方向，任何偏离都将导致负偏差。

③ 测速管的外径 d_0 不应超过管内径 d 的 1/50，即 $d_0 < d/50$。

测速管的优点是流体流经测速管的能量损失较小，通常适合测量大直径管路中的气体流速，但不能直接测量平均流速，且压差读数较小，通常需配微压压差计。当流体中含有固体杂质时，会堵塞测压孔，故不宜采用测速管。

二、孔板流量计

1. 孔板流量计的工作原理

孔板流量计属于差压式流量计，是利用流体流经节流元件产生的压力差来实现流量测量的。孔板流量计的节流元件为孔板，即中央开有圆孔的金属板，其结构如图 1-94 所示。将孔板垂直安装在管道中，以一定取压方式测取孔板前后两端的压差，并与压差计相连，即构成孔板流量计。

如图 1-94 所示，流体在管道截面 1—1′前，以一定的流速 u_1 流动，因后面有节流元件，当到达截面 1—1′后流束开始收缩，流速即增加。由于惯性的作用，流束的最小截面并不在孔口处，而是经过孔板后仍继续收缩，到截面 2—2′达到最小，流速 u_2 达到最大。流束截面最小处称为缩脉。随后流束又逐渐扩大，直至截面 3—3′处，又恢复到原有管截面，流速也降低到原来的数值。

流体在缩脉处，流速最高，即动能最大，而相应压力就最低，因此当流体以一定流量流经小孔时，在孔前后就产生一定的压力差 $\Delta p = p_1 - p_2$。流量越大，Δp 也就越大，所以利用测量压差的方法就可以测量流量。

孔板流量计的流量与压差的关系，可由连续性方程和伯努利方程推导。如图 1-93 所示，在 1—1′截面和 2—2′截面间列伯努利方程，暂时不计能量损失，有

$$\frac{p_1}{\rho} + \frac{1}{2}u_1^2 = \frac{p_2}{\rho} + \frac{1}{2}u_2^2$$

变形得

$$\frac{u_2^2 - u_1^2}{2} = \frac{p_1 - p_2}{\rho}$$

或

$$\sqrt{u_2^2 - u_1^2} = \sqrt{\frac{2\Delta p}{\rho}}$$

由于上式未考虑能量损失，实际上流体流经孔板的能量损失不能忽略不计；另外，缩脉位置不定，A_2 未知，但孔口面积 A_0 已知，为便于使用，可用孔口速度 u_0 替代缩脉处速度 u_2，同时两侧压孔的位置也不一定在 1—1′和 2—2′截面上，所以引入一校正系数 C 来校正

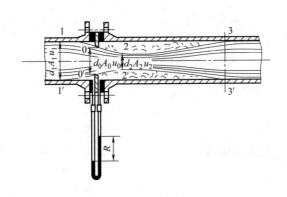
(a) 原理示意图

(b) 外形图

图 1-93　孔板流量计

上述各因素的影响，则上式变为：

$$\sqrt{u_0^2 - u_1^2} = C\sqrt{\frac{2\Delta p}{\rho}} \tag{1-52}$$

根据连续性方程，对于不可压缩性流体得：

$$u_1 = u_0 \frac{A_0}{A_1}$$

将上式代入式（1-52），整理后得：

$$u_0 = \frac{C}{\sqrt{1 - \left(\dfrac{A_0}{A_1}\right)^2}}\sqrt{\frac{2\Delta p}{\rho}} \tag{1-53}$$

令

$$C_0 = \frac{C}{\sqrt{1 - \left(\dfrac{A_0}{A_1}\right)^2}}$$

则

$$u_0 = C_0\sqrt{\frac{2\Delta p}{\rho}} \tag{1-54}$$

将 U 形管压差计公式代入，得：

$$u_0 = C_0\sqrt{\frac{2Rg(\rho_0 - \rho)}{\rho}} \tag{1-54a}$$

根据 u_0 即可计算流体的体积流量：

$$q_V = u_0 A_0 = C_0 A_0\sqrt{\frac{2Rg(\rho_0 - \rho)}{\rho}} \tag{1-55}$$

及质量流量：

$$q_m = C_0 A_0\sqrt{2Rg\rho(\rho_0 - \rho)} \tag{1-56}$$

式中，C_0 称为流量系数或孔流系数，其值由实验测定。C_0 主要取决于管道流动的雷诺数 Re、孔面积与管道面积比 A_0/A_1，同时孔板的取压方式、加工精度、管壁粗糙度等因素也对其有一定的影响。对于取压方式、结构尺寸、加工状况均已规定的标准孔板，流量系数 C_0 可以表示为：

$$C_0 = f\left(Re, \frac{A_0}{A_1}\right)$$

式中，Re 是以管道的内径 d_1 计算的雷诺数，即：

$$Re = \frac{d_1 \rho u_1}{\mu}$$

对于按标准规格及精度制作的孔板，用角接取压法安装在光滑管路中的标准孔板流量计，实验测得的 C_0 与 Re、A_0/A_1 的关系曲线如图 1-94 所示。从图中可以看出，对于 A_0/A_1 相同的标准孔板，C_0 只是 Re 的函数，并随 Re 的增大而减小。当增大到一定界限值之后，C_0 不再随 Re 变化，成为一个仅取决于 A_0/A_1 的常数。选用或设计孔板流量计时，应尽量使常用流量在此范围内。常用的 C_0 值为 $0.6 \sim 0.7$。

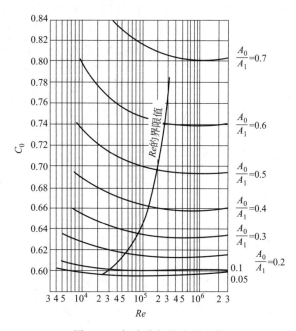

图 1-94　标准孔板的流量系数

用式（1-52）或式（1-53）计算流体的流量时，必须先确定流量系数 C_0，但 C_0 又与 Re 有关，而管道中的流体流速又是未知，故无法计算 Re 值，此时可采用试差法。即先假设 Re 超过 Re 界限值 Re_C，由 A_0/A_1 从图 1-94 中查得 C_0，然后根据式（1-52）或式（1-53）计算流量，再计算管道中的流速及相应的 Re。若所得的 Re 值大于界限值 Re_C，则表明原来的假设正确，否则需重新假设 C_0，重复上述计算，直至计算值与假设值相符为止。

由式（1-52）可知，当流量系数 C_0 为常数时，有：

$$q_V \propto \sqrt{R} \quad \text{或} \quad R \propto q_V^2$$

表明 U 形管压差计的读数 R 与流量的平方成正比，即流量的少量变化将导致读数 R 较大的变化，因此测量的灵敏度较高。此外，由以上关系也可以看出，孔板流量计的测量范围受 U 形管压差计量程的限制，同时考虑到孔板流量计的能量损失随流量的增大而迅速地增加，故孔板流量计不适用于流量较大的场合。

2. 孔板流量计的安装

孔板流量计安装时，上下游需要有一段内径不变的直管作为稳定段，上游长度至少为管径的 10 倍，下游长度至少为管径的 5 倍。

孔板流量计结构简单，制造与安装都方便，其主要缺点是能量损失较大。这主要是流体流经孔板时，截面的突然缩小与扩大形成大量涡流所致。如前所述，虽然流体经管口后某一位置［图 1-93（a）中的 3—3′截面］流速已恢复与孔板前相同，但静压力却不能恢复，产生了永久压力降，即 $\Delta p_f = p_1 - p_3$。此压力降随面积比 A_0/A_1 的减小而增大。同时孔口直径减小时，孔速提高，读数 R 增大，因此设计孔板流量计时应选择适当的面积比 A_0/A_1 以期兼顾到 U 形管压差计适宜的读数和允许的压力降。

孔板流量计的特点：恒截面、变压差，为差压式流量计。

三、文丘里流量计

孔板流量计的主要缺点是能量损失较大，其原因在于孔板前后的突然缩小与突然扩大。若用一段渐缩、渐扩管代替孔板，所构成的流量计称为文丘里流量计或文氏流量计，如图 1-95 所示。当流体经过文丘里管时，由于均匀收缩和逐渐扩大，流速变化平缓，涡流较少，故能量损失比孔板大大减少。

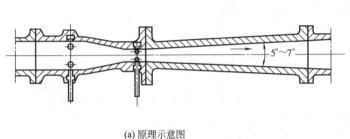

(a) 原理示意图

(b) 外形图

图 1-95 文丘里流量计原理示意图与外形图

文丘里流量计的测量原理与孔板流量计相同，也属于差压式流量计。其流量公式也与孔板流量计相似，即：

$$q_V = C_V A_0 \sqrt{\frac{2Rg(\rho_0 - \rho)}{\rho}} \tag{1-57}$$

式中　C_V——文丘里流量计的流量系数（约为 0.98～0.99）；

　　　A_0——喉管处截面积，m^2。

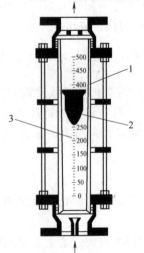

图 1-96　转子流量计结构图
1—锥形硬玻璃管；2—转子；
3—刻度

由于文丘里流量计的能量损失较小，其流量系数较孔板大，因此相同压差计读数 R 时，实际流量比孔板大。文丘里流量计的缺点是加工较难、精度要求高，因而造价高，安装时需占去一定管长位置。

四、转子流量计

1. 转子流量计测量原理

转子流量计的结构如图 1-96 所示，是由一段上粗下细的锥形玻璃管（锥角在 4°左右）和管内一个密度大于被测流体的固体转子（或称浮子）构成。流体自玻璃管底部流入，经过转子和管壁之间的环隙，再从顶部流出。

管中无流体通过时，转子沉在管底部。当被测流体以一定的流量流经转子与管壁之间的环隙时，由于流道截面减小，流速增大，压力随之降低，于是在转子上下端面形成一个压差，将转子托起，使转子上浮。随转子的上浮，环隙面积逐渐增大，流速减小，压力增加，从而使转子两端的压差降低。当转子上浮至一定高度时，转子两端面压差造成的升力恰好等于转子的重力时，转子不再上升，而悬浮在该高度。转子流量计玻璃管外表面上刻有流量值，根据转子平衡时其上端平面所处的位置，即可读取相应的流量。

2. 转子流量计的刻度换算

转子流量计上的刻度，是在出厂前用某种流体进行标定的。一般液体流量计用 20℃的水（密度为 1000kg/m³）标定，而气体流量计则用 20℃和 101.3kPa 下的空气（密度为 1.2kg/m³）标定。当被测流体与上述条件不符时，应进行刻度换算。

假定 C_R 相同，在同一刻度下，有：

$$\frac{q_{V2}}{q_{V1}} = \sqrt{\frac{\rho_1(\rho_f - \rho_2)}{\rho_2(\rho_f - \rho_1)}} \tag{1-58}$$

式中下标 1 表示标定流体的参数，下标 2 表示实际被测流体的参数。

对于气体转子流量计，因转子材料的密度远大于气体密度，式（1-60）可简化为：

$$\frac{q_{V2}}{q_{V1}} \approx \sqrt{\frac{\rho_1}{\rho_2}} \tag{1-59}$$

3. 转子流量计的安装

转子流量计必须垂直安装在管路上，为便于检修，应设置如图 1-9 所示的支路。

转子流量计读数方便，流动阻力很小，测量范围宽，测量精度较高，对不同的流体适用性广。缺点是玻璃管不能经受高温和高压，在安装使用过程中玻璃容易破碎。

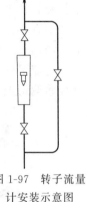

图 1-97 转子流量计安装示意图

五、涡轮流量计

1. 涡轮流量计的工作原理

涡轮流量计是一种速度式流量仪表，涡轮流量计的原理示意图如图 1-98 所示。在管道中心安放一个涡轮，两端由轴承支撑。当流体通过管道时，冲击涡轮叶片，对涡轮产生驱动力矩，使涡轮克服摩擦力矩和流体阻力矩而产生旋转。在一定的流量范围内，对一定的流体介质黏度，涡轮的旋转角速度与流体流速成正比。由此，流体流速可通过涡轮的旋转角速度得到，从而可以计算得到通过管道的流体流量。

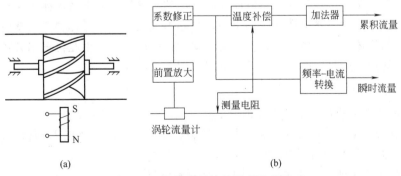

图 1-98 涡轮流量计的原理示意图

涡轮的转速通过装在机壳外的传感线圈来检测。当涡轮叶片切割由壳体内永久磁钢产生的磁力线时，就会引起传感线圈中的磁通变化。传感线圈将检测到的磁通周期变化信号送入前置放大器，对信号进行放大、整形，产生与流速成正比的脉冲信号，送入单位换算与流量计算电路得到并显示累积流量值；同时亦将脉冲信号送入频率电流转换电路，将脉冲信号转换成模拟电流量，进而指示瞬时流量值。

2. 涡轮流量计的安装

① 安装涡轮流量计前，管道要清扫，被测介质不洁净时，要加过滤器，否则涡轮、轴承易被卡住，测不出流量来；

② 拆装流量计时，对磁感应部分不能碰撞；

③ 投运前先进行仪表系数的设定，仔细检查，确认仪表接线无误，接地良好，方可送电；

④ 安装涡轮流量计时，前后管道法兰要水平，否则管道应力对流量计影响很大。

涡轮流量计的优点是高精度，在所有流量计中，属于比较精确的流量计；重复性好；无零点漂移，抗干扰能力好。

流量计必须水平安装在管道上（管道倾斜在 5°以内），安装时流量计轴线应与管道轴线同心，流向要一致。

涡轮流量计（如图 1-99 所示）在石油、有机液体、无机液、液化气、天然气和低温流体等流量测量上获得广泛应用，涡轮流量计在用量上仅次于孔板流量计。

图 1-99　涡轮流量计外形图

图 1-100　电磁流量计外形图

六、电磁流量计

1. 电磁流量计工作原理

电磁流量计是基于法拉第电磁感应原理研制出的一种测量导电液体体积流量的仪表。根据法拉第电磁感应定律，导电体在磁场中做切割磁力线运动时，导体中产生感应电动势，该电动势的大小与导体在磁场中做垂直于磁场运动的速度成正比，由此再根据管径、介质的不同，将电动势转换成流量。电磁流量计外形图如图 1-100 所示。

2. 电磁流量计选型

① 被测量液体必须是导电的液体或浆液；

② 选择口径与量程，最好是正常量程超过满量程的一半，流速在 2～4m/s 之间；

③ 使用压力必须小于流量计耐压；

④ 不同温度及腐蚀性介质选用不同内衬材料和电极材料。

电磁流量计的优点：无节流部件，因此压力损失小，减少能耗，压力损失只与被测流体的平均速度有关，测量范围宽；只需经水标定后即可测量其他介质，无须修正；最适合作为结算用计量设备使用。由于技术及工艺材料的不断改进，以及稳定性、线性度、精度和寿命的不断提高和管径的不断扩大，电磁流量计得到了越来越广泛的应用。

电磁流量计的测量精度建立在液体充满管道的情形下，管道中有关空气的测量问题，目前尚未得到很好的解决。

七、超声波流量计

1. 超声波流量计工作原理

超声波流量计是近代发展起来的一种新型测量流量的仪表。只要能传播声音的流体均可以用此类流量计测量，并可测量高黏度液体、非导电性液体或气体流量。其测量流速的原理是：通过检测流体流动对超声束（或超声脉冲）的作用以测量流量。

超声波流量计（见图 1-101）可分为传播速度差法（直接时差法、时差法、相位差法和频差法）、波束偏移法、多普勒法、互相关法、空间滤法及噪声法等。

图 1-101 超声波流量计外形图

2. 超声波流量计的安装

① 在现场安装固定式超声波流量计数量大、范围广的情况下，可以配备一台同类型的便携式超声波流量计，用于核校现场仪表的情况；

② 坚持一装一校，即对每一台新装超声波流量计在安装调试时进行核校，确保选位好、安装好、测量准；

③ 在线运行的超声波流量计发生流量突变时，要利用便携式超声波流量计进行及时核校，查清流量突变的原因，弄清楚是仪表发生故障还是流量确实发生了变化。

技能训练 1-8

流量计有哪几个种类，流量计如何选择？

种类	应用范围	优点	缺点
差压式流量计			
容积式流量计			
浮子流量计			
涡轮流量计			
电磁流量计			

子任务 2 测定液位

化工生产过程中，液位的稳定是保证生产安全、顺利进行的关键因素，实际生产中应随时进行监测、调控。

液位的测定

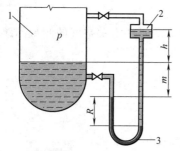

图 1-102　压差法测量液位原理示意图
1—容器；2—平衡器；3—U 形管压差计

一、液位测定的原理

在化工生产中，经常需要了解容器内液体的储存量，或对设备内的液位进行控制，因此，常常需要测量液位。测量液位的装置较多，但大多数是遵循流体静力学基本原理。

图 1-102 所示的是利用 U 形管压差计进行近距离液位测量装置。在容器 1 的外边设一平衡器 2，其中所装的液体与容器中相同，液面高度维持在容器中液面允许到达的最高位置。用一装有指示剂的 U 形管压差计 3 把容器和平衡室连通起来，压差计读数 R 即可指示出容器内的液面高度，关系为：

$$h = \frac{\rho_0 - \rho}{\rho} R \tag{1-60}$$

若容器或设备的位置离操作室较远，可采用图 1-103 所示的远距离液位测量装置。在管内通入压缩氮气，用调节阀调节其流量，测量时控制流量使在观察器中有少许气泡逸出。用 U 形管压差计测量吹气管内的压力，其读数 R 的大小，即可反映出容器内的液位高度，关系为：

$$h = \frac{\rho_0}{\rho} R \tag{1-61}$$

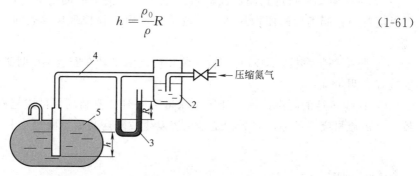

图 1-103　远距离液位测量装置原理示意图
1—调节阀；2—鼓泡观察器；3—U 形管压差计；4—吹气管路；5—储罐

二、玻璃管式液位计

1. 工作原理与结构

液位计是基于连通器原理设计的，由玻璃管构成的液体通路。通路经接管用法兰或锥管螺纹与被测容器连接构成连通器，透过玻璃管观察到的液面与容器内的液面相同即液位高度。玻璃管式液位计如图 1-104 所示，主要由玻璃管、保护套、上下阀门及连接法兰（或螺纹）等组成。液位计若使用特殊材料或增加一些附属部件，即可达到防腐或保温的功能。

图 1-104　玻璃管式液位计

2. 适用范围及特点

管式液位计具有优良的性能（如耐高温、高压等）。另外，具有结构简单、经济实用、安装方便、工作可靠、使用寿命长等优点。其作为基本的液位计，广泛运用在最简单的液位测量场合和自动化程度不很高的大型工程项目中。

三、玻璃板式液位计

1. 工作原理与结构

玻璃板式液位计如图 1-105 所示，是基于连通器原理设计的。由玻璃板及液位计主体构成的液体通路经接管用法兰或锥管螺纹与被测容器连接构成连通器，透过玻璃板观察到的液面即为容器内的液位高度。

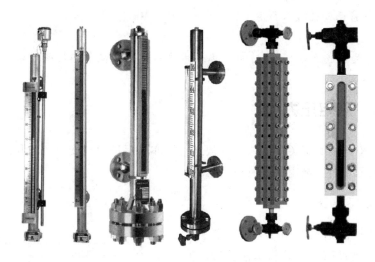

图 1-105　玻璃板式液位计

液位计两端的针型阀不仅起截止阀的作用，其内部的钢球还具有逆止阀的功能，当液位计发生意外破损泄漏时，钢球可在介质压力作用下自动关闭液体通道，防止液体大量外流，起到安全保护作用。液位计改变零件的材料或增加一些附属部件即可达到防腐、保温、防霜、照明等功能。

2. 适用范围及特点

玻璃板式液位计具有结构简单、经济实用、安装方便、工作可靠、使用寿命长等优点。作为基本的液位计，该产品也广泛应用在最简单的液位测量场合和自动化程度不很高的大型工程项目中。

✏️ **技术训练 1-10**

如图 1-106 所示的开口容器内盛有油和水。油层高度 $h_1 = 0.6\text{m}$，密度 $\rho_1 = 800\text{kg/m}^3$；水层高度 $h_2 = 0.7\text{m}$，密度 $\rho_2 = 1000\text{kg/m}^3$。（1）判断下列两关系是否成立，即 $p_A = p'_A$，$p_B = p'_B$；（2）计算水在玻璃管内的高度 h。

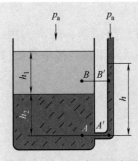

图 1-106 开口容器示意图

解：（1）$p_A = p'_A$ 的关系成立。因为 A 与 A' 两点在静止、连通着的同一流体内，并在同一水平面上，所以截面 A—A' 称为等压面。$p_B = p_{B'}$ 的关系不能成立。因为 B 及 B' 两点虽在静止液体的同一水平面上，但不是连通着的同一种流体，即截面 B—B' 不是等压面。

（2）由上面讨论可知：$p_A = p'_A$，用 p_a 表示大气压，用流体静力学基本方程计算，即

$$p_A = p_a + \rho_1 g h_1 + \rho_2 g h_2$$

$$p'_A = p_a + \rho_2 g h$$

于是

$$p_a + \rho_1 g h_1 + \rho_2 g h_2 = p_a + \rho_2 g h$$

简化上式并将已知值代入得 $800 \times 0.6 + 1000 \times 0.7 = 1000h$

解得

$$h = 1.18\text{m}$$

即 $p_A = p'_A$ 关系成立，$p_B = p'_B$ 的关系不成立；水在玻璃管内的高度为 1.18m。

子任务 3 测定压力

压力是化工生产中必须关注的核心参数之一，亦是保证生产安全、顺利进行的关键，本任务将学习常见测压装置测定原理及适用对象。

一、U 形管压差计

U 形管压差计的结构如图 1-107 所示。它的主要部件为一根 U 形玻璃管，内装指示液。指示液与被测流体不互溶，不发生化学反应，且其密度大于被测流体密度。常用的指示液有水银、四氯化碳、水和液体石蜡等，应根据被测流体的种类和测量范围合理选择指示液。

当用 U 形管压差计测量设备内两点的压差时，可将 U 形管两端与被测两点直接相连，利用 R 的数值就可以计算出两点间的压力差。

设指示液的密度为 ρ_0，被测流体的密度为 ρ。由图 1-107 可知，A 和 A' 点在同一水平面上，且处于连通的同种静止流体内，因此，A 和 A' 点的压力相等，即 $p_A = p_{A'}$

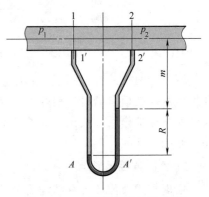

图 1-107 U 形管压差计示意图

压力的测定

$$p_A = p_1 + \rho_g (R + m)$$

$$p_{A'} = p_2 + \rho g m + \rho_0 g R$$

所以

$$p_1 + \rho g (m + R) = p_2 + \rho g m + \rho_0 g R$$

整理得：

$$p_1 - p_2 = (\rho_0 - \rho) g R$$

若被测流体是气体，由于气体的密度远小于指示剂的密度，即 $\rho_0 - \rho \approx \rho_0$，因此上式可简化为：

$$p_1 - p_2 \approx Rg\rho_0$$

U 形管压差计也可测量流体的压力，测量时将 U 形管一端与被测点连接，另一端与大气相通，此时测得的是流体的表压或真空度。

技能训练 1-9

若将 U 形管压差计安装在倾斜管路中，此时读数 R 反映了什么？

二、倒 U 形管压差计

若被测流体为液体，也可选用比其密度小的流体（液体或气体）作为指示剂，采用如图 1-109 所示的倒 U 形管压差计形式。最常用的倒 U 形管压差计是以空气作为指示剂，此时：

$$p_1 - p_2 = Rg(\rho - \rho_0) \approx Rg\rho$$

三、斜管压差计

当所测量的流体压力差较小时，可将压差计倾斜放置，即为斜管压差计，用以放大读数，提高测量精度，如图 1-109 所示。

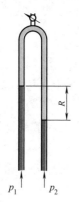

图 1-108　倒 U 形管压差计示意图

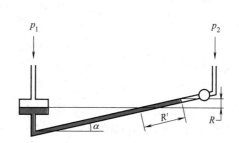

图 1-109　斜管压差计示意图

此时，R 与 R'的关系为：

$$R' = \frac{R}{\sin\alpha}$$

式中，α 为倾斜角，其值越小，则读数放大倍数越大。

四、双液体 U 形管压差计

双液体 U 形管压差计又称为微压计，用于测量压力较小的场合。

如图 1-110 所示，在 U 形管上增设两个扩大室，内装密度接近但不互溶的两种指示液 A 和 C（$\rho_A > \rho_C$），扩大室内径与 U 形管内径之比应大于 10。这样扩大室的截面积比 U 形管截面积大得多，即可认为即使 U 形管内指示液 A 的液面差 R 较大，但两扩大室内指示液的液面变化微小，可近似认为维持在同一水平面。

$$p_1 - p_2 = Rg(\rho_A - \rho_C)$$

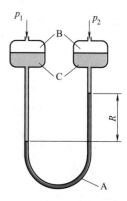

图 1-110　双液体 U 形压差计示意图

由上式可知，只要选择两种合适的指示液，使 $\rho_A - \rho_C$ 较小，就可以保证较大的读数 R。

技术训练 1-11

如图 1-111 所示，水在水平管道内流动。为测量流体在某截面处的压力，直接在该处连接一 U 形管压差计，指示液为水银，读数 $R = 250\text{mm}$，$h = 900\text{mm}$。已知当地大气压为 101.3kPa，水的密度 $\rho = 1000\text{kg/m}^3$，水银的密度 $\rho_0 = 13600\text{kg/m}^3$。试计算该截面处的压力。

解： 图中 A—A' 面间为静止、连续的同种流体，且处于同一水平面，因此为等压面，即 $p_A = p_{A'}$。而 $p_{A'} = p_a$。

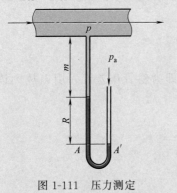

图 1-111　压力测定

$$p_A = p + \rho g m + \rho_0 g R$$

于是

$$p_a = p + \rho g m + \rho_0 g R$$

则截面处绝对压力

$$p = p_a - \rho g m - \rho_0 g R$$
$$= 101300 - 1000 \times 9.81 \times 0.9 - 13600 \times 9.81 \times 0.25$$
$$= 59117(\text{Pa})$$

或直接计算该处的真空度

$$p_a - p = \rho g m + \rho_0 g R$$
$$= 1000 \times 9.81 \times 0.9 + 13600 \times 9.81 \times 0.25$$
$$= 42183(\text{Pa})$$

由此可见，当 U 形管一端与大气相通时，U 形管压差计实际反映的就是该处的表压或真空度。

U 形管压差计在使用时为防止水银蒸气向空气中扩散，通常在与大气相通的一侧水银液面上充入少量水，计算时其高度可忽略不计。

综合案例

如图 1-112 所示，用离心泵将蓄水池中 20℃ 的水送到敞口高位槽中，管路为 $\phi 57\text{mm} \times 3.5\text{mm}$ 的光滑钢管，直管长度与所有局部阻力（包括孔板）当量长度之和为 250m，输水量用孔板流量计测量，孔径 $d_0 = 20\text{mm}$，孔流系数 0.61。

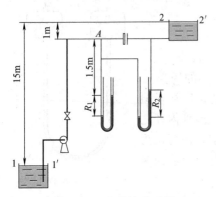

图 1-112　流体输送过程

从池面到孔板前测压点 A 截面的管长（含所有局部阻力当量长度）为 100m。U 形管中指示液为汞。摩擦系数可用下式计算，$\lambda = \dfrac{0.3164}{Re^{0.25}}$。20℃ 水的密度取 1000kg/m^3，黏度取 1.0×10^{-3} Pa·s。当水的流量为 7.42m^3/h 时，试计算：

（1）每千克水通过泵所获得的净功；

（2）泵的轴功率（$\eta = 0.7$）；

（3）A 截面 U 形管压差计读数 R_1；

（4）孔板流量计 U 形管压差计读数 R_2。

解：（1）在 $1—1'$ 和 $2—2'$ 截面间列伯努利方程，以蓄水池水面为基准面，有

$$gz_1 + \frac{u_1^2}{2} + \frac{p_1}{\rho} + W_e = gz_2 + \frac{u_2^2}{2} + \frac{p_2}{\rho} + \sum h_f$$

$$z_1 = 0;\ z_2 = 15m;\ u_1 = u_2 = 0,\ p_1 = p_2 = 0\ (表压)$$

$$u = \frac{q_V}{A} = \frac{7.42}{3600 \times \pi/4 \times 0.05^2} = 1.05\ (m/s)$$

则，$Re = \dfrac{du\rho}{\mu} = \dfrac{0.05 \times 1.05 \times 1000}{1.0 \times 10^{-3}} = 52500 > 4000$

$$\lambda = \frac{0.3164}{Re^{0.25}} = \frac{0.3164}{52500^{0.25}} = 0.0209$$

$$\sum h_f = \lambda \frac{l + \sum l_e}{d} \times \frac{u^2}{2} = 0.0209 \times \frac{250}{0.05} \times \frac{1.05^2}{2} = 57.6\ (J/kg)$$

所以，$W_e = g\Delta z + \sum h_f = 9.8 \times 15 + 57.6 = 204.6$ （J/kg）

（2）泵的有效功率　　$P_e = q_m W_e = \rho q_V W_e = 1000 \times \dfrac{7.42}{3600} \times 204.6 = 421.7$（W）

泵的轴功率 $P = \dfrac{P_e}{\eta} = \dfrac{421.7}{0.7} = 602.43$（W）

（3）在 A 和 $2—2'$ 截面间列伯努利方程，以 A 点所在水平面为基准面，有

$$\frac{u^2}{2} + \frac{p_A}{\rho} = gz_{A-2} + \sum h_{f,A-2}$$

$$z_{A-2} = 1m;\quad u = 1.05 m/s$$

$$\sum h_{f,A-2} = \lambda \frac{l + \sum l_e}{d} \times \frac{u^2}{2} = 0.0209 \times \frac{250-100}{0.05} \times \frac{1.05^2}{2} = 34.56\ (J/kg)$$

所以，$p_A = 4.38 \times 10^4$ Pa

由 U 形管力的平衡得：$p_A + (1.5 + R_1)\rho g = R_1 \rho_A g$

代入数据，得：　　　　　　　$R_1 = 0.474m$

（4）孔板流量计 U 形管压差计读数 R_2

$$q_V = C_0 A_0 \sqrt{\frac{2R_2(\rho_A - \rho)g}{\rho}}$$

由 $\dfrac{7.42}{3600} = 0.61 \times \dfrac{\pi}{4} \times 0.02^2 \times \sqrt{\dfrac{2R_2(13600-1000) \times 9.81}{1000}}$ 所以，$R_2 = 0.468m$

素质拓展阅读

阀门里的"中国梦"——牟晓勇

"能凭借自己的技术和努力，换来特种阀事业部繁荣向上的发展，就是我'特种阀的梦'也是'我的中国梦'""任何困难都只是时间问题，没有过不去的坎儿""是金子在哪都会发光"是牟晓勇的真实写照，他用实际行动践行了对自己对祖国的承诺。

牟晓勇，西安航天远征流体控制股份有限公司特种阀事业部设计组组长，副主任设计

师，高级工程师职称，主要从事各类特种阀门的研制设计工作。他于 2010 年在航天六院 11 所参加工作，完成了多型自动变速箱用电磁阀的研制，参与了长输管线关键阀门的研制，主持了多种试验系统用特种阀门的研制。他与他的团队让特种阀门研发走上快车道，完成了压力高达 42MPa 的近 70 多种规格产品的研制，其中为某计量专项工程研制的新型高压大口径两位三通高速换向阀，具有开关迅速、重复精度高等特点，换向时间为 50ms± 1ms，填补了国内市场空白。他通过不断的技术创新和学习，多次获得院级、所级科技奖，以第一作者身份完成了两项国家发明专利，取得了一项陕西省国防科技进步一等奖。说起理想和未来，牟晓勇目光坚定："人的成长需要技术平台和文化底蕴，这两方面我在航天远征流体控制股份有限公司都找到了。习近平总书记要求，以实际行动为实现中国梦贡献力量，我觉得这一点每个航天人都能做到，因为我们骨子里注入了肯吃苦、能战斗的基因。"

练习题

一、填空题

1.雷诺数的表达式为_____。当密度 $\rho=1000kg/m^3$，黏度 $\mu=1cP$ 的水，在内径为 $d=100mm$，以流速 1m/s 在管中流动时，其雷诺数等于_____，其流动类型为_____。

2.流体的自身能量包括：_____、_____、_____、_____。

3.管径为 D 的管道中流体的流速为 1m/s，现将管径缩小 4 倍，流量不变，则管内的流速为_____ m/s。

4.流体与外界交换的能量有_____、_____、_____。

5.测量流体流量的流量计主要有三种：_____、_____、_____，流量不变测量管内流体点的速度，则用_____。

6.流体在圆形直管中做湍流流动时，摩擦系数是_____的函数，若处于阻力平方区，则摩擦系数是_____的函数，与_____无关。

7.流体的总阻力包括_____和_____。局部阻力的计算方法有_____法和_____法。

8.在静止的同一种连续流体的内部，各截面上_____能与_____能之和为常数。

9.流体在管内做湍流流动时，在管壁处速度为_____，邻近管壁处存在_____层，且 Re 值越大，则该层厚度越_____。

10.流体在一段装有若干个管件的直管 l 中流过的总能量损失的通式为_____，它的单位为_____。

二、单项选择题

1.当流体在圆管内流动时，管中心流速最大，若为层流，平均速度与管中心的最大流速的关系为（　　）。

　　A. $u_m=3/2u_{max}$　　　　B. $u_m=0.82u_{max}$　　　　C. $u_m=1/2u_{max}$　　　　D. $u_m=1/3u_{max}$

2.层流与湍流的本质区别是（　　）。

　　A.湍流流速＞层流流速

　　B.流道截面大的为湍流，截面小的为层流

　　C.层流的雷诺数＜湍流的雷诺数

D. 层流无径向脉动，而湍流有径向脉动

3. 在静止的流体内，单位面积上所受的压力称为流体的（　　　）。

A. 绝对压力　　　　　B. 表压　　　　　C. 静压力　　　　　D. 真空度

4. 伯努利方程式中的 gz 项表示单位质量流体所具有的（　　　）。

A. 位能　　　　　　　B. 动能　　　　　C. 静压能　　　　　D. 有效功

5. 如图所示，若水槽液位不变，①、②、③点的流体总机械能的关系为（　　　）。

A. 阀门打开时①＞②＞③　　　　　　B. 阀门打开时①＝②＞③

C. 阀门打开时①＝②＝③　　　　　　D. 阀门打开时①＞②＝③

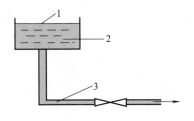

单项选择题第 5 题附图

6. 转子流量计的主要特点是（　　　）。

A. 恒截面、恒压差　　　　　　　　　B. 变截面、变压差

C. 恒流速、恒压差　　　　　　　　　D. 变流速、恒压差

7. 温度升高时，（　　　）。

A. 液体和气体的黏度都降低　　　　　B. 液体和气体的黏度都升高

C. 液体的黏度升高、气体的黏度降低　D. 液体的黏度降低、气体的黏度升高

8. 液体从大管水平流至小管时，变径前后能量转化关系是（　　　）。

A. 动能转化为静压能　　　　　　　　B. 位能转化为动能

C. 静压能转化为动能　　　　　　　　D. 动能转化为位能

9. 流体在圆形直管内做层流流动时，阻力与流速的（　　　）成比例，做完全湍流流动时，阻力则与流速的（　　　）成比例。

A. 一次方　　　　　　B. 二次方　　　　　C. 三次方　　　　　D. 四次方

10. 流体运动时，能量损失的根本原因是由于流体存在着（　　　）。

A. 压力　　　　　　　B. 动能　　　　　C. 湍流　　　　　D. 黏性

11. 化工管路中，对于要求强度高、密封性好、方便拆卸的管路，通常采用（　　　）。

A. 法兰连接　　　　　B. 承插连接　　　　C. 焊接　　　　　D. 螺纹连接

12. 离心泵的汽蚀产生的原因的是由于（　　　），而离心泵气缚现象的原因是（　　　）。

A. 泵内存有气体

B. 离心泵出口阀关闭

C. 泵进口管路的压力低于液体的饱和蒸气压

D. 叶轮入口处的压力低于液体的饱和蒸气压

13. 离心泵启动时，应把出口阀关闭，以降低启动功率，保护电机，不致超负荷工作，这是因为（　　　）。

A. $Q=0$，$N\approx0$　　　B. $Q>0$，$N>0$　　　C. $Q<0$，$N<0$　　　D. $Q>0$，$N<0$

14. 离心泵铭牌上标明的扬程是指（　　　）。

  A. 功率最大时的扬程   B. 最大流量时的扬程

  C. 泵的最大扬程   D. 效率最高时的扬程

15. 当两个同规格的离心泵串联使用时，只能说（　　　）。

  A. 串联泵较单台泵实际的扬程增大一倍

  B. 串联泵的工作点处较单台泵的工作点处扬程增大一倍

  C. 当流量相同时，串联泵特性曲线上的扬程是单台泵特性曲线上的扬程的两倍

  D. 在管路中操作的串联泵，流量与单台泵操作时相同，但扬程增大两倍

16. 离心泵停车时应该（　　　）。

  A. 首先断电，再关闭出口阀   B. 先关出口阀，再断电

  C. 关阀与断电不分先后   D. 只有多级泵才先关出口阀

17. 用两台相同型号的离心泵并联，总的输送流量（　　　）。

  A. 增大   B. 减小   C. 不变   D. 不确定

18. 离心泵串联工作主要是增大（　　　）。

  A. 扬程   B. 流量   C. 效率   D. 都不能增加

三、判断题

1. 定态流动是流体流经它所占据的空间各点时的流动参数（流速、压力、密度等）不随时间而改变的流动。（　　　）

2. 流体的黏度越小，则产生的流动阻力越大。（　　　）

3. 流体沿壁面做湍流流动时，在靠近壁面处总有一个层流内层存在。（　　　）

4. 法兰连接是由一对法兰、数个螺栓组成。（　　　）

5. 流体阻力的大小与管长成正比，与管径成反比。（　　　）

6. 流体在水平管内做稳定连续流动时，当流经直径小处，流速会增大，其静压力也会升高。（　　　）

7. 离心泵的流量与泵的转速无关。（　　　）

8. 启动离心泵之前要先灌泵，其目的是防止发生"气缚"。（　　　）

9. 离心泵的能量损失包括容积损失、机械损失、水力损失。（　　　）

10. 离心泵关闭出口阀运转时间不宜过大，否则会引起不良后果。（　　　）

四、问答题

1. 简述定态流动系统与非定态流动系统的含义及其特点。

2. 解释黏度产生的原因及牛顿黏性定律。

3. 阐述连续性方程。

4. 简述流体阻力计算方法。

5. 简述流体阻力系数的影响因素。

五、计算题

1. 某设备上真空表的读数为 $13.3 \times 10^3 \text{Pa}$，试计算设备内的绝对压力与表压。已知该地区大气压力为 $98.7 \times 10^3 \text{Pa}$。

2. 如图所示，从高位槽向塔内进料，高位槽中液位恒定，高位槽和塔内的压力均为大气压。送液管为 $\phi 45\text{mm} \times 2.5\text{mm}$ 的钢管，要求送液量为 $3.6\text{m}^3/\text{h}$。设料液在管内的压头损失

为 1.2m（不包括出口能量损失），试问高位槽的液位要高出进料口多少米？

3. 每小时将 2×10^4 kg 的溶液用泵从反应器输送到高位槽（见附图）。反应器液面上方保持 26.7×10^3 Pa 的真空度，高位槽液面上方为大气压力。管道为 $\phi76\text{mm} \times 4\text{mm}$ 的钢管，总长为 50m，管线上有两个全开的闸阀、一个孔板流量计（局部阻力系数为 4）、五个标准弯头。反应器内液面与管路出口的距离为 15m。若泵的效率为 0.7，求泵的轴功率。

溶液的密度为 1073kg/m³，黏度为 6.3×10^{-4} Pa·s。管壁绝对粗糙度 ε 可取为 0.3mm。

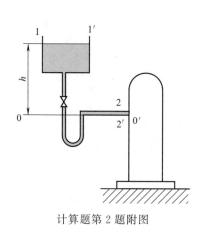
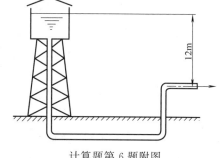

计算题第 2 题附图　　　　　　　　计算题第 3 题附图

4. 常压储槽内盛有石油产品，其密度为 760kg/m³，黏度小于 20cSt，在储存条件下饱和蒸气压为 80kPa，现拟用 65Y-60B 型油泵将此油品以 15 m³/h 的流量送往表压为 177kPa 的设备内。储槽液面恒定，设备的油品入口比储槽液面高 5m，吸入管路和排出管路的全部压头损失分别为 1m 和 4m。试核算该泵是否合适。若油泵位于储槽液面以下 1.2m 处，问此泵能否正常操作？当地大气压按 101.33kPa 计。

5. 在用水测定离心泵性能的实验中，当流量为 26m³/h 时，泵出口处压力表和入口处真空表的读数分别为 152kPa 和 24.7kPa，轴功率为 2.45kW，转速为 2900r/min。若真空表和压力表两测压口间的垂直距离为 0.4m，泵的进出口管径相同，两侧压口间管路流动阻力可忽略不计。试计算该泵的效率，并列出该效率下泵的性能。

6. 如图所示，某工厂从水塔引水至车间，管路为 $\phi114\text{mm} \times 4\text{mm}$ 的钢管，管路中直管总长度为 25m。水塔内液面维持恒定，并高于排水管口 12m，水塔液面及管子出口均通大气，试求水温为 20℃ 时管路的输水量为多少 m³/h？20℃ 时水的密度为 998kg/m³，黏度为 1.005×10^{-3} Pa·s，管壁绝对粗糙度 ε 为 0.1mm。

计算题第 6 题附图

7. 在 $\phi38\text{mm} \times 2.5\text{mm}$ 的管路上装有标准孔板流量计，孔板的孔径为 16.4mm，管中流动的是 20℃ 的甲苯，用 U 形管压差计测量孔板两侧的压力差，以水银为指示液，测压连接管中充满甲苯。现测得 U 形管压差计的读数为 600mm，试计算管中甲苯的流量（kg/h）。

知识的总结与归纳

知识点		应用举例	备注
密度	$V = \dfrac{m}{\rho_{\mathrm{m}}}$	计算流体体积、罐体体积，质量与体积之间的换算等	混合物的密度为平均密度，也可用于计算设备的体积与物质的质量
表压与绝压之间的关系	表压＝绝对压力－大气压力 真空度＝大气压力－绝对压力	计算绝压等	压力表用在测量高于环境压力的场合，其读数是被测压力高于环境压力的数值；真空表用在测量低于环境压力的场合，其读数是环境压力高于被测压力的数值
计算压力	$p = \rho g h$	压强与高度之间的换算	h 为液体的垂直高度
流量计算	$q_m = u A \rho = q_V \rho$	计算体积流量与质量流量	也用于计算管的横截面积、流速
同一股流体流经不同管径的速度计算	$\dfrac{u_1}{u_2} = \dfrac{A_2}{A_1} = \left(\dfrac{d_2}{d_1}\right)^2$	流速计算	d 为管路的直径
管子的选择	$d = \sqrt{\dfrac{4 q_V}{\pi u}}$	管径的推算	也可用于选择包括管子直径、材质等
流动形态的判断	$Re = \dfrac{d \rho u}{\mu}$ 当 $Re \leqslant 2000$ 时，流动为层流，此区称为层流区； 当 $Re \geqslant 4000$ 时，一般出现湍流，此区称为湍流区； 当 $2000 < Re < 4000$ 时，流动可能是层流，也可能是湍流，该区称为不稳定的过渡区	Re 计算，用于流动形态的判断	用于流动形态的判断，用于计算阻力系数
流体输送方案	$z_1 + \dfrac{1}{2g} u_1^2 + \dfrac{p_1}{\rho g} + H_e = z_2 + \dfrac{1}{2g} u_2^2 + \dfrac{p_2}{\rho g} + \sum H_f$ （m） $z_1 g + \dfrac{1}{2} u_1^2 + \dfrac{p_1}{\rho} + W_e = z_2 g + \dfrac{1}{2} u_2^2 + \dfrac{p_2}{\rho} + \sum h_f$ （J/kg）	不同截面间流体参数、能量的计算	两截面间流体连续定态流动；适用于不可压缩流体，如液体；各个对应的物理量单位一致，例如压强统一，可以采用表压或绝压，表压是正值，真空度为负值
流体在圆管内的速度分布	层流时的速度分布 $u_{\mathrm{m}} = 0.5 u_{\max}$ 湍流时的速度分布 $u_{\mathrm{m}} \approx 0.82 u_{\max}$	流速的推算	u_{m} 为平均速度 $u_{\max}$ 为管中心的最大速度
阻力计算	$h_f = \lambda \dfrac{l}{d} \times \dfrac{u^2}{2}$（范宁公式）	计算阻力	$\lambda = f(\varepsilon/d, Re)$

知识点		应用举例	备注
总阻力计算	$\sum h_{\mathrm{f}} = \left(\lambda \dfrac{l}{d} + \sum \zeta \right) \dfrac{u^2}{2}$（阻力系数法） $\sum h_{\mathrm{f}} = \lambda \dfrac{l + \sum l_e}{d} \times \dfrac{u^2}{2}$（当量长度法）	总阻力计算	
阻力压差计算	$\Delta p = \rho h_{\mathrm{f}} = \lambda \dfrac{l}{d} \times \dfrac{u^2}{2} \rho$	压差计算	阻力产生的效果就是压力的变化
离心泵的选择	(1)类型的选择； (2)参数的选择,Q、H、η、P； (3)工作点的选择	离心泵的选型、参数及工作点选择	流体的温度与密度也要考虑
离心泵的不良现象	气缚现象:为了防止这种操作不正常现象的发生,在离心泵启动前必须灌满所输送的液体。 汽蚀现象:为避免这种操作不正常现象的发生,离心泵应按允许安装高度进行安装	离心泵操作不良现象的判断	为了避免气蚀现象发生,在启动离心泵前,必须灌满输送的液体,离心泵的安装高度不能超过允许安装高度
泵的功率计算	$P_{\mathrm{e}} = q_{\mathrm{m}} W_{\mathrm{e}} = q_V \rho H_{\mathrm{e}} g = u A \rho H_{\mathrm{e}} g$	功率计算	采用伯努利方程计算 W_{e}
离心泵的特性曲线	Q-H 曲线,Q-P 曲线,Q-η 曲线。 (1)离心泵的压头一般随流量加大而下降。 (2)离心泵的轴功率在流量为零时为最小,随流量的增大而上升。故在启动离心泵时,应关闭泵出口阀门,以减小启动电流,保护电机。停泵时先关闭出口阀门主要是为了防止高压液体倒流损坏叶轮。 (3)额定流量下泵的效率最高。该最高效率点称为泵的设计点,对应的值称为最佳工况参数	离心泵的特性曲线	欲增加压头,需减少流量;启动离心泵前关闭出口阀门,可以减少电流;由最高效率点可以确定最佳工况参数
通风机的选择	(1)风机的类型选择； (2)参数选择:风量、全风压与静风压以及功率	通风机的选型与参数选择	选风机时,需考虑风量、全风压、静风压和功率

　　熟悉传热的基本方式及传热原理，计算热对流速率、传热速率及热辐射速率，学习间壁传热原理，计算热负荷，计算传热速率，计算间壁传热总传热系数，计算平均温度差，计算换热器壁温，了解强化换热器传热途径，了解换热器结构类型，了解换热器工艺设计，掌握换热器的选用，了解换热器操作规程及故障处理，了解换热器总传热系数的测定。

　　传热是化工生产过程中广泛应用的单元操作。它广泛应用在化学反应过程或化工单元物理操作过程中，在化工生产过程中，传热的目的主要有以下几个方面：①为化学反应创造必要的条件；②为化工单元操作创造必要的条件；③提高热能的综合利用和余热的回收；④对设备和管道进行保温，减少设备的热量（或冷量）损失。

　　比如：在化学反应前需将物料加热以便加快反应速率，缩短反应时间；在气体吸收过程中，将气体冷却以便增加气体的溶解度；在液体蒸馏过程中为了将液体汽化而将其加热；在固体干燥过程中对其进行加热，便于湿分汽化等，这些过程都是以传热作为基本过程的。

工业应用

　　图 2-1 是生产甲醇的无饱和热水塔全低变流程图，这个过程所应用的传热过程包括原料气的升温及变换后气体与原料气的热交换过程。

　　如图 2-1 所示，从煤气化装置来的煤气，经过汽水分离器 1 分离出夹带的液相水后进入原料气过滤器 2，然后煤气分成三部分，分别进入三个不同的变换炉。第一部分占总气量 28.5% 的煤气进入预热器 3 与第三变换炉 10 出来的变换气换热至 210℃后，进入汽气混合器 4，再与来自蒸汽管网的过热蒸汽（4.4MPa，282℃）混合，然后煤气进入煤气换热器 5 管侧，与来自第一变换炉 6 出口的变换气换热，温度升至 255℃左右，进入第一变换炉 6 进行变换反应。第一变换炉出来的变换气，在换热器 5 与第一变换炉的煤气换热后，与另一部分占总气量 32% 的煤气混合，进入第一淬冷过滤器 7，在此被来自低压锅炉给水泵的低压锅炉给水激冷到 235℃，出第二变换炉 8 的变换气温度为 351.4℃。占总气量 39.5% 的煤气与第二变换炉 8 出口变换气相混合，然后进入第二淬冷过滤器 9，被来自低压锅炉给水泵的低压锅炉给水激冷到大约 220℃，进入第三变换炉 10 反应，出第三变换炉的变换气温度约 306.2℃。出第三变换炉的变换气依次进入煤气预热器 3、锅炉给水预热器 11、除盐水预热器 12 被冷却到 85℃后，进入第一变换气气水分离器 13 分离冷凝水，然后进入变换气冷却器 14 降温至 40℃，进入第二变换气气水分离器 15 分离冷凝水后，

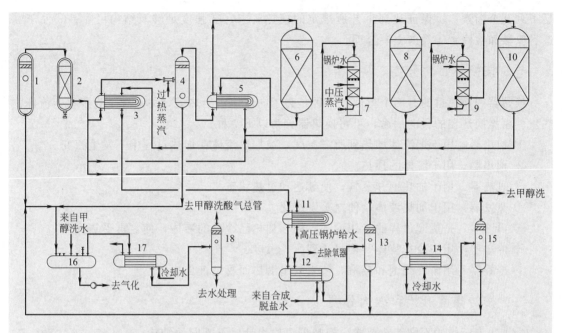

图 2-1 生产甲醇的无饱和热水塔全低变流程图

1,18—汽水分离器；2—过滤器；3—预热器；4—汽气混合器；5—煤气换热器；6—第一变换炉；7—第一淬冷过滤器；
8—第二变换炉；9—第二淬冷过滤器；10—第三变换炉；11—锅炉给水预热器；12—除盐水预热器；
13—第一变换气气水分离器；14—变换气冷却器；15—第二变换气气水分离器；16—冷凝液闪蒸槽；
17—闪蒸气冷却器

去低温甲醇洗工序。闪蒸后的冷凝液，通过冷凝液泵加压，去煤气化装置。出闪蒸气汽水分离器 18 的冷凝液，去污水处理装置。

通过上述工程案例，我们认识到生产工艺中要实现流体的换热，必须完成的工作任务是：①选取参与换热的载热体；②确定参与换热的载热体必须具有温度差；③选择合适的换热器；④根据载热体的温度要求，在换热器内选择合适的流体流动路径。

任务 1 认识换热器的结构

本任务中，我们将学习与认识换热器的分类、结构特点以及适用的范围等，了解与掌握管式换热器、板式换热器以及特殊类型换热器的结构、工作原理、特点以及适合的场合，并掌握强化换热器传热性能的方法和措施。能根据换热工艺要求选择合适的换热器类型，保证生产工艺要求。

子任务 1 认识换热器的分类

换热器在工业生产中实现物料之间热量传递，它是化工、炼油、动力、原子能和其他许多工业部门广泛应用的一种通用的工艺设备。由于使用的条件不同，换热设备又有各种各样的类型和结构。在化工生产中所使用的换热器种类和形式很多，但完善的换热设备至少应满足下列几个因素：①保证达到工艺所规定的换热要求；②强度足够及结构可靠；③便于制造、安装和检修；④经济上要合理。

一、按换热目的分类

换热器的换热目的有两个方面：一种是为了向流体供给热量，另一种是为了移走流体的热量。根据换热器的目的用途，可将换热器分为以下 7 种。

① 加热器　用于把流体加热到所需温度，被加热流体在加热过程中不发生相变。

② 预热器　用于流体的预热。

③ 过热器　用于加热饱和蒸气，使其达到过热状态。

④ 蒸发器　用于加热液体，使之蒸发汽化。

⑤ 再沸器　是蒸馏过程的专用设备，用于加热已冷凝的液体，使之再受热汽化。

⑥ 冷却器　用于冷却流体，使之达到所需温度。

⑦ 冷凝器　用于冷凝饱和蒸汽，使之放出潜热而凝结液化。

二、按传热面形状和结构分类

为了适应流体的不同工艺要求，换热器可以设计以下不同的结构。

① 管式换热器　通过管子壁面进行传热。按传热管的结构的不同，可分为列管式换热器、套管式换热器、蛇管式换热器和翅片管式换热器等几种。管式换热器应用最为广泛。

② 板式换热器　通过板面进行传热。按传热板的结构形式，可分为平板式换热器、螺旋板式换热器、板翅式换热器和热板式换热器等几种。

③ 特殊形式换热器　这类换热器是指根据工艺特殊要求而设计的具有特殊结构的换热器。如回转式换热器、热管式换热器、同流式换热器等。

子任务 2　认识常见换热器的结构及特点

根据换热器的结构不同，换热器可分为管式换热器、板式换热器、热管式换热器等。同种材质的换热器，因其结构不同，其换热能力和使用场合也不同。换热过程应结合换热流体的工艺参数及对换热要求，合理地选择和使用换热器。

一、管式换热器

管式换热器类型很多，有沉浸式、列管式、套管式等。每种换热器的结构特点各异，适用于不同的场合。

沉浸式换热器

1. 沉浸式换热器

沉浸式换热器将金属管弯绕成各种与容器相适应的形状（多盘成蛇形，常称蛇管），并沉浸在容器内的液体中，使蛇管内、外的两种流体进行热量交换，其结构示意图见图 2-2。几种常见的蛇管形状如图 2-3 所示。

优点：结构简单、价格低廉，能承受高压，可用耐腐蚀材料制造。

缺点：容器内液体湍动程度低，管外对流传热系数小。

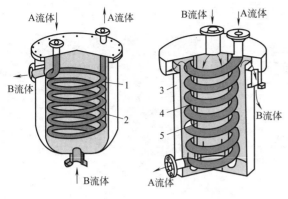

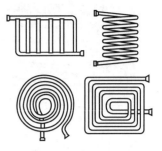

图 2-2　沉浸式换热器结构示意图　　　　图 2-3　蛇管的形状示意图

1,4—蛇管；2,3—容器；5—圆筒

2. 喷淋式换热器

喷淋式换热器也是一种蛇管式换热器，多用作冷却器。这种换热器是将蛇管成行地固定在钢架上，如图 2-4 所示。热流体在管内流动，自最下面的管进入，由最上面的管流出。冷水由最上面的淋水管流下，均匀地喷洒在蛇管上，并沿其两侧逐排流经下面的管子表面，最后流入水槽而排出，冷水在各排管表面上流过时，与管内流体进行热交换。这种换热器的管外形成一层湍动程度较高的液膜，因而管外传热系数较大。另外，喷淋式换热器常放置在室外空气流通处，冷却水在空气中汽化时也带走一部分热量，提高了冷却效果。

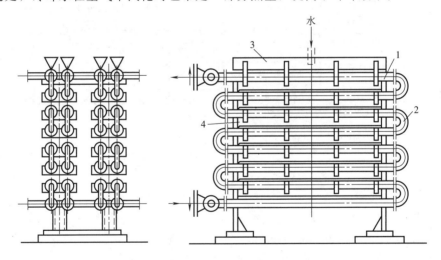

图 2-4　喷淋式换热器

1—直管；2—U 形管；3—水槽；4—齿行檐板

优点：和沉浸式相比，喷淋式换热器的传热效果要好得多。同时它还有便于检修和清洗等优点。

缺点：喷淋不易均匀。

3. 套管式换热器

套管式换热器是由大小不同的直管制成的同心套管，并由 U 形弯头连接而成，如图 2-5 所示。每一段套管称为一程，每程有效长度约为 4~6m，若管子过长，管中间会向下弯曲。

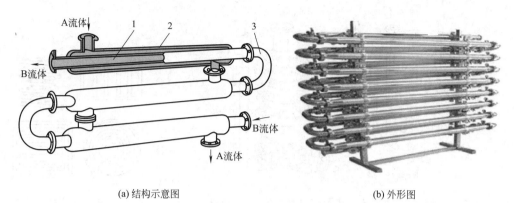

(a) 结构示意图   (b) 外形图

图 2-5　套管式换热器结构示意图与外形图

1—内管；2—外管；3—U 形弯头

套管式换热器

优点：在套管式换热器中，一种流体走管内，另一种流体走环隙。适当选择两管的管径，两流体均可得到较高的流速，且两流体可以为逆流，对传热有利。另外，套管式换热器构造较简单，能耐高压，传热面积可根据需要增减，应用方便。

缺点：管间接头多，易泄漏，占地较大，单位传热面消耗的金属量大。因此它较适用于流量不大、所需传热面积不多而要求压力较高的场合。

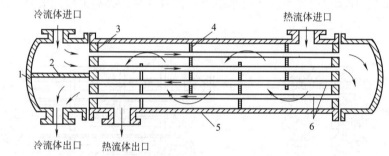

图 2-6　列管式换热器结构示意图

1—封头；2—隔板；3—管板；4—挡板；5—外壳；6—管子

列管式换热器

4. 列管式换热器

列管式换热器是目前应用最为广泛的一种换热设备，已作为一种标准换热设备。如图 2-6 所示，它由外壳、管板（又称花板）、管束、顶盖（又称封头）、管箱等部件构成，管子固定在管板上，而管板与外壳连接在一起。为了增加流体在壳程的湍流程度，以改善它的传热情况，在壳体内间隔安装了许多块折流挡板。换热器的壳体上和两侧的端盖上（对偶数管程而言，则在一侧）装有流体的进出口，有时还在其上装设检查孔、测量仪表用的接口管、排液孔和排气孔等。

此种换热器的优点：单位体积所具有的传热面积大，结构紧凑，坚固，传热效果好，能用多种材料制造，适用性较强，操作弹性较大，尤其在高温、高压和大型装置中多采用列管式换热器。

在列管式换热器中，由于管内外流体温度不同，管束和壳体的温度也不同，因此它们的热膨胀程度也有差别。若两流体的温差较大，就可能由于热应力而发生设备变形、管子弯曲，甚至破裂或从管板上松脱。因此，当两流体的温差超过 50℃ 时，就应采用热补偿的措施。根据热补偿方法的不同，列管式换热器分为以下几种主要形式。

（1）固定管板式 固定管板式的两端管板采用焊接的方法和壳体制成一体，如图 2-7 所示。因此它具有结构简单和成本低的优点。但是壳程清洗和检修困难，要求壳程流体必须是洁净而不易结垢的物料。当两流体的温差较大时，应考虑热补偿，即在外壳的适当部位焊上一个补偿圈，当外壳和管束热膨胀不同时，补偿圈发生弹性变形（拉伸或压缩），以适应外壳和管束不同的热膨胀程度。这种补偿方法简单，但不宜应用在两流体温差过大（应不大于 70℃）和壳程流体压力过高的场合。

固定管板式
换热器

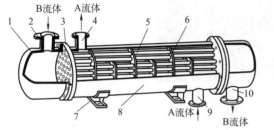

(a) 结构示意图 (b) 具有补偿圈的固定管板式换热器外形图

图 2-7 固定管板式换热器结构示意图与外形图

1—管箱；2,4,9,10—接管；3—管板；5—传热管；6—折流板；7—支座；8—壳体

（2）浮头式换热器 浮头式换热器的特点是有一端管板不与外壳连为一体，可以沿轴向自由浮动，如图 2-8 所示。这种结构不但完全消除了热应力的影响，且由于固定端的管板以法兰与壳体连接，整个管束可以从壳体中抽出，因此便于清洗和检修。故浮头式换热器应用较为普遍，但它的结构比较复杂，造价较高。

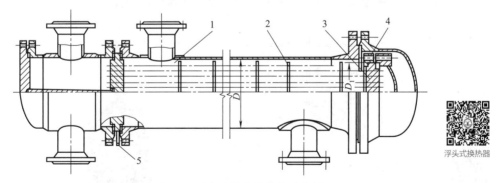

浮头式换热器

图 2-8 浮头式换热器结构示意图

1—防冲板；2—挡板；3—浮头管板；4—钩圈；5—支耳

（3）U 形管换热器 U 形管换热器每根管子都弯成 U 形，进出口分别安装在同一管板的两侧，封头用隔板分成两室，如图 2-9 所示。这样，每根管子都可以自由伸缩，而与其他管子和壳体均无关，具有热补偿效果。这种换热器结构比浮头式简单，重量轻，但管程不易清洗，只适用于洁净而不易结垢的流体，如高压气体的换热。

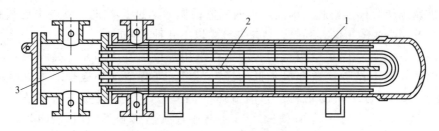

(a) 结构示意图

(b) 外形图

图 2-9　U 形管换热器结构示意图与外形图

1—U 形管；2—壳程隔板；3—管程隔板

二、板式换热器

1. 夹套式换热器

　　夹套式换热器是在容器外壁安装夹套制成，见图 2-10。这种换热器结构简单，但其加热面受容器壁面限制，总传热系数也不高，为提高总传热系数且使釜内液体受热均匀，可在釜内安装搅拌器。当夹套中通入冷却水或无相变的加热剂时，亦可在夹套中设置螺旋板或采取其他增加湍动的措施，以提高夹套一侧的对流传热系数。为补充传热面的不足，也可在釜内部安装蛇管。夹套式换热器广泛用于反应过程的加热和冷却。

夹套式换热器

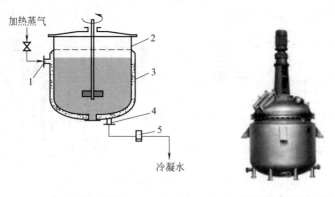

(a) 结构示意图　　　　(b) 夹套保温电加热反应釜外形图

图 2-10　夹套式换热器结构示意图与外形图

1—蒸气进口；2—釜；3—夹套；4—冷凝水出口；5—冷凝水排除器

2. 螺旋板式换热器

　　如图 2-11 所示，螺旋板式换热器是由两块薄金属板焊接在一块分隔挡板（图中心的短板）上并卷成螺旋形而制成的。两块薄金属板在器内形成两条螺旋形通道，在顶、底部上分别焊有盖板或封头。进行换热时，冷、热流体分别进入两条通道，在器内做严格的逆流流动。

因用途不同，螺旋板式换热器的流道布置和封盖形式，有下面几种类型。

①"Ⅰ"型结构 两个螺旋流道的两侧完全为焊接密封的"Ⅰ"型结构，是不可拆结构，如图 2-11（b）所示。两流体均做螺旋流动，通常冷流体由外周流向中心，热流体从中心流向外周，即完全逆流流动。这种类型主要应用于液体与液体间传热。

②"Ⅱ"型结构 Ⅱ型结构如图 2-11（b）所示。一个螺旋流道的两侧为焊接密封，另一流道的两侧是敞开的，因而一流体在螺旋流道中做螺旋流动，另一流体则在另一流道中做轴向运动。这种类型适用于两流体流量差别很大的场合，常用作冷凝器、气体冷却器等。

③"Ⅲ"型结构 "Ⅲ"型结构如图 2-11（b）所示。一种流体做螺旋流动，另一流体是轴向流动和螺旋流动的组合。适用于蒸气的冷凝冷却。

Ⅰ型   Ⅱ型   Ⅲ型

(a) 螺旋板式换热器外形图   (b) 螺旋板式换热器流道布置和封盖形式示意图

图 2-11 螺旋板式换热器

螺旋板式换热器的直径一般在 1.6m 以内，板宽 200～1200mm，板厚 2～4mm，两板间的距离为 5～25mm。常用材料为碳钢和不锈钢。

螺旋板式换热器

螺旋板式换热器的优点如下。

① 总传热系数高 由于流体在螺旋通道中流动，在较低的雷诺数（一般 $Re=1400～1800$，有时低到 500）下即可达到湍流，并且可选用较高的流速（对液体为 2m/s，气体为 20m/s），故总传热系数较大。

② 不易堵塞 由于流体的流速较高，流体中悬浮物不易沉积下来，并且任何沉积物将减小单流道的横断面，因而使速度增大，对堵塞区域又起到冲刷作用，故螺旋板换热器不易被堵塞。

③ 能利用低温热源和精密控制温度 这是流体流动的流道长及两流体完全逆流的缘故。

④ 结构紧凑 单位体积的传热面积为列管换热器的 3 倍。

螺旋板换热器的缺点如下。

① 操作压力和温度不宜太高 目前最高操作压力为 2000kPa，温度约在 400℃以下。

② 不易检修 因整个换热器为卷制而成，一旦发生泄漏，修理内部很困难。

3. 平板式换热器

平板式换热器简称板式换热器，是由一组长方形的薄金属板平行排列，加紧组装于支架上而构成的。两相邻板片的边缘衬有垫片，压紧后板间形成密封的流体通道，且可用垫片的厚度调节通道的大小。每块板的四个角上，各开一个圆孔，其中有一对圆孔和一组板间流道相通，另外一对圆孔则通过在孔的周围放置垫片而阻止流体进入该组板间的通道。这两对圆孔的位置在相邻板上是错开的以分别形成两流体的通道。冷热流体交错地在板片两侧流过，通过板片进行换热。板片厚度约为 $0.5\sim3mm$，通常压制成凹凸的波纹状，例如人字形波纹板，这样增加了板的刚度以防止板片受压时变形，同时又使流体分布均匀，增强了流体湍动程度和加大了传热面积，有利于传热。平板式换热器结构示意图如图 2-12 所示。

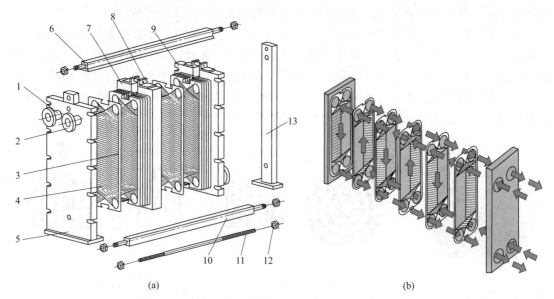

图 2-12 平板式换热器结构示意图

1—接管；2—法兰；3—垫片；4—板片；5—固定压紧板；6—上导杆；7—中间隔板；
8—滚动机构；9—活动压紧板；10—下导杆；11—夹紧螺杆；12—螺母；13—支柱

平板式换热器的优点如下。

① 传热系数高　由于平板式换热器中板面有波纹或沟槽，可在低雷诺数（$Re=200$ 左右）下即达到湍流，而且板片厚度又小，故传热系数大。例如水对水的传热系数可达 $1500\sim4700W/(m^2\cdot K)$。

② 结构紧凑　一般板间距为 $4\sim6mm$，单位体积设备可提供的传热面为 $250\sim1000m^2/m^3$（列管式换热器只有 $40\sim150m^2/m^3$）。平板式换热器的金属消耗量可减少一半以上。

③ 具有可拆结构　可根据需要，用调节板片数目的方法增减传热面积。操作灵活性大，检修、清洗也都比较方便。

平板式换热器的主要缺点是允许的操作压力和温度都比较低。通常操作压力低于 $1.5MPa$，最高不超过 $2.0MPa$，压力过高容易泄漏。操作温度受垫片材料的耐热性限制，一般不超过 $250℃$。另外由于两板的间距仅几毫米，流通面积较小，流速又不大，处理量较小。

螺旋板式换热器和平板式换热器都具有结构紧凑、材料消耗低、传热系数大的特点，都属于新型的高效紧凑式换热器。这类换热器一般都不耐高温高压，但对于压力较低、温度不高或腐蚀性强而需用贵重材料的场合，则显示出更大的优越性，目前已广泛应用于食品、轻工等工业。

4. 板翅式换热器

板翅式换热器是一种更为高效、紧凑、轻巧的换热器，过去由于制造成本较高，仅用于宇航、电子、原子能等少数部门，现在已逐渐用于石油化工及其他工业部门，取得良好效果。

板翅式换热器的结构形式很多，但是基本结构元件相同，即在两块平行的薄金属板之间，加入波纹状或其他形状的金属翅片，将两侧面封死，即成为一个换热基本元件，如图2-13 所示。将各基本元件进行不同的叠积和适当的排列，并用钎焊固定，即可制成并流、逆流或错流的板束（或称芯部），然后再将带有流体进出口接管的集流箱焊在板束上，即成为板翅式换热器。我国目前常用的翅片形式有平直型翅片、锯齿型翅片和多孔型翅片三种。

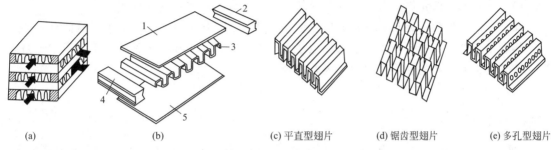

| (a) | (b) | (c) 平直型翅片 | (d) 锯齿型翅片 | (e) 多孔型翅片 |

图 2-13　板翅式换热器的板束及基本单元结构

1,5—隔板；2,4—封条；3—翅片

板翅式换热器的优点是结构高度紧密、轻巧，单位体积设备所提供的传热面一般能达到 $2500m^2/m^3$，最高可达 $4300m^2/m^3$。通常用铝合金制造，故重量轻，在相同的传热面下，其重量约为列管式的十分之一。由于翅片促进了流体的湍动并破坏了热边界层的发展，故其传热系数较高。另外铝合金不仅热导率高，而且在零度以下操作时，其延性和抗拉强度都很高，适用于低温和超低温的场合，故操作范围广，可在 200℃至绝对零度范围内使用。同时因翅片对隔板有支撑作用，板翅式换热器允许操作压力也比较高，可达 5MPa。

这种换热器的缺点是设备流道很小，易堵塞，且清洗和检修困难，故所处理的物料应较洁净或预先净制；另外由于隔板的翅片均由薄铝板制成，故要求介质对铝不腐蚀。

三、热管换热器

热管换热器是 20 世纪 60 年代中期发展起来的一种新型传热元件，见图 2-14。它是由一根抽除不凝性气体的密封金属管，内充一定量的某种工作液体而成。工作液体在热端吸收热量而沸腾汽化，产生的蒸气流至冷端冷凝放出潜热，冷凝液回至热端，再次沸腾汽化。如此反复循环，热量不断从热端传至冷端。冷凝液的回流可以通过不同的方法（如毛细管作用、重力、离心力）来实现。目前应用最广的方法是将具有毛细结构的吸液芯装在管的内壁，利用毛细管的作用使冷凝液由冷端回流至热端。常用的工作液体有氨、水、汞等。

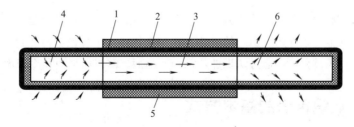

图 2-14　热管换热器示意图

1—导管；2—吸液芯；3—蒸气；4—吸热蒸发段；5—保温层；6—放热冷凝段

热管换热器的传热特点是热管中的热量传递通过沸腾汽化、蒸气流动和蒸气冷凝三步进行，由于沸腾和冷凝的对流传热强度都很大，两端管表面比管截面大很多，而蒸气流动阻力损失又较小，因此热管两端温差可以很小，即能在很小的温差下传递很大的热流量。与相同截面的金属壁面的导热能力比较，热管的导热能力可达最良好的金属导热体的 $10^3 \sim 10^4$ 倍。因此它特别适用于低温差传热以及某些等温性要求较高的场合。热管的这种传热特性为器（或室）内外的传热强化提供了极有利的手段。例如器两侧均为气体的情况，通过器壁装热管，增加热管两端的长度，并在管外装翅片，就可以大大加速器内外的传热。

此外，热管换热器还具有结构简单、使用寿命长、工作可靠、应用范围广等优点。

热管换热器最初主要应用于宇航和电子工业部门，近年来在很多领域都受到了广泛的重视，尤其在工业余热的利用上取得了很好的效果。

技能训练 2-1

根据所学知识，通过查阅相关文献资料、网络资源、咨询相关生产技术管理人员等方式，完成以下表格：

（1）管式换热器使用情况表

序号	换热器名称	使用场合	作　用	结构特点	产生效益
1					

（2）板式换热器使用情况表

序号	换热器名称	使用场合	作　用	结构特点	产生效益
1					

（3）热管换热器使用场合及原因表

序号	使用场合	使用原因
1		

任务 2　认识传热方式与换热方式

在本任务中我们将学习传热基本方式，学习传热原理，认识工业换热目的、认识工业换热的基本方式，学会根据生产条件选择适合的换热方式与换热器，掌握稳定与非稳定传热过程并能判断传热过程为何种传热过程，并通过认识加热剂和冷却剂，掌握加热剂和冷却剂的选用原则。

子任务 1　认识传热的基本方式

根据热力学第二定律，热量总是自动地从温度较高的物体传递给温度较低的物体，只有在消耗机械功的条件下，才有可能由低温物体向高温物体传递热量。本部分只讨论自发传热情况。自发的热量传递是由于物体内部或物体之间的温度高低不同造成的。传热的基本方式有热传导、热对流和热辐射。一个传热过程往往不是以某种传热方式单独存在，而是两种或三种传热方式的组合。换热介质的结构和热运动状态不同，则传热方式也不同。

（1）热传导　热传导是由于物质的分子、原子或自由电子的运动，使热量从物体内部温度较高的部分传递到温度较低的部分的过程。热传导是静止物体内的一种传热方式，其特点是物质间没有宏观位移。一切物体无论其内部有无质点的相对位移，只要存在温度差，必然发生热传导。从微观角度来看，导热是物质的分子、原子和自由电子等微观粒子的热运动而产生的传热现象。在气体或液体中，高温区的分子动能大于低温分子动能，动能大小不同的分子相互碰撞，使热量从高温区向低温区。在非金属固体中，主要是由相邻分子的热振动与碰撞传递热量的；在金属中，热传导主要是依靠自由电子移动而实现的。

（2）热对流　热对流是指流体中各部分质点发生相对位移而引起的热量传递。对流过程中往往伴有热传导。化工生产中通常将流体与固体壁面之间的传热称为对流传热。对流传热分强制对流和自然对流两种。若流体的运动是受到外力的作用所引起的，称为强制对流，比如：用泵、风机、搅拌等使流体发生对流而传热。若流体的运动是由于流体内部冷、热部分密度不同而引起的，则称为自然对流。强制对流传热效果比自然对流好。

（3）热辐射　热辐射是指物体因热的原因而产生电磁波向外界传递能量的过程。任何物体，只要其温度高于绝对零度，都会不停地向外界辐射能量，不需要任何介质作媒介，同时，又不断地吸收来自外界其他物体的辐射能而变为热能，所以辐射传热不仅是能量的传递的过程，还伴随着能量的转化。物体的温度越高，以辐射形式传递的能量就越多。

技能训练 2-2

参阅相关资料，完成下列问题：

（1）化工厂冬季防冻经常采用蒸汽伴热或热水伴热，指出这种措施采用了哪些传热方式。

（2）认识石油裂解炉的传热过程，并指出该过程用到了哪些传热方式。

子任务 2　认识工业换热方式

热和冷是人们熟知的自然现象，凡是有温度差的地方，就会有热量自发地从温度较高的区域传到温度较低的区域。热量的传递包括热量从温度较高的物体传递到温度较低的物体，或者从同一个物体的高温部分传向低温部分。传热在传统工业中的应用目的有两个：一是为了促使热量传递，如加热物料或冷却物料，目的是强化传热，提高设备的传热效率，减少设备尺寸，降低设备费用；二是削弱热量传递，减少热损失，如高温设备、低温设备及流体输送管道的保温隔热，要求传热速率越低越好。

工业生产中的换热过程大多数为两股流体间的换热。由于换热的目的和生产条件不同，其换热方式也不尽相同，工业生产过程中常用的换热方式可分为三种，即间壁式换热、直接混合式换热和蓄热式换热。

（1）间壁式换热　在间壁式换热器中，冷、热流体分别在换热器壁面两侧，热流体通过间壁将热量传递给冷流体。化工生产中往往要求两流体进行换热时不混合，因此间壁式换热在化工生产中应用极为广泛。属此类的换热器有：夹套式换热器、蛇形式换热器、套管式换热器、列管式换热器和板式换热器等。图 2-15 即为间壁式换热。

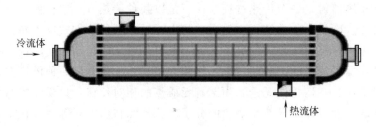

图 2-15　间壁式换热示意图

（2）直接混合式换热　直接混合式换热是将热流体与冷流体直接接触，在流体的混合过程中进行换热。该换热形式主要用于气体的冷却和蒸气的冷凝。如化工厂中凉水塔，利用热水与空气直接混合换热，空气吸收水汽化的热量，将水的温度降低。图 2-16 为直接混合式凉水塔。

（3）蓄热式换热　蓄热式换热是将蓄热体（固体填充物）装在换热器内，利用蓄热体蓄积和释放热量而达到冷、热两股流体换热的目的，操作过程中先让热流体通过蓄热体，将热量储存在蓄热体上，然后让冷流体流过蓄热体，蓄热体将热量传递给冷流体。常用于高温气体热量的回收或冷却，如图 2-17 所示为炼焦炉中煤气燃烧系统的蓄热式换热。

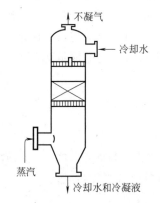

图 2-16　直接混合式换热示意图

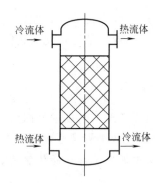

图 2-17　蓄热式换热示意图

技能训练 2-3

（1）找出 3～5 个换热器应用案例，了解换热类型，明确换热原理。

（2）认识下面常用的换热器，观察它们的结构，指出其换热类型。

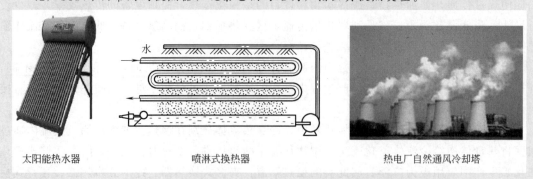

太阳能热水器　　　　　喷淋式换热器　　　　　热电厂自然通风冷却塔

子任务 3　**认识稳定传热和非稳定传热**

热、冷流体之间的温度差是自发传热的必要条件，在换热器的传热壁面两侧存在温度差，传热才能进行。换热器每个位置上的温度差不一定稳定，温度差是否稳定取决于生产过程的稳定性。

（1）稳定传热　在换热器系统中，各传热位置的温度如果不随时间而变化，则该系统传热就称为稳定传热，也称为定态传热。稳定传热过程中各传热点的传热速率不随时间而变，这种类型的传热过程发生在连续生产过程中。例如：在生产过程的连续稳定阶段，原料的供给或产品的回收都是稳定的，则换热过程中每个位置上的温度可认为是不变的，就属于稳定传热。

（2）非稳定传热　在换热器系统中，各传热位置的温度如果随时间而变化，则该系统传热就称为非稳定传热，也称为非定态传热。非稳定传热过程中各传热点的传热速率随时间而变，这种类型的传热过程发生在间歇生产过程或连续生产的开车、停车阶段。例如：在生产过程的开工或停车过程中，由于生产负荷逐渐增加或逐渐降低，使换热过程每个位置上的温度逐渐升高或降低，这就属于非稳定传热过程。

子任务 4　**认识常见的加热剂和冷却剂**

在工业生产中，换热过程中经常用到两种工艺流体之间的热量交换。除此之外，还会需要另外的加热剂（加热介质）或冷却剂（冷却介质）参与换热，用于供给或取走热量。可以用作加热剂和冷却剂的物料很多，在选用加热剂和冷却剂时主要考虑其来源是否方便、价格是否低廉、温度是否容易调节、饱和蒸气压大小、加热时易不易分解、易不易结垢、毒性大小、腐蚀性、使用安全性等。

一、常用的加热剂

工业上常用的加热剂有饱和水蒸气、热水、矿物油、联苯混合物、熔盐和烟道气等。如果需要加热的温度很高，可以采用电加热。

（1）饱和水蒸气　饱和的水蒸气是一种应用最广泛的加热剂，由于饱和水蒸气冷凝时的对流传热系数很高，可以改变蒸汽的压力以准确地调节加热温度。但饱和水蒸气温度超过180℃，就需采用很高的压力，因此饱和蒸汽加热一般只用于加热温度在 $100\sim180℃$ 的场合。

（2）烟道气　燃料燃烧所得到的烟道气，具有很高的温度，可达 $500\sim1000℃$，适用于需要达到较高温度的加热。用烟道气加热的缺点是其比热容低、控制困难、对流传热系数低。

（3）热水　用热水来作为加热剂，其适用温度范围是 $40\sim100℃$，热水来源于水蒸气的冷凝水或废热水的余热。

（4）矿物油　矿物油适用于小于 $250℃$ 的加热过程。其缺点是黏度大，对流传热系数小，高于 $250℃$ 易分解，易燃烧。

（5）熔盐　熔盐成分是 $7\%\ NaNO_3$、$40\%\ NaNO_2$、$53\%\ KNO_3$，其适用温度范围是

142～530℃，加热温度较高，加热均匀。

（6）联苯混合物　联苯混合物液体适用温度范围是 15～255℃，其蒸气适用范围是 255～380℃，适用温度范围宽，用其蒸气加热时温度容易调节。

二、常用的冷却剂

工业上常用的冷却剂有水、空气和各种制冷剂等。

（1）水　水是最常用的冷却剂，它可以来源于大自然，不必特别加工。常见适用温度范围为 10～35℃。水的比热容高，对流传热系数也很高，冷却效果好，调节方便。为防止结垢，温度不宜超过 35℃。

（2）空气　在缺乏水资源的地区，可以用空气作为冷却剂。空气的对流传热系数小，传热性能差，适用于冷却温度 0～35℃ 的换热。

（3）冷冻盐水　如果需要将流体温度冷却到较低的温度，则需应用低温冷却剂。常用的低温冷却剂有冷冻盐水（$CaCl_2$、$NaCl$ 溶液），可将物料冷却到零下十几摄氏度甚至零下几十摄氏度的低温。常见适用温度范围为 -15～0℃。如果需要深度冷却，可以采用某些低沸点液体的蒸发来达到目的。

技能训练 2-4

结合相关知识，查找生活或生产中的传热应用实例，完成下表：

序号	应用实例	换热方式	换热器名称	冷却剂	加热剂
1					
2					
3					
4					

任务 3　计算基本传热过程传热速率

本任务中，我们将通过对传热基本方式的学习，掌握传热的机理与特点，掌握热传导、热对流、热辐射的传热过程速率的计算方法，并能根据生产的实际情况，提出强化传热的基本措施。

子任务 1　计算热传导传热速率

传热速率是指换热体（固体、气体及液体）在单位时间内放出或吸收的热量。固体、气体、液体内传热机理不同，其过程传热速率计算方式也不同。传热速率的大小取决于换热体本身的传热性能、传热方式、冷热体之间的温度差等诸多因素。

一、热导率的物理意义及影响因素

热导率用来表征物质导热能力的大小，是物质的物理性质之一。物体的热导率与材料的组成、结构、温度、湿度、压力及聚集状态等许多因素有关。一般说来，金属的热导率最大，非金属次之，液体的较小，而气体的最小。各种物质的热导率通常用实验方法测定。常见物质的热导率可以从《化工手册》中查取。各种物质热导率的大致范围见表 2-1。

表 2-1　热导率的大致范围

物质种类	纯金属	金属合金	液态金属	非金属固体	非金属液体	绝热材料	气体
热导率 /[W/(m·℃)]	100～1400	50～500	30～300	0.05～50	0.5～5	0.05～1	0.005～0.5

（1）固体的热导率　固体材料的热导率与温度有关，对于大多数均质固体，其 λ 值与温度大致成线性关系：

$$\lambda = \lambda_0(1 + a't) \tag{2-1}$$

式中　λ——固体在 t 时的热导率，W/(m·℃)；

λ_0——物质在 0℃时的热导率，W/(m·℃)；

a'——温度系数，℃$^{-1}$。

对大多数金属材料 a' 为负值，而对大多数非金属材料 a' 为正值。

同种金属材料在不同温度下的热导率可在《化工手册》中查到，当温度变化范围不大时，一般采用该温度范围内的平均值。由表 2-1 可以看出，金属材料的热导率较大，常作为热导体。非金属固体的热导率较小，常作为保温材料。

（2）液体的热导率　液态金属的热导率比一般液体高，而且大多数液态金属的热导率随温度的升高而减小。在非金属液体中，水的热导率最大。除水和甘油外，绝大多数液体的热导率随温度的升高而略有减小。一般说来，纯液体的热导率比其溶液的要大。溶液的热导率在缺乏数据时可按纯液体的 λ 值进行估算。

（3）气体的热导率　气体的热导率随温度升高而增大。在相当大的压力范围内，气体的热导率与压力几乎无关。由于气体的热导率太小，因而不利于导热，但有利于保温与绝热。工业上所用的保温材料，例如玻璃棉等，就是因为其空隙中有气体，所以热导率小，有利于保温隔热。

二、计算平壁传热速率

1.计算单层平壁传热速率

如图 2-18 所示为一个均匀固体物质组成的平壁，面积为 A，壁厚为 δ，壁面两侧的温度保持为 t_1 和 t_2，对于此种稳定的一维平壁热传导，传热速率 Q 和传热面积 A 都为常量，若固体壁面两侧温度不同，热量就会从高温部位以热传导的形式传向低温部位。通过平壁的传热速率，可由傅里叶定律求取，即：

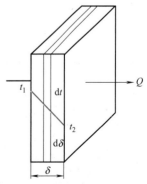

图 2-18　通过单层平壁的
传热示意图

$$Q = -\lambda A \frac{dt}{d\delta} \tag{2-2}$$

式中　Q——传热速率，指单位时间内通过单位面积的热量，W；

A——热流通过的传热面积，m^2；

$\frac{dt}{d\delta}$——温度梯度，指沿传热方向上单位厚度内的温度变化量，负号表示传热方向为温度下降的方向；

λ——换热材料的热导率，单位为 W/(m·℃) 或 W/(m·K)，它在数值上等于单位温度梯度下、通过单位面积的热传导量。热导率越大，热传导越快。整个材料的热导率 λ 可视为常数（或取平均值）。

若材料的热导率取平均值，则积分得到在平壁整个厚度内的传热速率：

$$Q = \lambda A \frac{t_1 - t_2}{\delta} = \frac{t_1 - t_2}{\frac{\delta}{\lambda A}} = \frac{\Delta t}{R} \tag{2-3}$$

式中　$R = \frac{\delta}{\lambda A}$——传热热阻，$m^2 \cdot ℃/W$ 或 $m^2 \cdot K/W$。

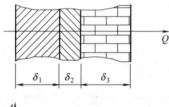

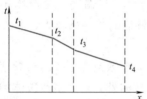

图 2-19　通过三层平壁的导热示意图

可见，在平壁导热过程中，厚度 δ 不同，则导热能力也不同；厚度相同，若材料不同，则热导率 λ 不同，导热能力也不相同。平壁热导率越小、平壁越厚，则导热热阻越大。

2. 计算多层平壁传热速率

在稳定传热过程中，每一层平面的传热速率均相等，由于平壁热流方向上的传热面积不变，每层热流密度也相同。

图 2-19 为三层平壁，设三层材料材质均匀，层层接触良好（相邻两层接触界面温度相等），λ_1、λ_2、λ_3 为常数，传热过程属于一维稳定传热，层与层传热面积为 A，传热速率 Q 为常量。

若 $t_1 > t_2 > t_3 > t_4$，则：

$$Q_1 = \frac{\lambda_1 A (t_1 - t_2)}{\delta_1} = \frac{t_1 - t_2}{\frac{\delta_1}{\lambda_1 A}} = \frac{t_1 - t_2}{R_1},$$

$$Q_2 = \frac{\lambda_2 A (t_2 - t_3)}{\delta_2} = \frac{t_2 - t_3}{\frac{\delta_2}{\lambda_2 A}} = \frac{t_2 - t_3}{R_2},$$

$$Q_3 = \frac{\lambda_3 A (t_3 - t_4)}{\delta_3} = \frac{t_3 - t_4}{\frac{\delta_3}{\lambda_3 A}} = \frac{t_3 - t_4}{R_3}$$

对于稳态传热过程，由于每一层的传热速率都相等，即

$$Q = Q_1 = Q_2 = Q_3$$

即：
$$\frac{t_1-t_2}{\dfrac{\delta_1}{\lambda_1 A}}=\frac{t_2-t_3}{\dfrac{\delta_2}{\lambda_2 A}}=\frac{t_3-t_4}{\dfrac{\delta_3}{\lambda_3 A}}$$

由此看出：在多层平壁的稳态传热过程中，哪层热阻大，哪层温差就大。

对多层平面的平壁来说，其传热速率的计算式也可表示为：

$$Q=\frac{\Delta t_1+\Delta t_2+\Delta t_3+\cdots+\Delta t_n}{R_1+R_2+R_3+\cdots+R_n}$$
$$=\frac{\Delta t_{总}}{R_{总}}=\frac{t_1-t_{n+1}}{\sum\limits_{i=1}^{n}\dfrac{\delta_i}{\lambda_i A}} \tag{2-4}$$

式中 $\Delta t_{总}$——间壁内外的温度差，在数值上等于各层内温度差值之和：

$$\Delta t_{总}=\Delta t_1+\Delta t_2+\Delta t_3+\cdots+\Delta t_n$$
$$=(t_1-t_2)+(t_2-t_3)+(t_3-t_4)+\cdots+(t_n-t_{n+1})=t_1-t_{n+1}$$

$R_{总}$——各层导热热阻之和：

$$R_{总}=R_1+R_2+R_3+\cdots+R_n=\frac{\delta_1}{\lambda_1}+\frac{\delta_2}{\lambda_2}+\frac{\delta_3}{\lambda_3}+\cdots+\frac{\delta_n}{\lambda_n}$$

 技术训练 2-1

某燃烧炉由三层固体材料砌成。炉子最内层材料为耐火砖，其厚度 225mm，热导率为 1.4W/(m·℃)；中间层为保温砖，其厚度 115mm，热导率为 0.15W/(m·℃)；最外层为普通砖，其厚度 225mm，热导率为 0.8W/(m·℃)。现测得内壁温度为 1000℃，外壁温度为 60℃。计算：炉壁在单位面积上的传热速率。

解： 炉子内外壁温存在温度差，必定会以热传导的方式向环境散失热量。经过三层平壁形成热传导。导热过程中界面温度稳定，各层导热量相同，按 $Q/A=\dfrac{\Delta t_{总}}{R_{总}}$ 计算传热速率。

传热总推动力为 $\Delta t_{总}=t_1-t_4=1000-60=940(℃)$

从内到外炉壁的总热阻为：

$$R_{总}=R_1+R_2+R_3=\frac{\delta_1}{\lambda_1}+\frac{\delta_2}{\lambda_2}+\frac{\delta_3}{\lambda_3}=\frac{0.225}{1.4}+\frac{0.115}{0.15}+\frac{0.225}{0.8}=1.209[(m^2·℃)/W]$$

将各值带入，得炉壁单位面积上的传热速率为：

$$\frac{Q}{A}=\frac{\Delta t_{总}}{R_{总}}=\frac{940}{1.209}=777.5[J/(m^2·s)]$$

技术训练 2-2

由三层固体材料砌成的某燃烧炉，最内层材料厚度为 230mm，热导率为 1.5W/(m·℃)；中间层厚度 120mm，热导率为 0.20W/(m·℃)；最外层厚度 230mm，热导率为 0.7W/(m·℃)。现测得内壁温度为 1200℃，外壁温度为 80℃。假设传热过程为稳定传热过程，试求：

（1）炉壁在单位面积上的热损失。

（2）炉子各界面的温度。

解：（1）由多层平壁的传热速率方程得：

$$Q/A = \frac{\Delta t_1 + \Delta t_2 + \Delta t_3 + \cdots + \Delta t_n}{R_1 + R_2 + R_3 + \cdots + R_n}$$

$$= \frac{\Delta t_{总}}{R_{总}} = \frac{t_1 - t_{n+1}}{\sum\limits_{i=1}^{n} \dfrac{\delta_i}{\lambda_i}}$$

在稳定情况下，已知：

$\lambda_1 = 1.5 \text{W/(m·℃)}$，$\delta_1 = 0.23\text{m}$，$\lambda_2 = 0.20\text{W/(m·℃)}$，$\delta_2 = 0.12\text{m}$，$\lambda_3 = 0.7\text{W/(m·℃)}$，$\delta_3 = 0.23\text{m}$，将上述各值代入，则得炉壁在单位面积上的热损失为：

$$Q/A = \frac{\Delta t_1 + \Delta t_2 + \Delta t_3 + \cdots + \Delta t_n}{R_1 + R_2 + R_3 + \cdots + R_n}$$

$$= \frac{1200 - 80}{\dfrac{0.23}{1.5} + \dfrac{0.12}{0.2} + \dfrac{0.23}{0.7}} = 1035.12\ (\text{W/m}^2)$$

（2）第一层与第二层的界面温 t_2 为：

$$t_2 = t_1 - Q\frac{\delta_1}{\lambda_2 A} = 1200 - 1035.12 \times \frac{0.23}{1.5 \times 1} = 1041.3\ (\text{℃})$$

第二层与第三层的界面温 t_3 为：

$$t_3 = t_2 - Q\frac{\delta_2}{\lambda_2 A} = 1041.3 - 1035.12 \times \frac{0.12}{0.2 \times 1} = 420.2\ (\text{℃})$$

或　　　　$$t_3 = t_4 + Q\frac{\delta_3}{\lambda_3 A} = 80 + 1035.12 \times \frac{0.23}{0.7 \times 1} = 420.2\ (\text{℃})$$

计算结果分析见表2-2。

表2-2　热传导过程的热阻和温差比较

炉壁砌层	温度差/℃	热阻/(℃·m²/W)	温度差/热阻
耐火砖	158.7	0.1533	1035.23
保温砖	621.1	0.6000	1035.17
普通砖	340.2	0.3286	1035.30
合　计	1120	1.0819	1035.21

由此可见，本例中三层平壁的导热过程中，各导热层的温度降与其热阻成正比，温差大，说明其热阻大，每层的温度降和热阻之比数值近似相等。

技能训练 2-5

（1）工厂管道保温或设备保温，一般采用外包多层保温材料的方法。参阅相关资料，说明一般采用几层保温材料，并说明这些保温材料的主要成分有哪些。

（2）由不同材料组成的三层等厚平壁联合导热，温度变化如图 2-20 所示，试判断它们的热导率大小，并说明原因。

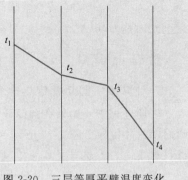

图 2-20　三层等厚平壁温度变化

三、计算圆筒壁传热速率

生产过程经常用到圆筒设备或圆筒形管道传热。圆筒形壁面传热与平壁传热不同之处在于平壁传热的传热壁面是不变的，而圆筒壁从内到外是逐渐增大的。

1. 计算单层圆筒传热速率

图 2-21 是一个单层圆筒壁的横截面，设圆筒的内、外半径分别为 r_1 和 r_2，内、外表面分别维持恒定的温度 t_1 和 t_2，管长 l 足够长。由于温度沿着半径而变化，故厚度为 $\mathrm{d}r$ 薄层的温度变化为 $\mathrm{d}t$。若在半径 r 处沿半径方向取一厚度为 $\mathrm{d}r$ 的薄壁圆筒，则其传热面积可视为定值，即 $2\pi r l$。于是，通过 $\mathrm{d}r$ 薄层的传热速率便可仿照平壁传热计算。

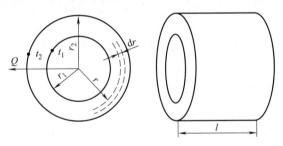

图 2-21　单层圆筒壁的热传导示意图

根据傅里叶定律，得：

$$Q = -\lambda A \frac{\mathrm{d}t}{\mathrm{d}r} \tag{2-5}$$

分离变量后积分，整理得：

$$Q = \frac{2\pi l \lambda (t_1 - t_2)}{\ln \dfrac{r_2}{r_1}} \tag{2-6}$$

或

$$Q = \frac{2\pi l \lambda (t_1 - t_2)(r_2 - r_1)}{\ln \dfrac{r_2}{r_1} \times (r_2 - r_1)} = \frac{2\pi l \lambda r_{\mathrm{m}} (t_1 - t_2)}{\delta}$$

$$= \frac{\lambda A_{\mathrm{m}} (t_1 - t_2)}{\delta} = \frac{t_1 - t_2}{\dfrac{\delta}{\lambda A_{\mathrm{m}}}} = \frac{t_1 - t_2}{R} \tag{2-7}$$

式中　　　　$\delta = r_2 - r_1$——圆筒壁厚度，m；

$A_m = 2\pi l r_m$——圆筒壁的对数平均面积，m^2；

$r_m = (r_2 - r_1)/\ln(r_2/r_1)$——对数平均半径，m。

当 $r_2/r_1 < 2$ 时，可采用算术平均值 $r_m = \dfrac{r_1 + r_2}{2}$ 代替对数平均值进行计算。

2. 计算多层圆筒壁传热速率

生产过程中，如果在圆筒设备外包有绝缘层或设备内产生一层污垢，这样就构成了多层圆筒壁的热传导。图 2-22 所示为三层圆筒的传热示意图，从内向外传递热量。假设圆筒壁材料材质均匀，层与层界面接触良好，各层热导率分别为 λ_1、λ_2、λ_3（均为常数），厚度分别为 δ_1、δ_2 和 δ_3，已测得最内层和最外层温度分别为 t_1 和 t_4。

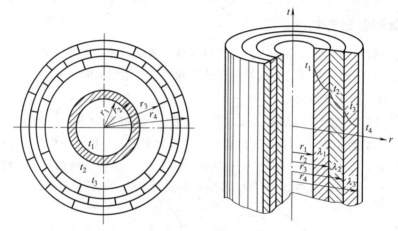

图 2-22　通过三层圆筒壁的传热示意图

则第一层的传热速率为：

$$Q = 2\pi\lambda l \frac{t_1 - t_2}{\ln\dfrac{r_2}{r_1}} = \frac{\Delta t_1}{R_1} \tag{2-8}$$

式中　　　　　　l——圆筒长度，m；

　　　　　　　　λ——材料的热导率，W/(m·℃)；

$\Delta t_1 = t_1 - t_2$——第一层内的温度差，常称传热推动力，℃ 或 K；

$R_1 = \ln\dfrac{r_2}{r_1} / (2\pi l \lambda_1)$——第一层内的传热阻力，常称导热热阻，$m^2$·℃/W 或 m^2·K/W。

第二层、第三层的传热速率依此类推。由于每层传热速率相同，对于稳态的某单层平壁，由于每一层的传热速率都相等，即：

$$Q = Q_1 = Q_2 = Q_3$$

三层圆筒壁从内向外总的传热速率为：

$$Q = \frac{(t_1 - t_2) + (t_2 - t_3) + (t_3 - t_4)}{\dfrac{1}{2\pi l}\left(\dfrac{1}{\lambda_1}\ln\dfrac{r_2}{r_1} + \dfrac{1}{\lambda_2}\ln\dfrac{r_3}{r_2} + \dfrac{1}{\lambda_3}\ln\dfrac{r_4}{r_3}\right)}$$

$$= \frac{2\pi l (t_1 - t_4)}{\displaystyle\sum_{i=1}^{3} \frac{\ln\dfrac{r_{i+1}}{r_i}}{\lambda_i}} \tag{2-9}$$

仿照多层平壁的热传导公式，则多层圆筒壁的传热速率方程为：

$$Q = \frac{t_1 - t_2 + t_2 - t_3 + \cdots + t_i - t_{i+1}}{\frac{1}{2\pi l}\left(\frac{1}{\lambda_1}\ln\frac{r_2}{r_1} + \frac{1}{\lambda_2}\ln\frac{r_3}{r_2} + \frac{1}{\lambda_3}\ln\frac{r_4}{r_3} + \cdots + \frac{1}{\lambda_i}\ln\frac{r_{i+1}}{r_i}\right)}$$

$$= \frac{\Delta t_1 + \Delta t_2 + \Delta t_3 + \cdots + \Delta t_i}{R_1 + R_2 + R_3 + \cdots + R_i}$$

$$= \frac{\Delta t_{总}}{R_{总}} = \frac{t_1 - t_{n+1}}{\sum\limits_{i=1}^{n} \dfrac{\delta_i}{\lambda_i A_{mi}}} \tag{2-10}$$

式中　r_{i+1}, r_i——第 i 层圆筒的外半径和内半径，m；

　　　λ_i——第 i 层圆筒的热导率，W/(m·℃)；

　　t_1, t_{n+1}——第一层圆筒的内壁温度和第 n 层圆筒的外壁温度，℃或 K。

应当注意，在多层圆筒壁传热速率计算式中，计算各层热阻所用的传热面积不相等，应采用各自的平均面积。在稳定传热时，通过各层的传热速率相同，但热通量却并不相等。热通量也叫热流密度，指单位面积上的传热速率。

 技术训练 2-3

用 $\phi42mm \times 2.5mm$ 的钢管作为蒸汽管。为了减少热损失，在管外包两层保温材料。第一层是厚度为 50mm 的氧化镁，热导率为 0.07W/(m·℃)；第二层是厚度为 10mm 的氧化镁石棉，热导率为 0.15W/(m·℃)。若管内壁温度为 180℃，氧化镁石棉外壁温度为 30℃，试求：该蒸汽管每米长的热损失。

解：蒸汽管每米长的热损失可用三层圆筒的传热速率式计算：

$$Q = \frac{(t_1 - t_2) + (t_3 - t_2) + (t_3 - t_4)}{\frac{1}{2\pi l}\left(\frac{1}{\lambda_1}\ln\frac{r_2}{r_1} + \frac{1}{\lambda_2}\ln\frac{r_3}{r_2} + \frac{1}{\lambda_3}\ln\frac{r_4}{r_3}\right)}$$

$$= \frac{2\pi l(t_1 - t_4)}{\sum\limits_{i=1}^{3} \dfrac{\ln\dfrac{r_{i+1}}{r_i}}{\lambda_i}}$$

已知：$\lambda_2 = 0.20$W/(m·℃)，$\delta_1 = 0.23$m，$\delta_2 = 0.12$m，$\lambda_3 = 0.7$W/(m·℃)，$\delta_3 = 0.23$m，根据各层厚度算出 $r_1 = 18.5$mm，$r_2 = 21$mm，$r_3 = 71$mm，$r_4 = 81$mm，$t_1 = 180$℃，$t_4 = 30$℃，查钢的热导率 $\lambda_1 = 45$W/(m·℃)，将上述各值代入，则得炉壁在单位面积上的热损失为：

$$Q = \frac{(t_1 - t_2) + (t_2 - t_3) + (t_3 - t_4)}{\frac{1}{2\pi l}\left(\frac{1}{\lambda_1}\ln\frac{r_2}{r_1} + \frac{1}{\lambda_2}\ln\frac{r_3}{r_2} + \frac{1}{\lambda_3}\ln\frac{r_4}{r_3}\right)}$$

$$= \frac{t_1 - t_4}{\frac{1}{2\pi l}\left(\frac{1}{\lambda_1}\ln\frac{r_2}{r_1} + \frac{1}{\lambda_2}\ln\frac{r_3}{r_2} + \frac{1}{\lambda_3}\ln\frac{r_4}{r_3}\right)}$$

$$= \frac{180-30}{\frac{1}{2 \times 3.14 \times 1}\left(\frac{1}{45}\ln\frac{21}{18.5}+\frac{1}{0.07}\ln\frac{71}{21}+\frac{1}{0.15}\ln\frac{81}{71}\right)}$$

$$= 53.6 \ (\text{W/m}^2)$$

技能训练 2-6

查阅相关资料，完成以下问题：

（1）化工生产过程中的防冻措施有哪些，这些防冻措施是如何实现的？

（2）热力公司的锅炉和管道，通常采取哪些方法保温，采用哪些保温材料，这些保温材料是如何使用在锅炉和管道上的？

子任务 2　计算对流传热速率

热量由固体壁面传递给流体，或者流体将热量传向固体壁面，统称为对流传热。流体与固体壁面之间对流传热速率的大小与固体壁面与流体接触面积、层流内层的厚度和对流传热质点的温度差等诸多因素有关。

对流传热速率是指流体质点在单位时间内通过对流传热由高温向低温质点传递的热量。在生产过程中，通常是流体通过固体表面时与该表面发生的热量交换。流体与固体壁面对流传热包括两种情况，其一是高温流体在流动过程中将热量传递给与它接触的固体壁面，流体放热而被冷却；其二是固体壁面将热量传递给与它接触的低温流体，流体吸热而被加热。

一、认识间壁两侧流体的对流传热速率

大量实践证明：在单位时间内，对流传热速率与固体壁面的大小、壁面温度与流体主体温度的温度差成正比。传热过程的推动力 Δt 是流体与壁面间的温度差。具体传热过程见图2-23，表明了在某一截面上壁面两侧流体与壁面的对流传热过程。

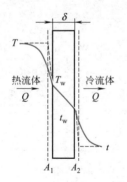

图 2-23　流体通过间壁的对流
传热过程示意图

对流传热速率可用牛顿冷却定律表示：

流体被冷却时吸热速率为：$Q=\alpha A_1(T-T_w)$　　　（2-11）

流体被加热时放热速率为：$Q=\alpha A_2(t_w-t)$　　　（2-12）

式中　Q——对流传热速率，即单位时间内的流体质点与固体壁面的对流传热量，W 或 J/s；

　　　α——对流传热系数，其物理意义是当壁面与流体主体的温度差为1℃时，单位面积的固体壁面上单位时间内对流传热速率，$\text{W/(m}^2 \cdot ℃)$；

　　　A_1，A_2——与热、冷流体接触的壁面表面积，m^2；

　　　T，t——热流体、冷流体的主体温度，℃；

　　　T_w，t_w——与热、冷流体接触的壁面表面温度，℃。

二、分析对流传热系数的影响因素

理论分析和实验表明，影响对流传热系数 α 的主要因素有以下几点。

（1）流体的物理状态　液体的物理状态不同，如液体、气体，它们的对流传热系数也各不相同。同样的物质，状态不同，则传热能力也不同。比如：同样是水分子，液体水与水蒸气，对流传热系数差别很大。

（2）流体的相态变化　在对流传热过程中，如果流体发生相变（沸腾或冷凝），则其对流传热系数要比没有相变时的对流传热系数要大得多。

（3）流体的物理性质　对 α 影响较大的流体的物理性质有热导率 λ、比热容 C_p、密度 ρ、黏度 μ、体积膨胀系数 β、汽化潜热 r 等。对同一种流体，这些物性是温度的函数，而其中有些物性还与压力有关。一般比热容越大，表示流体温度变化 1℃ 时与壁面交换的热量越多，α 越大。此外，密度越大、黏度越小，则对流传热系数越大。

（4）流体的流动形态　流体的流动形态有两种，即层流形态和湍流形态。当流体呈湍流时，随 Re 的增加，层流内层变薄，因此对流传热系数增加；当流体呈层流时，流体在热流方向上没有混合，故层流时对流传热系数较湍流时的小。

（5）流体流动的原因　对流传热可分为强制对流传热和自然对流传热，两者的对流传热规律不相同。前者主要是由外力作用而引起质点运动，后者主要是由于温度不同造成密度不同而形成流体质点的扩散，前者质点交换位移的程度要比后者强烈，因此一般强制对流的对流传热系数 α 较自然对流的大。

（6）传热面积的形状、位置及大小　传热壁面的形状有多种，有圆管、套管、翅片管、平板等。管子有长有短，有粗有细，管子的排列有顺排、插排，管子的放置方位有竖直、水平、斜放，由于传热面积的形状、位置及大小都影响流体的流动状况，这些因素都会影响对流传热系数。

三、计算对流传热系数

当流体流过壁面被加热或冷却时，会引起沿壁面温度分布的变化，形成一定的温度梯度，与流动边界层相似，靠近壁面处流体温度有显著的变化（或存在温度梯度）的区域称为温度边界层或传热边界层，如图 2-24 所示。对流传热发生在流体对流的过程中，所以它与流体流动有密切的关系。在模块 1 中已叙述过，流体经过固体壁面时形成流动边界层，在边界层内存在速度梯度，即使流体达到湍流，在层流底层内流体仍做层流流动，此处热量传递以导热方式进行。多数流体热导率较小，所以在层流底层具有很大的热阻，形成很大的温度梯度。层流底层以外，由于旋涡运动使流体质点发生相对位移，热量传递除热传导外，还有热对流，使温度梯度逐渐变小。在湍流主体内，由于涡流运动，热量传递以对流方式为主，热阻大为减小，温度分布趋于一致。

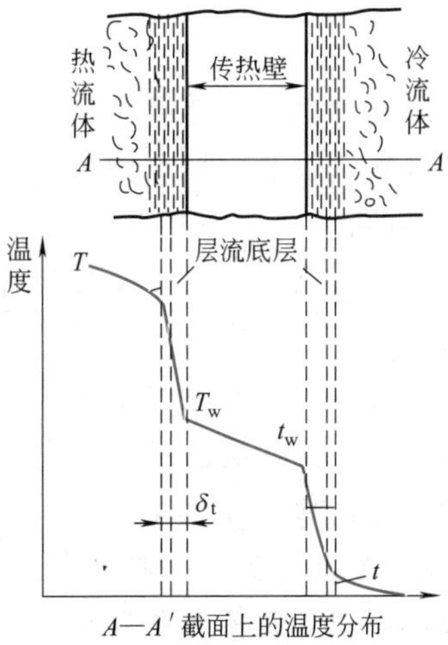

为了便于处理问题，人们假定对流传热在一厚度为 δ_t 的假想有效膜内进行，而且膜内只有热传导。

因实际对流传热的影响因素繁多，为方便讨论，将诸多

$A—A'$ 截面上的温度分布

图 2-24　对流传热温度分布示意图

影响因素作一归纳，用以下四个特征数表示，再通过试验确定各特征数之间关系，可得出对流传热系数关联式。各特征数的符号及意义见表 2-3。

表 2-3　四个特征数的符号及意义

特征数名称	符　　号	意　　义
努塞尔数	$Nu = \dfrac{\alpha l}{\lambda}$	被决定特征数，包含待定的对流传热系数 α
雷诺数	$Re = \dfrac{lu\rho}{\mu}$	表示流体的流动形态对对流传热的影响
普兰特数	$Pr = \dfrac{C_p \mu}{\lambda}$	表示流体物性对对流传热的影响
格拉斯霍夫数	$Gr = \dfrac{\beta g \Delta t l^3 \rho^2}{\mu^2}$	表示自然对流对对流传热的影响

各种对流传热的情况差别很大，化工生产中常见的对流传热大致有如下四类：

$$流体无相变对流传热 \begin{cases} 强制对流传热 \\ 自然对流传热 \end{cases}$$

$$流体有相变对流传热 \begin{cases} 蒸气冷凝传热 \\ 液体沸腾传热 \end{cases}$$

每一种类型的对流传热具体条件不同，则对流传热效果不同，对流传热系数也不同。如管内对流、管外对流、层流、湍流、有相变、无相变等情况下，计算对流传热系数的关联式也不同。计算关联式复杂繁多，在此仅计算无相变流体对流传热系数，其他情况计算，可查阅相关资料。

1. 无相变时管内强制流动对流传热系数

流体在管内强制流动时被加热或被冷却，是工业上常见的传热过程。无相变传热是指流体在传热过程中没有发生相的转变，具体来说就是没有液体汽化为蒸气，也没有蒸气冷凝成液体。传热的结果只是引起温度的上升或下降。

（1）流体在圆形直管内做强制湍流的对流传热系数的计算

① 低黏度流体在圆形直管内做强制湍流的对流传热系数　低黏度流体在管内强制对流传热，此时自然对流的影响不计，特征数关系式可表示为：

$$Nu = 0.023 Re^m Pr^n$$

此式适用条件须满足以下几个方面：a. Nu、Re 中的特征尺寸 l 取圆管的内直径 d_i；b. 各物理量的定性温度取流体的进出口温度的算术平均值；c. $Re > 10000$，即流动是充分湍流的；d. $0.7 < Pr < 160$；e. 流体黏度较低，不大于水的黏度的 2 倍；f. $l/d > 60$，即进口段只占总长的一小部分，管内流动是充分发展的；g. 指数 $m = 0.8$；h. 指数 n 与热流方向有关：当流体被加热时，$n = 0.4$；当流体被冷却时，$n = 0.3$。（由于热流方向的不同，层流底层的厚度及温度也各不相同。液体被加热时，层流底层的温度比液体平均温度高，因液体黏度随温度升高而降低，所以层流底层减薄，从而使对流传热系数增大。液体被冷却时，则情况相反。对大多数液体，$Pr > 1$，故液体被加热时 n 取 0.4，冷却时 n 取 0.3。当气体被加热时，由于气体的黏度随温度升高而增大，所以层流底层因黏度升高而加厚，使对流传热系数减小，气体被冷却时，情况相反。对大多数气体，因 $Pr < 1$，所以加热气体时 n 仍取 0.4，而冷却时 n 仍取 0.3。因此利用 n 取值不同使 α 计算值与实际值

保持一致。)

即：

$$Nu = 0.023Re^{0.8}Pr^n \tag{2-13}$$

或

$$\alpha = 0.023\frac{\lambda}{d_i}\left(\frac{d_iu\rho}{\mu}\right)^{0.8}\left(\frac{C_p\mu}{\lambda}\right)^n \tag{2-14}$$

② 高黏度液体在圆形直管内做强制湍流的对流传热系数　高黏度液体因黏度 μ 的绝对值较大，固体表面与流体之间的温度差对黏度的影响更为显著。此时利用指数 n 取值不同加以修正的方法已得不到满意的关联式，需考虑壁温对流体黏度的影响，则其对流传热系数变为：

$$\alpha = 0.027Re^{0.8}Pr^{0.33}\left(\frac{\mu}{\mu_w}\right)^{0.14} \tag{2-15}$$

式中　μ——液体在主体平均温度下的黏度；

　　　μ_w——液体在壁温下的黏度。

一般说，壁温是未知的，近似取 $\left(\dfrac{\mu}{\mu_w}\right)^{0.14}$ 为以下数值能满足工程要求：

液体被加热时：$\left(\dfrac{\mu}{\mu_w}\right)^{0.14} = 1.05$

液体被冷却时：$\left(\dfrac{\mu}{\mu_w}\right)^{0.14} = 0.95$

此式适用条件须满足以下几个方面：a. Nu、Re 中的特征尺寸 l 取圆管的内直径 d_i；b. 各物理量的定性温度取流体的进出口温度的算术平均值；c. $Re > 10000$，即流动是充分湍流的；d. $0.7 < Pr < 16700$；e. 流体黏度较高，大于水的黏度的 2 倍；f. $l/d > 60$，即进口段只占总长的一小部分，管内流动是充分发展的。

③ 液体在圆形管短直管内做强制湍流的对流传热系数　圆形管短直管是指 $l/d_i < 60$ 的短管，因短管内流动尚未充分发展，层流底层较薄，热阻小。因此将长管的对流传热系数计算式（2-14）、式（2-15）计算得到的 α 再乘以大于 1 的系数 $[1 + 0.7(d_i/l)]$ 加以校正，就可以得到短管内的对流传热系数。

④ 流体在圆形弯管内做强制湍流的对流传热系数　流体在弯管内流动时，由于离心力的作用扰动加剧，使对流传热系数增加。实验结果表明，弯管中的 α 可将直管的对流传热系数的计算结果乘以大于 1 的修正系数 f 而得出：

$$f = 1 + 1.77\frac{d_i}{R} \tag{2-16}$$

式中　d_i——管内径，m；

　　　R——弯管的曲率半径，m。

⑤ 流体在非圆形管中做强制湍流的对流传热系数　非圆形管中对流传热系数的计算用圆形管的各相应计算公式，而将定性尺寸用当量直径 d_e 代替。

$$d_e = 4 \times \frac{流通截面积}{润湿周边}$$

（2）无相变时流体在管内强制过渡流的对流传热系数　流体在圆形直管中处于过渡区时，是指 $Re = 2000 \sim 10000$ 范围内，因流体流动不充分，层流底层较厚，热阻大而 α 小。

此时的对流传热系数需将湍流时计算得出的对流传热系数的结果乘以小于 1 的系数 f：

$$f = 1 - \frac{6 \times 10^5}{Re^{1.8}}$$ (2-17)

（3）流体在圆形直管内做强制层流的对流传热系数　流体做强制层流流动时，一般应考虑自然对流对传热的影响。只有当管径、流体与壁面间的温度差较小，且 $Gr < 2.5 \times 10^4$ 时，自然对流对对流传热系数的影响可以忽略，这种情况的经验关联式为：

$$Nu = 1.86 \left(RePr\frac{d_i}{l} \right)^{\frac{1}{3}} \left(\frac{\mu}{\mu_w} \right)^{0.14}$$ (2-18)

应用范围 $Re < 2300$，$0.6 < Pr < 6700$，$\left(RePr\frac{d_i}{l} \right) > 10$。

特征尺寸：管内径 d_i。

定性温度：除 μ_w 取壁温外，均取流体进、出口温度的算术平均值。

当 $Gr \geq 2.5 \times 10^4$ 时，自然对流对对流传热系数的影响不能忽略，此时的对流传热系数应由式（2-18）计算的 α 值乘以校正系数 f：

$$f = 0.8(1 + 0.015Gr^{\frac{1}{3}})$$

通常在换热器的应用中，为了提高总传热系数，流体应多呈湍流流动。

技术训练 2-4

有一列管式换热器，由 38 根 $\phi25mm \times 2.5mm$ 的无缝钢管组成。苯在管内流动，由 20℃ 被加热至 80℃，苯的流量为 8.32kg/s。外壳中通入水蒸气进行加热。计算管壁对苯的传热系数。

解：苯在平均温度 $t_m = \frac{1}{2} \times (20 + 80) = 50℃$ 下的物性可由附录查得：

密度 $\rho = 860kg/m^3$；比热容 $C_p = 1.80kJ/(kg \cdot ℃)$；黏度 $\mu = 0.45mPa \cdot s$；热导率 $\lambda = 0.14W/(m \cdot ℃)$

加热管内苯的流速为：

$$u = \frac{q_V}{\frac{\pi}{4}d_i^2 n} = \frac{\frac{8.32}{860}}{0.785 \times 0.02^2 \times 38} = 0.81(m/s)$$

则：

$$Re = \frac{d_i u \rho}{\mu} = \frac{0.02 \times 0.81 \times 860}{0.45 \times 10^{-3}} = 30960$$

$$Pr = \frac{C_p \mu}{\lambda} = \frac{(1.8 \times 10^3) \times 0.45 \times 10^{-3}}{0.14} = 5.79$$

以上计算表明本题的流动状况属湍流，故

$$\alpha = 0.023\frac{\lambda}{d_i}Re^{0.8}Pr^{0.4} = 0.023 \times \frac{0.14}{0.02} \times 30960^{0.8} \times 5.79^{0.4}$$

$$= 1272[W/(m^2 \cdot ℃)]$$

技术训练 2-5

将上述技术训练 2-4 中的换热器改成 88 根管，其他条件不变，则对流传热系数变为多少？

解： 改为 88 根管子，则管内流速为：$u' = u\dfrac{n}{n} = 0.81 \times \dfrac{38}{88} = 0.35(\text{m/s})$

管内对流传热系数为 α'：

$$\alpha' = \alpha\left(\frac{\mu'}{\mu}\right)^{0.8} = 1272 \times \left(\frac{0.35}{0.81}\right)^{0.8} = 650\left[\text{W/(m}^2 \cdot ℃)\right]$$

技术训练 2-6

将技术训练 2-4 中换热器由单管程改为双管程，其他条件不变，则对流传热系数变为多少？

解： 将单管程改为双程，其他条件不变，则速度加倍：$u'' = 2u = 2 \times 0.81 = 1.62(\text{m/s})$

对流传热系数为 α''：

$$\alpha'' = \alpha\left(\frac{\mu''}{\mu}\right)^{0.8} = 1272 \times \left(\frac{1.62}{0.81}\right)^{0.8} = 2214.7\left[\text{W/(m}^2 \cdot ℃)\right]$$

由此可见，同样条件下，换热器管子根数增加，流体在管内速度减少，致使对流传热系数变小；管程数增加，流体在管内速度增加，致使对流传热系数增大。

技能训练 2-7

根据计算管内对流传热系数的知识，判断下列说法是否正确：
(1) 截面较小的流道更有利于对流传热。
(2) 短的流道更有利于对流传热。
(3) 弯曲的流道比同等长度的直管更有利于对流传热。

2. 有相变时对流传热系数

在生产过程中，流体在换热过程中发生相变的情况很多，例如，在蒸发过程中，被加热物料沸腾汽化，在蒸馏过程中，存在液体的汽化和气体的冷凝等。就其本质而言，传热过程无非两种情况：一种是液体的沸腾汽化；另一种是蒸气的冷凝液化。由于流体在对流传热过程中伴随有相态变化，因此，这类传热过程比无相变时的对流传热过程更为复杂，其传热过程的特点是相变流体要放出或吸收大量的潜热，对流传热系数较无相变时大。

(1) 蒸气冷凝对流传热系数　饱和蒸气冷凝是化工生产中常见的过程。如果蒸气处于比其饱和蒸气压低的环境中，将出现冷凝现象。当饱和蒸气与低于其温度的冷壁面接触时，即发生冷凝过程，放出冷凝潜热。纯饱和蒸气冷凝的特点是热阻集中在壁面的冷凝液膜内。蒸气冷凝有两种方式，即：膜状冷凝和滴状冷凝，冷凝液膜的形态对对流传热系数有很大的影响。

① 膜状冷凝和滴状冷凝

a. 膜状冷凝 若冷凝液能够润湿壁面，则在壁面上形成一层完整的液膜，称为膜状冷凝，如图 2-25（a）和图 2-25（b）所示。在壁面上一旦形成液膜后，蒸气的冷凝只能在液膜的表面上进行，即蒸气冷凝时放出的潜热，必须通过液膜后才能传给冷壁面。由于蒸气冷凝时有相的变化，一般热阻很小，因此这层冷凝液膜往往成为膜状冷凝的主要热阻。若冷凝液膜在重力作用下沿壁面向下流动，则所形成的液膜越往下越厚，故壁面越高或水平放置的管径越大，整个壁面的平均对流传热系数也就越小。

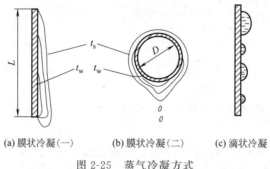

(a) 膜状冷凝(一)　　　(b) 膜状冷凝(二)　　　(c) 滴状冷凝

图 2-25　蒸气冷凝方式

b. 滴状冷凝 若冷凝液不能完全润湿壁面，由于表面张力的作用，冷凝液在壁面上形成许多液滴，并沿壁面落下，液滴落下后又露出新的冷凝面，此种冷凝称为滴状冷凝，如图 2-25（c）所示。在滴状冷凝时，壁面大部分的面积直接暴露在蒸气中，可供蒸气冷凝。由于没有大面积的液膜阻碍热量传递，因此滴状冷凝传热系数比膜状冷凝可高几倍甚至十几倍。

工业上遇到的大多是膜状冷凝，这是因为保持滴状冷凝是很困难的，即使在开始阶段为滴状冷凝，但经过一段时间后，由于液滴的聚集，大部分液滴都要连在一起成为膜状冷凝。为了保持滴状冷凝，可以采用各种不同的壁面涂层或蒸气添加剂。从工程设计上按膜状冷凝计算出的对流传热系数小，可以设计出较大的传热面积，所以满足需要的传热量的安全系数大，因此换热器的设计总是按膜状冷凝来处理。在此仅介绍纯饱和蒸气膜状冷凝对流传热系数的计算方法。

② 影响冷凝传热的因素 饱和蒸气冷凝时，热阻集中在冷凝液膜内。因此液膜的厚度及其流动状况是影响冷凝传热的关键因素。

a. 冷凝液膜两侧的温度差 Δt 的影响。当液膜呈层流流动时，若 Δt 加大，则蒸气冷凝速率增加，因而膜层厚度增厚，使冷凝传热系数降低。

b. 流体物性的影响。由膜状冷凝传热系数计算式可知，液膜的密度、黏度、热导率、蒸气的冷凝潜热，都影响冷凝传热系数。

c. 蒸气的流速和流向的影响。蒸气以一定的速度运动时，和液膜间产生一定的摩擦力，若蒸气和液膜同向流动，则摩擦力将使液膜加速，厚度减薄，使 α 增大；若逆向流动，则 α 减小。但这种力若超过液膜重力，液膜会被蒸气吹离壁面，此时随蒸气流速的增加，α 急剧增大。

d. 蒸气中不凝性气体的影响。若蒸气中含有空气或其他不凝性气体，则壁面可能被气体（热导率很小）层所遮盖，增加了一层附加热阻，使 α 急剧下降。

e. 冷凝壁面的影响。若沿冷凝液流动方向积存的液体增多，则液膜增厚，使传热系数下降。例如，对于管束，为了减薄下面管排上液膜的厚度，一般需减少垂直列管的数目或把管子的排列旋转一定的角度，使冷凝液沿下一根管子的切向流过。此外，冷凝壁面粗糙不平或有氧化层，则会使膜层加厚，增加膜层阻力，因而 α 降低。

（2）液体的沸腾对流传热　将液体加热到操作条件下的饱和温度时，整个液体内部都会有气泡产生，这种现象称为液体沸腾。发生在沸腾液体与固体壁面之间的传热，称为沸腾对流传热。工业上液体沸腾的方法有二种：一种是将加热壁面浸没在无强制对流的液体中，液体受热沸腾，称为大容积沸腾；另一种是液体在管内流动时受热沸腾，称为管内沸腾。后者沸腾机理更为复杂，下面主要讨论大容积沸腾。

① 认识泡核沸腾和膜状沸腾　实验表明，大容器内饱和液体沸腾的情况随温度 Δt 改变（$\Delta t = t_w - t_s$）而改变，出现不同的沸腾状态。下面以常压下水在大容器中沸腾传热为例，分析沸腾温度差 Δt 对沸腾传热系数 α 的影响。如图 2-26 所示，当温度差 Δt 较小（$\Delta t \leqslant 5\,℃$）时，加热表面上的液体轻微过热，使液体内部产生自然对流，但没有气泡从液体中逸出液面，而仅在液体表面发生蒸发，此阶段 α 较低，如图 2-26 中 AB 段所示。

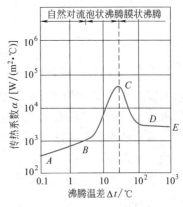

图 2-26　水的沸腾曲线

当 Δt 逐渐升高（$\Delta t = 5 \sim 25\,℃$）时，在加热表面的局部位置上产生气泡，该局部位置称为汽化核心。气泡产生的速度随 Δt 上升而增加，且不断地离开壁面上升至蒸汽空间。由于气泡的生成、脱离和上升，液体受到剧烈的扰动，因此 α 急剧增大，如图 2-26 中 BC 段所示，此段称为泡核沸腾或泡状沸腾。

当 Δt 再增大（$\Delta t > 25\,℃$）时，加热面上产生的气泡也大大增多，且气泡产生的速度大于脱离表面的速度。气泡在脱离表面之前连接起来，形成一层不稳定的蒸气膜，使液体不能和加热表面直接接触。由于蒸汽的导热性能差，气膜的附加热阻使 α 急剧下降。气膜开始形成时是不稳定的，有可能形成大气泡脱离表面，此阶段称为不稳定的膜状沸腾或部分泡状沸腾，如图 2-26 中 CD 段所示。由泡核沸腾向膜状沸腾过渡的转折点 C 称为临界点。临界点上的温度差、传热系数分别称为临界温度差 Δt_c、临界沸腾传热系数 α_c。当达到 D 点时，传热面几乎全部为气膜所覆盖，开始形成稳定的气膜。以后随着 Δt 的增加，α 基本上不变，壁温升高，这是辐射传热的影响显著增加所致，如图 2-26 中 DE 段所示。实际上一般将 CDE 段称为膜状沸腾。

其他液体在一定压力下的沸腾曲线与水的有类似的形状，仅临界点的数值不同而已。

应予指出，由于泡核沸腾传热系数较膜状沸腾的大，工业生产中一般总是设法控制在泡核沸腾下操作，因此确定不同液体在临界点下的有关参数具有实际意义。

② 影响沸腾传热的因素

a.液体性质的影响　液体的热导率 λ、密度 ρ、黏度 μ 和表面张力 σ 等均对沸腾传热有重要的影响。一般情况下，α 随 λ、ρ 的增加而增大，而随 μ 及 σ 的增加而减小。

b.温度差 Δt 的影响　温度差 Δt 是控制沸腾传热过程的重要参数，操作温差控制在核状沸腾区有利于提高对流传热系数。

c.压力的影响　提高操作压力即可提高液体的饱和温度，从而使得黏度和表面张力都下降，有利于气泡的生成和脱离壁面。

d.加热壁面的影响　加热壁面的材料和粗糙度对沸腾传热有重要的影响。一般新的或清洁的加热面，α 较高。当壁面被油脂沾污后，因油脂的热导率低，会使 α 急剧下降。壁面越粗糙，气泡核心越多，越有利于沸腾传热。此外，加热面的布置情况，对沸腾传热也有明显的影响。

3. 对流传热系数 α ［单位：$W/(m^2 \cdot ℃)$］的大致范围

空气自然对流：$1\sim10$ 空气自然对流：$10\sim250$

水强制对流：$250\sim10^4$ 水蒸气冷凝：$5000\sim1.5\times10^4$

水沸腾：$1500\sim4.5\times10^4$

技术训练 2-7

在一列管式换热器中，水在内直径为 20mm、长度为 3m 的管束内流过。管内壁的平均温度为 60℃，水的平均温度为 20℃，若管壁对水的对流传热系数为 $4000W/(m^2 \cdot ℃)$，试求水与每根管壁的对流传热速率。

解： 水在管束内流动的过程中，由于管壁的温度高于水的温度，所以管壁就会以对流传热的方式向水传热。

计算对流传热的速率可用式 $Q = \alpha A(t_w - t)$

已知：$\alpha = 4000W/(m^2 \cdot ℃)$，$t_w = 60℃$，$t = 20℃$

因 $A = \pi dl = 3.14 \times 0.02 \times 3 = 0.1884$ （m^2）

代入各值，得：

管壁的对流传热速率为 $Q = \alpha A(t_w - t) = 4000 \times 0.1884 \times (60 - 20) = 30.144$（kW）

子任务 3   计算辐射传热速率

凡是温度在绝对零度以上的物体，由于内部原子进行复杂激烈的运动，就会产生能量并以电磁波的形式向四周传播，向外传播时不依靠任何介质作媒介。当物体向外辐射能量与另一物体相遇时则可被吸收、反射和透过，其中被吸收的部分又转变成另一物体的热能。电磁波的波长范围极广，而能被物体吸收又能转变成热能的射线，其波长在 $0.38\sim100\mu m$ 之间，波长在 $0.4\sim0.76\mu m$ 之间为可见光，波长在 $0.76\sim100\mu m$ 之间为红外线，这些可转变成热能的射线统称为热射线。将这种仅与物体本身的温度有关而引起的热射线的传播过程，称为热辐射。当温度较高时，热辐射往往成为主要的传热形式，比如工业上常用热辐射方式干燥食品，生活中常用的太阳能热水器等。热射线和可见光一样，也服从反射和折射定律，能在均一介质中作直线传播。热辐射不仅是能量转移，也伴随着能量形式的转移。固体热辐射在自然界中影响较大，因此，我们在这里仅学习固体热辐射。

一、计算辐射传热能力

辐射能力是指在一定温度下单位面积、单位时间内物体表面向外界辐射的全部波长的总能量。它与物体的热力学温度有关系。

1. 黑体的辐射能力和斯蒂芬-玻尔兹曼定律

假设外界投射到物体表面上的总能量 Q，其中一部分能量 Q_A 进入表面后被物体吸收，

一部分能量 Q_R 被物体反射，其余部分 Q_D 透过物体。

根据能量守恒定律：

$$Q = Q_A + Q_R + Q_D$$

$$A = \frac{Q_A}{Q}, R = \frac{Q_R}{Q}, D = \frac{Q_D}{Q}$$

式中　A，R，D——物体的吸收率、反射率、透过率。

可见：　　　　　　　　　　　$A + R + D = 1$

物体的吸收率、反射率、透过率的大小，与该物体的性质、温度、相态以及表面状况等因素有关。

黑体是指能全部吸收其他物体投来的各种波长热辐射线的物体，其 $A = 1$，如无光泽的黑煤，$A = 0.97$，可以近似当作黑体。固体和液体一般不能透过热辐射，因此 $A + R = 1$，$D = 0$，为不透热体。气体满足 $A + D = 1$，$R = 0$，为不反射体。能全部反射辐射能的物体称为镜体，$R = 1$，如磨光的铜表面可近似看作是镜体，$R = 0.97$；透热体指能透过全部辐射能的物体，即 $D = 1$，如单原子气体 He、Ar，对称双原子气体 H_2、N_2、O_2。

理论证明，黑体的辐射能力与其热力学温度的四次方成正比，即：

$$E_0 = \sigma_0 T^4 \tag{2-19}$$

式（2-27）称为斯蒂芬-玻尔兹曼定律。

式中　E_0——黑体的辐射能力，单位时间内物体表面向外辐射的总能量，W/m^2；

σ_0——黑体的辐射常数，$\sigma_0 = 5.67 \times 10^{-8} W/(m^2 \cdot K^4)$；

T——黑体的热力学温度，K。

在应用时，通常将上式写为：

$$E_0 = C_0 \left(\frac{T}{100} \right)^4 \tag{2-20}$$

式中　C_0——黑体的辐射常数，其值为 $5.67 W/(m^2 \cdot K^4)$。

由此看出，黑体的辐射能力只与其温度有关。

2. 实际物体的辐射能力与吸收能力

理论研究和实验表明：在相同的温度下，实际物体的辐射能力恒小于黑体的辐射能力。实际物体与同温度下的黑体的辐射能力之比称为物体的黑度，用 ε 表示，其值可用实验测定。

$$\varepsilon = \frac{E}{E_0}$$

实际物体的黑度可表征其辐射能力的大小，其值恒小于 1，某些常见材料的黑度值见表 2-4。

由式（2-19）和式（2-20），可将实际物体的辐射能力表示为：

$$E = \varepsilon E_0 = \varepsilon C_0 \left(\frac{T}{100} \right)^4$$

表 2-4 某些常见材料的黑度值

材 料	温度/℃	黑度 ε
红砖	20	0.93
耐火砖	—	0.8～0.9
钢板（氧化的）	200～600	0.8
钢板（磨光的）	940～1100	0.55～0.61
铸铁（氧化的）	200～600	0.64～0.78
铜（氧化的）	200～600	0.57～0.87
铜（磨光的）	—	0.03
铝（氧化的）	200～600	0.11～0.19
铝（磨光的）	225～575	0.039～0.057

可见，材料不同，黑度也不同。黑度表示物体实际辐射能力的大小，黑度越大，物体的辐射能力也越大。

黑体能全部吸收投入其表面上的辐射能，其吸收率等于 1。实际物体只能部分地吸收投入到其表面上的辐射能，且物体的吸收率与辐射能的波长有关。试验证明，波长在 $0.76\sim20\mu m$ 之间辐射能，是工业上应用最多的辐射能。可以认为实际物体的吸收率为一常数，并且等于其黑度，即：

$$\varepsilon = A \tag{2-21}$$

该式表明，物体的辐射能力越大，其吸收能力也越大。

二、两固体间的辐射传热的计算

工业上常遇到的两固体间的热辐射。两物体间由于热辐射而进行传递热量时，一个物体向外发的辐射能可以向各个方向传递，但是只有一部分到达另外一个物体的表面，而到达的这一部分能量又有一部分被反射出来而不能完全被第二个物体吸收；同理，从第二个物体表面向外发射和反射回来的辐射能，也只有一部分到达第一个物体的表面，而这部分能量又有一部分被第一个物体所吸收，另一部分重新被反射回来。这些过程不断地反复进行。因此，在计算两个固体间的相对热辐射时，必须考虑到两个固体的吸收率和反射率、形状、大小，以及两个固体之间的相对位置。两个固体之间传递的热辐射总的结果是辐射热能从高温物体传递给低温物体，可用下式计算：

$$Q_{1-2} = C_{1-2}A\varphi\left[\left(\frac{T_1}{100}\right)^4 - \left(\frac{T_2}{100}\right)^4\right] \tag{2-22}$$

式中　Q_{1-2}——高温物体 1 与低温物体 2 传递的热辐射能，W；

　　C_{1-2}——总辐射系数，$W/(m^2 \cdot K^4)$；

　　　A——辐射面积，当两物体面积不相等时取辐射面积较小的物体面积，m^2；

　　T_1，T_2——高温物体和低温物体的热力学温度，K；

　　　φ——几何因子或角系数，无量纲。

角系数与总辐射系数的计算关系见表 2-5。

表 2-5　角系数与总辐射系数的计算关系

序号	辐射情况	辐射面积 A	角系数 φ	总辐射系数 C_{1-2}
1	极大的两个平行面	A_1 或 A_2	1	$\dfrac{C_0}{\dfrac{1}{\varepsilon_1}+\dfrac{1}{\varepsilon_2}-1}$
2	面积有限的两相等的平行面	A_1	<1	$\varepsilon_1\varepsilon_2 C_0$
3	很大的物体 2 包含物体 1	A_1	1	$\varepsilon_1 C_0$
4	物体 2 恰好包住物体 1	A_1	1	$\dfrac{C_0}{\dfrac{1}{\varepsilon_1}+\dfrac{1}{\varepsilon_2}-1}$
5	在上述第 3、第 4 两种情况之间	A_1	1	$\dfrac{C_0}{\dfrac{1}{\varepsilon_1}+\dfrac{A_1}{A_2}\left(\dfrac{1}{\varepsilon_2}-1\right)}$

✎ 技术训练 2-8

有一尺寸为 $\phi168\text{mm}\times5.0\text{mm}$ 的已被氧化的钢管，其温度为 $450℃$，将其放在 0.5m 见方的耐火砖砌成的烟道中，火炉内壁温度为 $1200℃$。试求钢管与火炉壁间每米管长的热辐射能量。

解： $T_1=450+273=723(\text{K})$，$T_2=1200+273=1473(\text{K})$

钢管每米管长的外表面积 $A_1=\pi dL=3.14\times0.168\times1=0.5275(\text{m}^2)$

每米耐火砖壁的表面积为 $A_2=4\times0.5\times1=2(\text{m}^2)$

查被氧化的钢管和耐火砖的黑度得：$\varepsilon_1=0.8$，$\varepsilon_2=0.9$

钢管被耐火砖包围，则 $\varphi=1$，$A=A_1=0.5275(\text{m}^2)$

$$C_{1-2}=\frac{C_0}{\dfrac{1}{\varepsilon_1}+\dfrac{A_1}{A_2}\left(\dfrac{1}{\varepsilon_2}-1\right)}=\frac{5.67}{\dfrac{1}{0.8}+\dfrac{0.5275}{2}\times\left(\dfrac{1}{0.9}-1\right)}=4.43[\text{W}/(\text{m}^2\cdot\text{K}^4)]$$

钢管与火炉壁间每米管长的热辐射能量为：

$$Q_{1-2}=4.43\times0.5275\times1\left[\left(\frac{1473}{100}\right)^4-\left(\frac{723}{100}\right)^4\right]=103.626(\text{kW})$$

⚠ 技能训练 2-8

根据所学知识，查取相关资料，完成下列问题：

（1）物体的辐射传热能力与哪些因素有关，这些因素是怎样影响辐射能的？

（2）在两固体进行辐射传热时，采取哪些措施，可以提高二者之间的总辐射传热量？

子任务 4　计算间壁式换热传热速率

本任务中，我们将认识换热器的热负荷，理解间壁式换热器换热步骤，掌握间壁式换热器的传热速率、平均温度差、传热系数以及热负荷（潜热、显热和焓等）计算，学习根据生产工艺的要求能计算换热器的传热速率、换热面积应急传热系数等，并采取强化换热器传热能力的措施。

一、认识间壁式换热的传热过程

冷、热流体通过换热器进行热交换，往往通过间壁式换热器达到换热的目的，这个过程必须具备三个条件：一是冷、热流体存在温度差；二是换热器必须提供换热面积；三是换热器的壁面导热能力良好。在冷、热流体存在温度差时，热流体放出热量，通过换热器将热量传给冷流体。

如图 2-27 所示，冷、热流体通过换热器壁面交换热量的过程可分为三个步骤：第一步，热流体以对流传热形式（给热）将热量传给与之接触一侧的壁面；第二步，壁面以热传导的方式将热量传向壁面另一侧；第三步，冷流体以对流传热（吸热）从与之接触的壁面上获取热量。

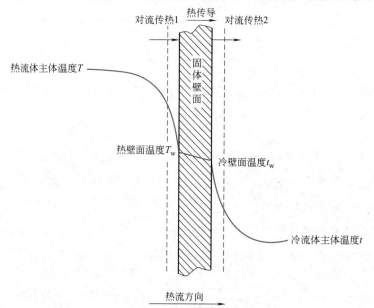

图 2-27　间壁式换热器流体换热过程示意图

二、计算换热器的热负荷

生产上的每一台换热器内，冷、热两流体间在单位时间所交换的热量是根据生产上换热任务的需要提出的，称为换热器的热负荷。热负荷是要求换热器具有的换热能力。能满足工艺要求的换热器，必须使其传热速率等于或略大于热负荷。所以，通过计算热负荷，便可以确定换热器应该具备的传热速率。热负荷的计算方法有以下三种。

1. 计算显热热负荷

在换热过程中，若冷、热流体无相变化而只有温度变化，冷、热流体吸收或放出的热量，称为显热热负荷。

$$Q = GC_p \Delta t \tag{2-23}$$

$$Q_c = G_c C_{pc}(t_2 - t_1) \tag{2-23a}$$

$$Q_h = G_h C_{ph}(T_1 - T_2) \tag{2-23b}$$

式中　Q_c，Q_h——热、冷流体吸收或放出的热量，J/s；

G_c，G_h——热、冷流体的质量流量，kg/s；

C_{pc}，C_{ph}——热流体、冷流体的定压比热容，kJ/(kg·℃)；

T_1，T_2——热流体进、出口温度，℃；

t_1，t_2——冷流体进、出口温度，℃。

流体的比热容是流体进、出口平均温度下的比热容。

2. 潜热热负荷

潜热热负荷是指冷、热流体因相态变化而吸收或放出的热量，可用下式计算：

$$Q=Gr \tag{2-24}$$
$$Q_c=G_c r_c \tag{2-24a}$$
$$Q_h=G_h r_h \tag{2-24b}$$

式中　Q_c，Q_h——液体汽化或蒸气冷凝的传热量，J/s；

r_c，r_h——热、冷流体的冷凝、汽化的汽化焓，kJ/kg。

相态变化包括由液体汽化为气体，或者由气体冷凝变成液体的过程，发生相态时可近似看作没有温度的升高或降低。

3. 计算焓差热负荷

由于工业换热器中流体递进、出口压力差不大，故可近似看作恒压过程。根据热力学定律，恒压过程冷、热流体吸收或放出的热量在数值上等于流体的焓差，可用下式计算：

$$Q=G\Delta H \tag{2-25}$$
$$Q_c=G_c(h_2-h_1) \tag{2-25a}$$
$$Q_h=G_h(H_1-H_2) \tag{2-25b}$$

式中　Q_c，Q_h——冷、热流体吸收或放出的热量，J/s；

h_1，h_2——冷流体的进、出口焓，kJ/kg；

H_1，H_2——热流体的进、出口焓，kJ/kg。

技术训练 2-9

将流量为 0.5kg/s 的硝基苯通过一换热器，由80℃冷却到40℃。用水作为冷却介质，其初温为30℃，出口温度要求不超过35℃。已知硝基苯的定压比热容为 $C_p=1.38$kJ/(kg·℃)。忽略热损失，试求：该换热器的热负荷及冷却水用量。

解： 若忽略热损失，则换热器的热负荷可由硝基苯放出的热量或冷却水吸收的热量来计算，即：

$$Q_h=Q_c=GC_p\Delta t$$

已知：$G_h=0.5$kg/s，$C_{ph}=1.38$kJ/(kg·℃)，$T_1=80$℃，$T_2=40$℃，$t_1=30$℃，取 $t_2=35$℃。

将各值代入上式，得：

$$Q_h=G_h C_{ph}(T_1-T_2)=0.5×1.38×(80-40)$$
$$=27.6(\text{kJ/s})$$

查物性数据，水在进、出口平均温度为 $t=\dfrac{32+35}{2}=33.5$（℃），平均温度下水的比热容为 $C_{pc}=4.187$kJ/(kg·℃)，根据热量衡算关系，得冷却水用量为：

$$G_c = \frac{Q}{C_{pc} \times (t_2 - t_1)}$$

$$= \frac{27.6}{4.187 \times (35-30)}$$

$$= 1.32 (\text{kg/s})$$

技术训练 2-10

在某换热器中，用120kPa的饱和水蒸气将苯由20℃温度加热到70℃，苯的流量为 $G_{\text{苯}} = 5\text{m}^3/\text{h}$。若换热器热损失为苯吸热量的8%，试求换热器的热负荷及水蒸气用量。

解： 根据题意，换热器的热量衡算式应为：

$$Q_h = Q_c + Q_f$$

已知：根据苯进、出口的平均温度 $t = \dfrac{20+70}{2} = 45℃$，查苯的定压比热容 $C_{ph} = 1.756\text{kJ/(kg·℃)}$，$\rho = 840\text{kg/m}^3$，120kPa水蒸气的汽化焓为 2245kJ/kg。

将各值代入上式，得：

$$Q_c = G_c C_{pc} (t_2 - t_1)$$

$$= \frac{5}{3600} \times 840 \times 1.756 \times 10^3 \times (70-20)$$

$$= 102433 (\text{J/s})$$

$$Q_h = G_h r_h = G_h \times 2245 (\text{kJ/kg})$$

由根据热量衡算关系，得冷却水用量为：

$$Q_h = Q_c + 8\% Q_c$$

代入上述各值，得水蒸气用量为：

$$G_h = \frac{102433 \times (1+8\%)}{\times 2245}$$

$$= 49.28 (\text{kg/s})$$

4. 热负荷与传热速率的关系

换热器的传热速率是指冷、热流体单位时间内所交换的热量。在间壁式换热器中，热量是通过两股流体之间的壁面传递的，此壁面称为传热面，以 A 表示。两股流体之所以能交换热量，是因为它们之间有温度差，热量从高温流体自动传向低温流体。如果以 T 表示高温流体的温度，以 t 表示低温流体的温度，温度差 $T-t$ 就是传热推动力。传热速率与换热面积的大小、传热推动力、流体种类及流体流动状况等许多因素有关系。

实践证明：两股流体单位时间内所交换的热量 Q 与传热面积 A 成正比，与温度差 $T-t$ 成正比，即：

$$Q \propto A \Delta t$$

把上述比例式改写成等式，以 K 表示比例常数，则得：

$$Q = KA\Delta t \tag{2-26}$$

该式称为换热器的传热速率方程，式中比例常数 K 称为换热器的传热系数。

由传热方程式可知，对于工艺上已确定的 Q 及 Δt 来说，若传热系数 K 越大，则完成换热任务所需的传热面积 A 越小。

传热速率和热负荷是有区别的，通常情况下，如果忽略热损失，则传热速率和热负荷在数值上相等，但是两者的含义却不同。热负荷是工艺对换热器的换热要求，而传热速率是换热器本身的换热能力，是设备自身的特性。

在不考虑热损失的情况下，热负荷等于传热速率，即：

$$Q_{热负荷}=Q=KA\Delta t$$

如果有热损失，且热损失在热流体一侧（例如：通过换热管换热时，热流体在换热管外、冷流体在管内流动），则：

$$Q_h-Q_f=Q_c=KA\Delta t$$

如果有热损失，且热损失在冷流体一侧（例如：通过换热管换热时，热流体在换热管内流动，冷流体在管外流动），则：

$$Q_h=Q_f+Q_c=KA\Delta t$$

在换热过程中，因传热面各部位的传热温度差不同，所以整个换热面上温度差应该取各部位上温度差的平均值。

即：

$$Q=KA\Delta t_m \tag{2-27}$$

上式也可以写成：

$$Q=KA\Delta t_m=\frac{\Delta t_m}{\dfrac{1}{KA}}=\frac{\Delta t_m}{R}=\frac{传热推动力}{传热热阻}$$

式中　Q——换热器的传热速率，J/s；

A——换热器的传热面积，即流体与壁面接触的面积，m^2；

Δt_m——热流体、冷流体的平均温度差，是传热过程推动力，℃；

K——换热器的总传热系数，$W/(m^2\cdot℃)$ 或 $W/(m^2\cdot K)$；

R——换热器的总传热热阻，其值受流体状况、换热面积结构等许多因素影响。

间壁式换热器传热的三个步骤的快慢，决定其传热速率的大小，具体表现在对 K 的大小的影响，故 K 的大小取决于换热壁面两侧的两个对流传热强度和壁面内的导热强度，故 K 与 α_i、α_o 和 λ 有关，即 $K=f(\alpha_i,\lambda,\alpha_o)$。

三、计算换热器的平均温度差

在换热器传热速率方程式（2-27）中，Δt_m 是换热器内传热平均温度差，是换热器间壁两侧冷、热流体换热的必要条件，即平均传热过程推动力，其大小及计算方法与冷、热流体的温度变化及相对流动方向有关。

（1）恒温平均温度差　当两流体在传热过程中均发生恒温相变时，热流体 T 和冷流体的温度 t 始终保持不变，整个换热器表面温度差保持不变。此时，流体的流动方向对传热温度差也没有影响，换热器的传热推动力可取任一界面上的温度差，此时传热平均温度差就显得十分简单，即：

$$\Delta t_m=T-t \tag{2-28}$$

这种情况是很特殊的，它只是在间壁两侧的流体均发生恒温相变的情况下才出现。例如：用恒定温度的蒸汽冷凝，加热沸点恒定的液体，就属于恒温差传热。

（2）变温平均温度差　间壁两侧流体的温度随传热面位置而变，这种情况称为变温传热，这是热交换中较为常见的情形。变温传热时，两流体的温度差 Δt 也是沿传热壁面不断变化的。因此，传热计算中温度差 Δt 应使用整个传热壁面温度差的平均值 Δt_m。Δt_m 计算方法不仅与冷热流体的进、出口温度有关，还与换热器中冷、热流体的相对流动方向有关。生产中常见的流体流向有四种类型，如图 2-28 所示。

并流：参与热交换的两流体流向相同，如图 2-28（a）所示。

逆流：参与热交换的两流体流向相反，如图 2-28（b）所示。

错流：参与热交换的两流体流向相互垂直，如图 2-28（c）所示。

折流：分简单折流和复杂折流两种情况。在换热器中，一种流体沿一个方向流动，另一种流体先以同向或反向流动，然后折回 180° 流动，也可以反复多次折回流动，这是简单折流，如图 2-28（d）所示。若两流体均做折回流动，则称复杂折流。在复杂折流过程中，两流体既并流，又逆流。

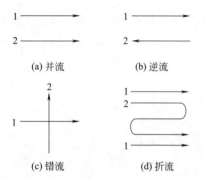

图 2-28　冷、热流体间壁流动方向示意图

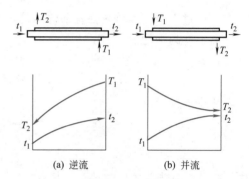

图 2-29　冷、热流体温度变化示意图

图 2-29 是套管式逆流和并流传热时流体的温度沿传热壁面的变化情况。内管走冷流体，温度由 t_1 升至 t_2，套管环隙走热流体，与冷流体呈逆流，温度由 T_1 降至 T_2。图 2-29（a）与图 2-29（b）不同的是冷热流体分别呈逆流和并流流动。假设换热器没有热损失，则传热总系数 K 是一个常数。换热器两侧流体的传热温差 Δt_m 是冷、热流体在换热器传热面上各处的温度差的平均值，即：

$$\Delta t_m = \frac{\Delta t_1 - \Delta t_2}{\ln \dfrac{\Delta t_1}{\Delta t_2}} \tag{2-29}$$

式中　Δt_1——换热器热端热、冷流体温差；

　　　Δt_2——换热器冷端热、冷流体温差。

并流时，$\Delta t_1 = T_1 - t_1$，$\Delta t_2 = T_2 - t_2$

逆流时，$\Delta t_1 = T_1 - t_2$，$\Delta t_2 = T_2 - t_1$

若换热器进、出口的两端温度比 $\dfrac{\Delta t_1}{\Delta t_2} \leqslant 2$，工程上常用算术平均值温度差作为换热器的有效平均温差，即：

$$\Delta t_m = \frac{\Delta t_1 + \Delta t_2}{2} \tag{2-30}$$

计算错流和折流时的平均温度差时，按逆流温度差的方法计算后再乘以校正系数 $\varphi_{\Delta t}$ 得出，即：

$$\Delta t_{\mathrm{m}} = \varphi_{\Delta t} \Delta t_{\mathrm{m逆}} \tag{2-31}$$

校正系数 $\varphi_{\Delta t}$ 与冷热两流体的温度变化有关，是 R 和 P 两参数的函数，即：

$$\varphi_{\Delta t} = f(R, P)$$

$$R = \frac{T_1 - T_2}{t_2 - t_1} = 热流体温降/冷流体温升$$

$$P = \frac{t_2 - t_1}{T_1 - t_1} = 冷流体温升/流体最初温差$$

校正系数 $\varphi_{\Delta t}$ 可根据 R 和 P 两参数从相应的图中查得。温差校正系数 $\varphi_{\Delta t}$ 恒小于 1，这是由于各种复杂流动中同时存在逆流和并流的缘故，因此它们的 Δt_{m} 比纯逆流的要小。在列管换热器内增设了折流挡板及采用多管程，使得换热的冷、热流体在换热器内呈折流或错流，导致实际平均传热温差恒低于纯逆流时的平均传热温差，通常在换热器的设计中规定 $\varphi_{\Delta t}$ 值不应小于 0.8，若低于此值，则应考虑增加壳程数，或将多台换热器串联使用，使传热过程更接近于逆流。当 $\varphi_{\Delta t}$ 值小于 0.8 时，则传热效率低，经济上不合理，操作不稳定。若在校正系数系列图上找不到某种 P、R 的组合，说明此种换热器达不到规定的传热要求，因而需改用其他流向的换热器。

在大多数的列管式换热器中，两流体并非简单的逆流或并流，因为传热的好坏，除考虑温度差的大小外，还要考虑到影响传热系数的多种因素以及换热器的结构是否紧凑合理等。所以实际上两流体的流向，是比较复杂的多程流动，或是相互垂直的交叉流动。

✏️ 技术训练 2-11

采用套管式换热器（图 2-30）换热，冷却水在管内流过，水温度由 20℃ 升到 60℃；热油在管外，其温度从 120℃ 降到 70℃，可采用并流或逆流换热。计算：每个方案的传热平均温度差。

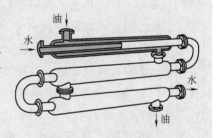

图 2-30　套管结构示意图

解：（1）并流传热时：

热流体 120℃ → 70℃

冷流体 20℃ → 60℃

$$\Delta t_1 = 120 - 20 = 100(℃), \Delta t_2 = 70 - 60 = 10(℃)$$

$$\Delta t_{\mathrm{m}} = \frac{\Delta t_1 - \Delta t_2}{\ln(\Delta t_1 / \Delta t_2)} = (100 - 10)/\ln(100/10) = 39.1(℃)$$

（2）逆流传热时：

热流体 120℃ → 70℃

冷流体 60℃ ← 20℃

$$\Delta t_1 = 120 - 60 = 60(℃), \Delta t_2 = 70 - 20 = 50(℃)$$

$$\Delta t_{\mathrm{m}} = \frac{\Delta t_1 - \Delta t_2}{\ln(\Delta t_1 / \Delta t_2)} = (60 - 50)/\ln(60/50) = 54.9(℃)$$

计算结果表明，采用逆流换热比并流换热时的传热平均温度差要大。所以，在条件允许的情况下尽量采用逆流换热。

（3）流体流动方向对传热平均温度差的影响

① 换热器两侧的流体恒温传热，也就是换热器内冷、热流体的温度都未变化，并流、逆流对平均温度差无影响。

② 换热器一侧的流体恒温，另一流体温度变化，并流、逆流对平均温度差无影响。

③ 换热器两侧的流体均变温，假定热、冷流体的进、出口温度一定，在完成相同的传热量时，由于逆流的平均温度差大于并流。由传热速率方程式 $Q=KA\Delta t_m$ 可知，逆流时需要的传热面积比并流时小。因为逆流有可能比并流节省换热器面积，所以在没有其他工艺条件要求的情况下，应该选逆流。

尽管逆流在变温传热过程中平均温度差比并流时大，但是生产工艺并不是都采用逆流工艺，要从以下几个方面考虑：

① 从载热体的用量考虑 在变温传热过程中，在忽略热损失的情况下，由热量衡算可知：

$$Q=G_hC_{ph}(T_1-T_2)=G_cC_{pc}(t_2-t_1)$$

换热的目的是为了加热冷流体，加热剂的用量为：

$$G_h=\frac{G_cC_{pc}(t_2-t_1)}{C_{ph}(T_1-T_2)} \tag{2-32}$$

换热的目的是为了冷却热流体，冷却剂的用量为：

$$G_c=\frac{G_hC_{ph}(T_1-T_2)}{C_{pc}(t_2-t_1)} \tag{2-33}$$

由式（2-32）可以看出，加热冷流体时，给定冷流体流量 G_c、初温 t_1、终温 t_2 以及热流体的初温 T_1 时，热流体的用量 G_h 只由其最终温度 T_2 决定。比较图 2-29 可以看出，并流时 T_2 永远大于 t_2，但逆流时 T_2 可能小于 t_2。T_2 越低，所用加热剂用量 G_h 越小。所以，逆流时 T_2 有可能比并流更低，故逆流可能比并流节省加热剂用量。

由式（2-33）可以看出，在冷却热流体时，给定热流体流量 G_h、初温 T_1、终温 T_2 以及冷流体的初温 t_1 时，则冷流体的用量 G_c 只由其最终温度 t_2 决定。比较图 2-29 可以看出，并流时 t_2 永远小于 T_2，但逆流时 t_2 可能大于 T_2，则 t_2 越高，所用冷却剂用量 G_c 越小。所以，逆流时 t_2 有可能比并流更高，故逆流可能比并流节省冷却剂用量。因此，为了节省载热体用量，在没有其他工艺条件要求的情况下，应该选逆流。

② 从控制载热体的出口温度考虑 当工艺上要求某加热剂的终温不得高于某一定值时，或者被冷却的流体终温不能低于某一值时，利用并流比较容易控制。比如：加热时，控制热流体终温 T_2 在 t_2（已知）之上，则并流一定能实现；同理，冷却时控制冷流体终温 t_2 在 T_2（已知）之下，则并流一定能实现。

另外，当高黏度液体作为被加热流体时，应该采用并流操作。从图 2-29 可以看出，并流操作可以在换热器的热端（热流体入口端）因存在较高的温度差 T_1-t_1 而产生较高的传热速率，迅速提高被加热流体温度、降低黏度，减小流动阻力，提高传热效果。

③ 从设备布置合理方面考虑 综上所述，从节省传热面积和节省载热体用量的经济问题分析，逆流优越于并流；从控制流体的最终温度角度来说，并流优越于逆流。但是，在实际生产工程中流体流动并不是单纯的并流或逆流，而是比较复杂的流动，即错流或折流，这样可以将设备布置合理，使设备结构紧凑。

技术训练 2-12

拟采用一台列管式换热器，如图 2-31 所示，冷却水在管内流过，水进、出口温度分别是 20℃和 60℃；热油在管外与水逆流流动，其进、出口温度分别是 120℃和 70℃，热油的流量为 2.1kg/s，其平均比热容为 1.9kJ/(kg·℃)。如果换热器的传热系数 K 为 300W/(m²·℃)，忽略热损失。试求：

（1）冷却水用量；

（2）所需换热器传热面积。

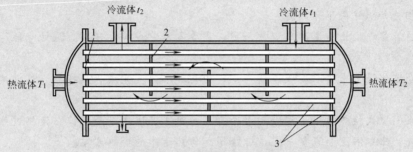

冷流体 t_2　　　　冷流体 t_1

热流体 T_1　　　　热流体 T_2

图 2-31　列管换热器示意图
1—管板；2—折流板；3—列管

解： 在热损失忽略不计的情况下，热油放出的热量等于冷却水所吸收的热量，也等于换热器的传热速率。

（1）热油放出的热量：

$$Q_h = G_h C_{ph}(T_1 - T_2)$$
$$= 2.1 \times 1.9 \times 10^3 \times (120 - 70)$$
$$= 199.5(\text{kW})$$

（2）冷却水吸收的热量：

水在换热器中的平均温度为 (20+60)/2=40(℃)，查附录得水在平均温度下的比热容为 4.174kJ/(kg·℃)，冷却水吸收的热量：$Q_c = G_c C_{pc}(t_2 - t_1)$，将各值代入，由热量守恒得：

$$G_c = \frac{Q_h}{C_{pc} \times (t_2 - t_1)} = \frac{199.5}{4.174 \times (60 - 20)}$$
$$= 1.195(\text{kg/s})$$

（3）确定换热器的传热面积：

传热速率 $Q = KA\Delta t_m$，若忽略热损失，传热速率 Q 在数值上等于冷、热流体所交换的热量（换热器的热负荷）。

即：$Q = KA\Delta t_m = Q_h = Q_c$

平均温度差：

$$\Delta t_m = \frac{\Delta t_1 - \Delta t_2}{\ln \dfrac{\Delta t_1}{\Delta t_2}} = \frac{(120-60)-(70-20)}{\ln \dfrac{120-60}{70-20}}$$
$$= 54.85(℃)$$

换热器的传热面积为：

$$A = \frac{Q}{K\Delta t_m} = \frac{199.5 \times 10^3}{300 \times 54.85}$$

$$= 12.1(\text{m}^2)$$

技能训练 2-9

结合相关知识完成下列问题：

（1）热流体进、出口温度及流量一定，用冷却水完成冷却任务，设计降低冷却水温度的方案。

（2）冷流体进、出口温度及流量一定，用饱和水蒸气完成加热任务，设计提高水蒸气出口温度的方案。

（3）在间壁式换热器中，用冷却水冷却某一种工艺流体，两流体在换热过程中均不发生相变且进、出口温度和流量一定，选择增加传热速率的换热方案。

（4）用套管式换热器欲将热流体从 300℃ 降到 200℃，所用冷流体初温为 50℃，要求冷流体终温不超过 300℃，选择流体流向，并说明原因。

四、确定换热器的总传热系数

1.计算总传热系数

图 2-32 为一逆流操作的列管式换热器，热量由管内向管外传递，取一段管段，该管段的内、外表面积及平均传热面积分别为 dA_i、dA_o 和 dA_m。

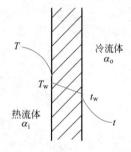

图 2-32 管段上的传热

经积分，且由于 $A = \pi dl$，可得：

以外表面积为基准：

$$\frac{1}{K_o} = \frac{d_o}{\alpha_i d_i} + \frac{\delta d_o}{\lambda d_m} + \frac{1}{\alpha_o} \qquad (2\text{-}34)$$

以平均表面积为基准：

$$\frac{1}{K_m} = \frac{d_m}{\alpha_i d_i} + \frac{\delta}{\lambda} + \frac{d_m}{\alpha_o d_o} \qquad (2\text{-}35)$$

以内表面积为基准：

$$\frac{1}{K_i} = \frac{1}{\alpha_i} + \frac{\delta d_i}{\lambda d_m} + \frac{d_i}{\alpha_o d_o} \qquad (2\text{-}36)$$

式中　K_i，K_m，K_o——基于传热壁面的内表面积、平均表面积、外表面积计算的传热系数，$W/(m^2 \cdot ℃)$ 或 $W/(m^2 \cdot K)$。

上式表明：间壁式换热器热、冷流体间的总传热热阻，等于两侧流体的对流传热热阻和管壁导热热阻之和。

在计算传热速率时，采用的总传热系数必须和所选择的传热面积相对应，选择的传热面积不同，总传热系数的数值也不同。选择何种面积作为计算基准，结果完全相同，但在工程上多以外表面积为基准，除特殊说明外，《手册》中所列的 K 值都是基于外表面积的传热系数，换热器标准系列中的传热面积也是指外表面积。因此，传热系数 K 的通用计算式为式（2-34），传热速率基本方程式的形式为：

$$Q = K_o A_o \Delta t_m \tag{2-37}$$

换热器的实际操作中，传热表面上常有污垢积存，对传热产生附加热阻，使总传热系数降低。由于污垢层的厚度及其热导率难以测量，因此通常选用污垢热阻的经验值作为计算 K 值的依据。若管壁内、外侧表面上的污垢热阻分别用 R_{si} 及 R_{so} 表示，则式（2-34）变为：

$$\frac{1}{K_o} = \frac{d_o}{\alpha_i d_i} + R_{si}\frac{d_o}{d_i} + \frac{\delta d_o}{\lambda d_m} + R_{so} + \frac{1}{\alpha_o} \tag{2-38}$$

式中 R_{si}，R_{so}——管内和管外的污垢热阻，又称污垢系数，$m^2 \cdot ℃/W$ 或 $m^2 \cdot K/W$。

常见流体的污垢热阻见表 2-6。

表 2-6 常见流体的污垢热阻

流体	污垢热阻/(m² · K/kW)	流体	污垢热阻/(m² · K/kW)
水（1m/s，$t>50℃$）		水蒸气	
蒸馏水	0.09	优质水蒸气	0.052
海水	0.09	劣质水蒸气	0.09
清洁的河水	0.21	往复机排出水蒸气	0.176
未处理的凉水塔用水	0.58		
已处理的凉水塔用水	0.26	其他液体	
已处理的锅炉用水	0.26	处理过的盐水	0.264
硬水、井水	0.58	有机物	0.176
气体		燃料油	1.056
空气	0.26～0.53	焦油	1.76
溶剂蒸气	0.14		

当管壁为平壁，或圆筒壁较薄或管径较大时，d_i、d_o、d_m 近似相等，则由式（2-24）得到：

$$\frac{1}{K} = \frac{1}{\alpha_i} + \frac{\delta}{\lambda} + \frac{1}{\alpha_o} \tag{2-39}$$

若固体壁面材料为金属时，热导率很大，且当壁面很薄时，$\frac{\delta}{\lambda}$ 一项可以忽略，则式（2-34）可写为：

$$\frac{1}{K_o} = \frac{1}{\alpha_i} + \frac{1}{\alpha_o}$$

当两个 α 相差很大时，K 值与较小的 α 接近，此种情况下，要提高总传热系数 K，关键是要提高较小的 α，使传热效果更有效。

2. 总传热系数经验值

在设计换热器时，需预知总传热系数 K 值，对换热器总传热系数作一估计。换热器中的总传热系数 K 值，主要取决于流体的物性、传热过程的操作条件及换热器的种类等，因而变化范围很大。某些情况下，列管式换热器的总传热系数经验值见表 2-7，有关《手册》也有不同情况下的经验值，可供设计时参考。

表 2-7　常见列管换热器传热情况下的总传热系数 K

冷 流 体	热 流 体	$K/[\text{W}/(\text{m}^2 \cdot ℃)]$
水	水	850~1700
水	气体	17~280
水	有机溶剂	280~850
水	轻油	340~910
水	重油	60~280
有机溶剂	有机溶剂	115~340
水	水蒸气冷凝	1420~4250
气体	水蒸气冷凝	30~300
水	低沸点烃类冷凝	455~1140
水沸腾	水蒸气冷凝	2000~4250
轻油沸腾	水蒸气冷凝	455~1020

技术训练 2-13

热空气在冷却管管外流过，$\alpha_o = 50\text{W}/(\text{m}^2 \cdot ℃)$，冷却水在管内流过，$\alpha_i = 1000\text{W}/(\text{m}^2 \cdot ℃)$。冷却管外径 $d_o = 19\text{mm}$，壁厚 $\delta = 2\text{mm}$，管壁的热导率 $\lambda = 45\text{W}/(\text{m} \cdot ℃)$。试求：换热器的总传热系数 K_o。

解：由式（2-34）可知：

$$K_o = \cfrac{1}{\cfrac{1}{\alpha_i} \times \cfrac{d_o}{d_i} + \cfrac{\delta}{\lambda} \times \cfrac{d_o}{d_m} + \cfrac{1}{\alpha_o}}$$

$$= \cfrac{1}{\cfrac{1}{1000} \times \cfrac{19}{15} + \cfrac{0.002}{45} \times \cfrac{19}{17} + \cfrac{1}{50}}$$

$$= \cfrac{1}{0.00127 + 0.00005 + 0.02}$$

$$= 46.9 \, [\text{W}/(\text{m}^2 \cdot ℃)]$$

由上述计算可知，管壁热阻很小，通常可以忽略不计，传热主要热阻是管外空气对流传热热阻。

技术训练 2-14

若改变技术训练 2-13 中的操作工艺条件以提高对流传热系数，求下列两种情况下换热器的总传热系数：（1）管外对流传热系数 α_o 增加一倍，总传热系数有何变化？（2）管内对流传热系数 α_i 增加一倍，总传热系数有何变化？

解：（1）如果将管外对流传热系数 α_o 增加一倍，则

$$\alpha_o = 2 \times 50 \text{W}/(\text{m}^2 \cdot ℃)$$

$$K_o = \cfrac{1}{0.00127 + 0.00005 + \cfrac{1}{2 \times 50}} = 88.3 \left[W/(m^2 \cdot ℃) \right]$$

由此可见，将管外对流传热系数 α_o 增加一倍，则传热系数增加了 88.3%。

（2）如果将管外对流传热系数 α_i 增加一倍，则

$$\alpha_i = 2 \times 1000 W/(m^2 \cdot ℃)$$

$$K_o = \cfrac{1}{\cfrac{1}{2 \times 1000} \times \cfrac{19}{15} + 0.00005 + 0.02} = 48.3 \left[W/(m^2 \cdot ℃) \right]$$

由此可见，若如果将管外对流传热系数 α_i 增加一倍，则传热系数只增加了 3.0%。因此，若 $\alpha_i \gg \alpha_o$，则 $K \approx \alpha_o$，欲要提高 K 值，关键在于提高对流传热系数较小一侧的 α。

技能训练 2-10

家用暖气片的外表面往往制成翅片状，这种结构传热效果好，结合相关知识，分析强化传热效果的原因。

五、间壁式换热器强化传热的途径

1. 增加传热面积

增大传热面积应该从改进换热器结构入手。应提高其紧凑性，也就是提高单位体积内的换热面积。例如：用螺纹管代替光滑管、用螺旋板代替光滑板，都可以增加单位体积内的换热面积。

2. 增加总传热系数

增大总传热系数是强化传热的重点。从传热总系数计算式 $\dfrac{1}{K_o} = \dfrac{d_o}{\alpha_i d_i} + R_{si}\dfrac{d_o}{d_i} + \dfrac{\delta d_o}{\lambda d_m} + R_{so} + \dfrac{1}{\alpha_o}$ 可知，其总热阻是由冷、热流体的对流传热热阻、管壁两侧的污垢热阻及管壁的热传导热阻所组成的，减小任何环节的热阻都可提高传热系数。由于各项热阻所占比例不同，应该设法减小其中较大的热阻。归纳影响总传热系数的诸多因素，应该从以下几个方面提高总传热系数。

（1）提高换热器管壁的导热能力　导热能力取决于换热器的器壁的厚度和换热器材料的导热能力，应采用热导率较高的材料，尽量减少换热器壁厚。金属材料的热导率大，为了强化传热，换热器一般用金属材料制造，非金属石墨材料因其导热良好，也是常用的换热器材料。

（2）增加对流传热系数　对流传热过程在换热器的传热过程中起到至关重要的作用，专业人员曾经采取诸多办法来改善对流传热状况，提高对流传热效率。换热器壁两侧的对流传热系数，都会影响总传热系数的大小。当两个对流传热系数相差较大时，其中较小的对流传热系数是形成传热热阻的关键因素。此时强化传热的关键在于提高这个较小的传热系数。下面是一些增加对流传热系数的常用措施。

① 增加换热器的管程　管程数是指介质沿换热管长度方向往、返的次数；图 2-33 是单管程换热器，是指管程里的介质一次性通过管子内的空间。这种换热器流体流速相对较小，管壁与流体对流传热系数较小，其优点是流体流动阻力相对较小。

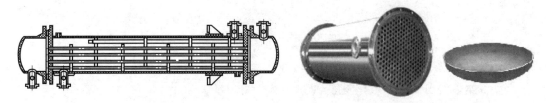

(a) 单管程、单壳程换热器结构示意图　　　　　(b) 单管程、单壳程换热器及封头外形图

图 2-33　单管程、单壳程换热器结构示意图与外形图

为了提高管内对流传热系数，可将单管程改成多管程。多管程是指管程内的介质一次通过一部分管子，可往返通过多次，这样可提高换热效率。封头内的挡板把管程内的介质分流，使介质能够多次往返于管内，提高换热效率。如图 2-34 所示，通过在封头内设置一个隔板，可将管程流体分成了两程，使管内流速较单管程加大一倍，并且使管内流体流动路径加倍。增加管程数量，管内流体流动速度增加，可提高管内对流传热系数，但是由于管内流体流速提高，管内流体流动路线延长，故流动阻力增加。

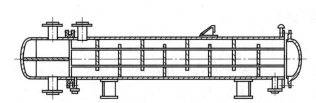

(a) 双管程、单壳程换热器结构示意图　　　　　(b) 双管程、单壳程换热器及封头外形图

图 2-34　双管程、单壳程换热器结构示意图与外形图

② 增加壳程数　壳程数是指介质在壳程内沿壳体轴向往返的次数。如图 2-35 （a）所示，在列管间内设置一个隔板，将壳程流体分成了两程，使管间流速较单管程加大一倍。增

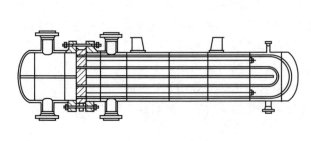
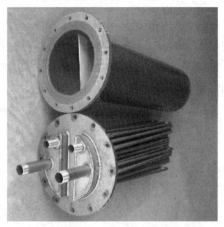

(a) 双管程、双壳程U形管换热器结构示意图　　　　　(b) 双管程、双壳程U形管换热器外形图

图 2-35　双管程、双壳程 U 形管换热器结构示意图与外形图

加壳程数量，使管外流体流动速度增加，从而提高管外对流传热系数，但流速增加及流通路径延长，使壳程流动阻力增加。

③ 采用粗糙的对流传热面　设法使换热管表面粗糙的方法有多种，通常采用将换热管内、外表面制作成翅片或波纹状，也可以把管子做成麻花扭曲状，或者在管内装金属网（见图 2-36）。这样可以使流体沿着表面流动时增加湍动程度，有效地改善流体的对流传热系数，增强传热效果。板式换热器的板面做成波纹状，能使流体在较小的流速下产生湍流，因此能获得较高的对流传热系数。

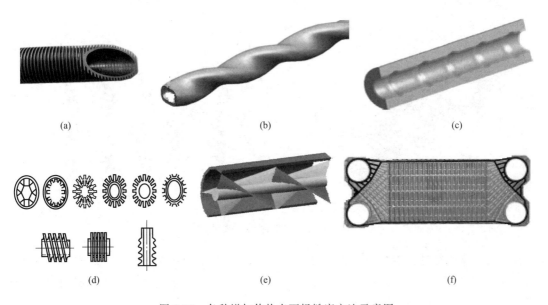

图 2-36　各种增加传热表面粗糙度方法示意图

④ 设置折流挡板　折流板是用来改变流体流向的板，常用于管壳式换热器壳程，作为壳程介质流道。折流板的作用是可以增加流体的湍动程度，减少流体在管道中的死区，增加流体流动流程，提高对流传热效果。除此之外，还起到支撑管束的作用。一般应根据介质和流量以及换热器大小确定折流板的多少。折流板的类型有弓形、盘-环形和螺旋形等。弓形折流板有单弓形、双弓形和三弓形三种。如图 2-37 所示，为几种常见的折流板类型。

⑤ 尽量采用有相变化的载热体　当流体存在相变时，相变发生过程将释放或者吸收大量热量，即相变潜热，得到较高的对流传热系数。比如：每千克 100℃ 的饱和蒸汽冷凝为同温度下的水，放出热量为 2258.4kJ，相当于同质量的水在 100℃ 的温度下降低 1℃ 所放出热量的 540 倍，可见相变时传热速率高，说明传热系数高。

⑥ 防止结垢及及时除垢　防止结垢和及时除垢也是增加传热总系数的重要途径。随着换热器使用时间的增长，污垢热阻可能成为主要的热阻。通常增加流体流速可以减弱污垢的形成，对于可拆卸的换热器，应定期进行化学或机械除垢。换热器设备在使用过程中，会产生很多污垢，如结焦、油污垢、水垢、沉积物、腐蚀产物、聚合物、菌类、藻类、黏泥等，特别是在使用冷却水的过程中，由于冷冻水吸收热流体的热量，使其温度上升，此时原来溶于水中的 $Ca(HCO_3)_2$ 和 $Mg(HCO_3)_2$ 在升温的作用下会析出 CO_2 生成微溶于水的 $CaCO_3$

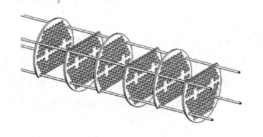

(a) 单弓形折流板组件

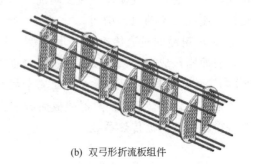

(b) 双弓形折流板组件

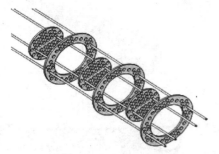

(c) 圆盘－圆环形折流板组件

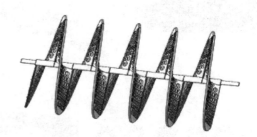

(d) 连续螺旋折流板组件

图 2-37　几种常见折流挡板结构示意图

和 $MgCO_3$。这些结晶物不断地沉积于换热器表面，便形成了很硬的水垢，形成很大的传热热阻，降低换热速率，增加能耗，同时还会使换热器的壁温大幅度升高。因此必须设法减慢污垢形成速率或及时清除污垢。

一般情况下，换热器的管壁较薄且热导率高，其导热热阻较小，不会成为总传热系数的主要热阻，要降低总热阻，主要措施是降低管壁两侧的对流传热热阻和减小污垢热阻。

3. 增加平均温度差

平均温度差的大小取决于两流体的温度条件和两流体的流动状况。流体的温度为换热要求规定，当两流体均发生变温时，可以在换热过程采用逆流工艺以增加平均温度差。另外，加热介质的种类不同，其温度也有较大差异，可采用高温加热介质或低温冷却介质来增加平均温度差。增加平均温度差可采取以下措施。

（1）提高热流体温度　用饱和蒸汽作加热介质时，可以通过增加蒸汽压力来提高蒸汽温度。工业上常采用电加热的方法提高加热介质的温度。

（2）降低冷流体温度　用水冷器冷却热流体时，可降低水温或者是增大冷却水的流量来降低整个换热器的冷流体温度。如果用低温冷冻盐水代替普通的冷却水，效果会更好。

（3）采用逆流设备　冷、热两种流体的变温传热时，采用逆流可以得到较大的平均温度差。如采用图 2-38 所示的螺旋板式换热器和套管式换热器，可以使管内、外的流体做完全的逆流流动，传热效果很好。

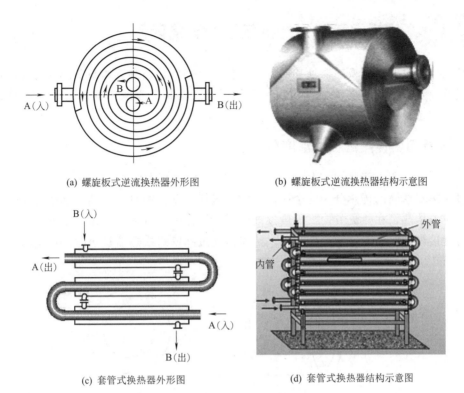

(a) 螺旋板式逆流换热器外形图　　(b) 螺旋板式逆流换热器结构示意图

(c) 套管式换热器外形图　　(d) 套管式换热器结构示意图

图 2-38　纯逆流换热器外观结构和示意图

技能训练 2-11

总结强化间壁式换热器传热的方法，通过查取相关资料，完成下表：

强化传热的方法	知识点	具体措施	应用举例
(1)增加传热面积			
(2)增加传热平均温度差			
(3)增加传热系数			

任务 4　估算间壁式换热器的壁温

理解换热器壁面温度及其影响因素，掌握壁温的估算方法，通过壁温的计算能采取降低壁面温度的措施、判断采用何种换热器类型以及判断安全性等。

在计算自然对流、强制对流、冷凝和沸腾表面传热系数时，以及在选用换热器类型和管材时，常常需要知道壁温。工业上使用的换热器一般由金属制成，壁面温度的高低直接影响换热器的使用安全。温度太高会加速金属的蠕变速度，减少使用寿命。温度太低会增加金属的脆性，也会降低金属的强度。通过学习本任务，我们将掌握壁温的计算方法，以便在安全的温度范围内使用换热器。

子任务 1　分析间壁式换热器壁温的影响因素

冷热流体经过间壁式换热器换热时，热量传递过程包含两侧流体与壁面的对流传热过程和壁面内的导热过程，两侧流体的对流传热状况、温度高低以及壁面的材质、壁面的厚度等，都会影响壁温的高低。

一、分析间壁传热过程的温度分布情况

换热器间壁之所以能将热流体的热量传给冷流体，是因为间壁两侧流体之间存在温度差。经过换热器壁面的传热分为三个阶段，即热流体向壁面的对流传热、壁面内导热、壁面向冷流体对流传热，在热流方向上温度逐渐降低。壁面两侧流体的主体温度及传热过程热阻的大小将直接影响壁面温度的高低。冷、热流体通过间壁式换热器换热时，器壁的温度及流体流向如图 2-39 所示。

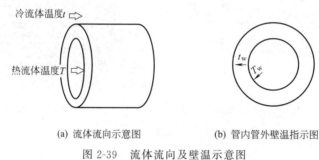

冷流体温度 t

热流体温度 T

t_w　T_w

(a) 流体流向示意图　　　　(b) 管内管外壁温指示图

图 2-39　流体流向及壁温示意图

二、分析影响壁面温度的因素

在热流体一侧，热流体向壁面对流传热。在热流体流动状况一定的情况下，热流体温度越高，则壁温越高，所以降低壁温的有效方法是降低热流体温度；如果热流体温度一定，通过改变流动状况，也能改变壁温。热流体流动过程中湍动程度越低，则热流体与壁面的传热热阻越大，造成热流体与壁面的温度差越大，短时间内可能使壁面温度降低，但长时间的热阻增大会降低换热器传热速率，反而由于热量积累造成壁温升高。在间壁另一侧，壁面向冷流体对流传热过程中，如果冷流体与壁面的传热热阻大，将造成热量的积累而使壁温升高。因此，生产过程中经常采用降低冷流体一侧热阻的方法来降低壁温，比如增加冷流体湍动程度或及时清理冷流体一侧的污垢，就能有效地减小壁面与冷流体的热阻，从而减小壁面与冷流体之间的温度差，达到降低壁温的目的。

子任务 2　估算间壁式换热器的壁温

热、冷流体经过间壁换热时，会经历两个对流传热和一个导热过程。通过对流传热速率方程和导热方程，将流体主体温度与管壁温度关联起来，即可通过热、冷两流体的主体温度计算壁温。

在稳定传热过程中，热量从热流体通过壁面传给冷流体，壁面两侧与壁面的对流传热速率及壁面内的传热速率必然相等。如图 2-39 所示，圆形管内热流体将热量传给管外的冷流体，于是得出传热方程式：

$$Q = \frac{T - T_{\mathrm{w}}}{\dfrac{1}{\alpha_{\mathrm{i}} A_{\mathrm{i}}}} = \frac{T_{\mathrm{w}} - t_{\mathrm{w}}}{\dfrac{\delta}{\lambda A_{\mathrm{m}}}} = \frac{t_{\mathrm{w}} - t}{\dfrac{1}{\alpha_{\mathrm{o}} A_{\mathrm{o}}}} \qquad (2\text{-}40)$$

式中　Q——热、冷流体通过壁面交换的热量，$\mathrm{J/s}$；

　　T，t——热、冷流体的主体温度，℃；

T_{w}，t_{w}——高温壁面、低温壁面的温度，℃。

由式（2-40）得出以下三个计算壁温的表达式：

$$T_{\mathrm{w}} = T - \frac{Q}{\alpha_{\mathrm{i}} A_{\mathrm{i}}} \qquad (2\text{-}41)$$

$$t_{\mathrm{w}} = T_{\mathrm{w}} - \frac{\delta Q}{\lambda A_{\mathrm{m}}} \qquad (2\text{-}42)$$

$$t_{\mathrm{w}} = t + \frac{Q}{\alpha_{\mathrm{o}} A_{\mathrm{o}}} \qquad (2\text{-}43)$$

如果壁面较薄且热导率较高，则导热热阻忽略可不计，若忽略污垢热阻，在稳定传热过程中的传热方程式为：

$$Q = \frac{T - T_{\mathrm{w}}}{\dfrac{1}{\alpha_{\mathrm{i}}}} = \frac{T_{\mathrm{w}} - t}{\dfrac{1}{\alpha_{\mathrm{o}}}} \qquad (2\text{-}44)$$

由式（2-44）可知，热阻越小，则流体温度与壁温的差值越小，所以壁温接近于 α 较大一侧的流体温度。

技能训练 2-12

根据壁温的计算方法，回答下列问题：

(1) 若热、冷流体对流传热系数接近，则换热器壁温接近哪一侧流体主体温度？

(2) 空气与沸腾水通过间壁换热，换热器温度接近哪个流体的温度？

任务 5　设计列管式换热管

本任务中，我们要学习认识冷热流体流通空间的选择原则，认识流体进出口温度的确定方法，了解流体流动方向选择方法，了解管程、壳程流体流速选择方法，学会流体阻力的计算方法，认识标准换热器的选用原则，认识列管式换热器的工艺设计，理解换热器选用步骤，学会基本设计步骤，能对标准换热器选用的合理性进行核算。

子任务 1　确认列管式换热器的工艺参数

在选用列管式换热器时，流体的处理量和物性是已知的，其进、出口温度给定或由工艺要求确定。然而，冷、热两流体的流动通道，即哪一种走管外，哪一种走管内，以及管径、管长和管子根数等尚待确定，而这些因素又直接影响对流传热系数、总传热系数和平均推动力的数值。

一、冷、热流体流动通道的选择

在列管式换热器内，冷、热流体流动通道可根据以下原则进行选择。

① 不洁净和易结垢的液体宜走容易清洗的一侧，即固定管板式换热器应走管程，U形管换热器应走壳程；

② 腐蚀性流体宜走管程，以免管束和壳体同时受腐蚀；

③ 压力高的流体宜走管内，以免壳体承受压力；

④ 饱和蒸汽宜走壳程，因饱和蒸汽比较清净，对流传热系数与流速无关而且冷凝液容易排出；

⑤ 被冷却的流体宜走壳程，便于散热；

⑥ 若两流体温差较大，对于刚性结构的换热器，宜将对流传热系数大的流体通入壳程，可减少热应力；

⑦ 流量小而黏度大的流体一般以走壳程为宜，因在壳程 $Re > 100$ 即可达到湍流。但这不是绝对的，如流动阻力损失允许，将这种流体通入管内并采用多管程结构，反而能得到更高的对流传热系数。

以上各点不可能同时满足，有时会产生矛盾，因此需根据具体情况而作恰当的选择。

二、流体进出口温度的确定

选定热源或冷源时，通常进口温度已知，其出口温度需要设计者选择。若换热器中的两侧介质均为工艺流体，一般高温端的温差不宜小于 $20℃$，低温端温差不宜小于 $5℃$，平均温差不能小于 $10℃$。此外冷却水的出口温度不宜高于 $50 \sim 60℃$，这样可以避免大量结垢。在采用多管程或多壳程换热器时，冷却剂的出口温度不能高于工艺流体出口温度。

三、流体流动方向的选择

一般情况下，应该采用逆流操作，以便使平均传热温度差增大。但是，对某些流体的温度有限制的情况下，为防止热流体的出口温度过低或冷流体的出口温度过高，应该采用并流操作。例如：当冷流体是热敏性流体时，因温度过高而影响产品质量，所以采取并流时，就可以将其出口温度控制在热流体的出口温度以下，但是逆流时只能将其温度控制在热流体进口温度以下，而不一定能够控制在热流体出口温度以下。除了纯并流和纯逆流以外，也可以使冷、热流体在换热器内做多管程或多壳程的复杂折流流动。流量一定，管程或壳程越多，换热器的总传热系数越大，但是流体流动的阻力增加，平均传热温度差也会在一定程度上变小，所以，应该综合考虑。

四、管、壳程流体流速的选择

增加流速不但可加大对流传热系数，而且能降低污垢热阻，从而使总传热系数加大。但增加流速后，流体流动阻力增大，动力消耗增多，此外还要从结构上考虑对流传热的影响。列管换热器中常用的流速范围在表2-8～表2-10中列出。一般管内、管外流体都要避免出现层流流动状态。

表 2-8　列管换热器中常用的流速范围

流体种类		一般液体	易结垢液体	气体
流速/(m/s)	管程	0.53～3	>1	5～30
	壳程	0.2～1.5	>0.5	9～15

表 2-9　列管换热器中易燃、易爆液体的安全允许速度

液体名称	乙醚、二氧化碳、苯	甲醇、乙醇、汽油	丙酮
安全允许速度/(m/s)	<1	<2～3	<10

表 2-10　列管换热器中不同黏度液体的常用流速

液体黏度/Pa·s	>1.5	1.5～0.5	0.5～0.1	0.1～0.035	0.035～0.001	<0.001
最大流速/(m/s)	0.6	0.75	1.1	1.5	1.8	2.4

五、流体阻力的计算

流体阻力越大，动力消耗越高。换热器的阻力分为管程阻力和壳程阻力，应分别进行估算。

1. 管程流体阻力（压力降）的计算

对于多程换热器，其总阻力 $\sum \Delta p_i$ 等于各程直管阻力、回弯阻力及进出口阻力之和。一般进出口阻力可忽略不计，故管程总阻力的计算式为：

$$\sum \Delta p_i = (\Delta p_1 + \Delta p_2) F_t N_p \tag{2-45}$$

式中　Δp_1，Δp_2——直管及回弯管中因摩擦阻力引起的压力降，Pa；

　　　F_t——结垢校正因数，无量纲，对 $\phi 25\text{mm} \times 2.5\text{mm}$ 的管子，取 1.4，对 $\phi 19\text{mm} \times 2\text{mm}$ 的管子，取 1.5；

　　　N_p——管程数。

$$\Delta p_1 = \lambda \frac{l}{d_i} \times \frac{u_i^2 \rho}{2} \tag{2-46}$$

回弯管的压力降 Δp_2 由下面的经验公式估算，即

$$\Delta p_2 = 3 \left(\frac{\rho u_i^2}{2} \right) \tag{2-47}$$

比较 Δp_i 与允许压降 $\Delta p_{i允}$，若 $\Delta p_i > \Delta p_{i允}$，必须调整管程数目，重新计算至 $\Delta p_i < \Delta p_{i允}$。

2. 壳程流体阻力（压力降）的计算

由于流体的流动状况比较复杂，因此不同公式计算得到的结果相差很多。下面公式是一个较简单的计算公式；

$$\sum \Delta p_o = \lambda_o \frac{D(N_B + 1)}{d_e} \times \frac{\rho u_o^2}{2} \tag{2-48}$$

式中　$\lambda_o = 1.72 Re^{-0.19}$，$Re = \dfrac{d_e u_o \rho}{\mu}$；

　　　D——壳内径，m；

　　　N_B——折流板数目，$N_B \approx \dfrac{l}{h} - 1$，$l$ 为管长，h 为折流板间距。

$$d_e = \frac{4 \times 流体流动截面积}{传热周长}$$

管子正方形排列时：$d_e = \dfrac{4\left(t^2 - \dfrac{\pi}{4}d_o^2\right)}{\pi d_o}$

管子正三角形排列时：$d_e = \dfrac{4\left(\dfrac{\sqrt{3}}{2}t^2 - \dfrac{\pi}{4}d_o^2\right)}{\pi d_o}$

式中　t——相邻两管中心距；

　　　d_o——管外径，m；

　　　u_o——管壳一侧流体的流速，根据流体流过的最大面积 A 计算，$A = hD\left(1 - \dfrac{d_o}{t}\right)$。

如果壳程内不设置折流板，管外流体沿管束平行流过，壳程内的流动阻力可以参照管内流体阻力的计算方式计算，只是将管内阻力计算公式的内径改为管间的当量直径。

技术训练 2-15

某生产过程中，用循环冷却水将某油品由 140℃ 冷却到 40℃。循环水的入口温度为 30℃，出口温度为 40℃，流量为 32353kg/h。换热过程拟采用一列单管程列管式换热器，试完成下列任务：(1) 确定流体流动空间，并选择流体流动方向；(2) 选择流体流动速度；(3) 若采用 $\phi25mm \times 2.5mm$ 的换热管，根据选择流速的大小估计管子数。

已知：操作状态的物性如下，油品：黏度为 0.000715Pa·s，密度为 825kg/m³，比热容 $C_p = 2.22$kJ/(kg·K)；循环水：黏度为 0.000725Pa·s，密度为 994kg/m³，$C_p = 4.174$kJ/(kg·K)。

解：(1) 由于循环水容易结垢，为便于清洗，应使循环水走管程，油走壳程。在变温传热过程中，由于逆流平均传热温度差较大，所以应采用逆流操作。

(2) 管程内循环水的黏度 0.000725Pa·s < 0.001Pa·s，为易结垢液体，其在管程的速度 $u > 1$m/s，最大值为 2.4m/s；

一般液体在壳程内速度范围为 0.2～1.5m/s，而易燃、易爆液体的安全允许速度 < 2～3m/s，所以油品在壳程内流速范围取 0.2～1.5m/s；

(3) 若取循环水的速度 $u = 1.5$m/s，所需管子根数可用下式计算：

$$n = \frac{V}{\dfrac{\pi}{4}d^2 u} = \frac{97059/(994 \times 3600)}{0.785 \times 0.02^2 \times 1.5} = 58$$

则所需换热管数为 58 根。

技能训练 2-13

查取相关资料，了解流体在换热器内允许压力降的大小取决于什么因素，理解压力降的高低对换热操作带来哪些利弊。

子任务 2　设计列管式换热器的结构

一、换热管规格和排列方式的选择

换热管直径越小，换热器单位容积的传热面积越大，结构越紧凑。因此，对于洁净的流体，管径可取得小些。但对于不洁净及易结垢的流体，管径应取得大些，以免堵塞。目前我国试行的系列标准规定采用 $\phi 19mm \times 2mm$、$\phi 25mm \times 2mm$ 和 $\phi 25mm \times 2.5mm$ 三种规格。管长的选择是以清洗方便和合理使用管材为准。我国生产的钢管长多为 6m，系列标准中常为 3 的倍数，常用管长有 1.5m、3m、4.5m 和 6m 四种，其中以 3m 和 6m 更为普遍。

管子的排列方式有直列和错列两种，而错列又有正三角形和正方形两种。正三角形错列

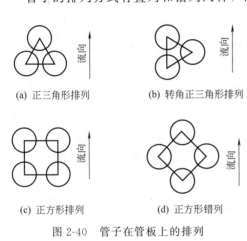

(a) 正三角形排列　　(b) 转角正三角形排列

(c) 正方形排列　　(d) 正方形错列

图 2-40　管子在管板上的排列

比较紧凑，管外流体湍流程度高，对流传热系数大。直列比较松散，传热效果也较差，但管外清洗方便。对易结垢的流体更为适用。正方形错列则介于二者之间。系列标准中，固定管板式换热器采用正三角形排列，U 形管换热器和浮头式换热器 $\phi 19mm$ 的管子按正三角形排列，$\phi 25mm$ 的管子多按正方形错列。管子中心距 t 与管子与管板的连接方法有关，胀接连接时，$t=(3\sim5)\,d_o$，焊接连接时 $t=1.25d_o$，对于 $\phi 19mm$ 的管子，t 常取 25.4mm；对于 $\phi 25mm$ 的管子，t 常取 32mm。管子在管板上的排列见图 2-40。

二、管程与壳程数的确定

为提高流速，可采用多管程。但这样会增大流动阻力，降低流体的平均温度差，采用多程时，每程管数应大致相等。管程数 N 按下式计算：

$$N=\frac{u}{u'} \tag{2-49}$$

式中　u——管程内流体的适宜流速，m/s；

u'——管程内流体的实际流速，m/s。

当温度差校正系数 $\varphi_{\Delta t}$ 低于 0.8 时应采用多程，即将两个单程换热器串联。

三、折流板的设置

设置折流板的目的是为了提高管外对流传热系数，为取得良好效果，挡板的形状和间距必须适当。对圆缺形挡板而言，弓形缺口的大小对壳程流体的流动情况有重要影响。由图 2-41 可以看出，弓形缺口太大或太小都会产生"死区"，既不利于传热又往往增加流体流动阻力。一般来说，弓形缺口的高度可取为壳体内径的 $10\%\sim40\%$，最常见的是 20% 和 25% 两种。

(a) 切除过少　　　　(b) 切除适当　　　　(c) 切除过多

图 2-41　挡板切除对流动的影响

挡板的间距对壳程流体的流动亦有重要的影响。间距太大，不能保证流体垂直流过管束，使管外对流传热系数下降；间距太小，不便于制造和检修，阻力损失亦大。一般取挡板间距为壳体内径的 0.2～1.0。我国系列标准中采用的挡板间距为：固定管板式有 150mm、300mm、600mm 三种；浮头式有 150mm、200mm、300mm、480mm、600mm 五种。

四、壳径的确定

壳体的内径应等于或稍大于管板的直径。可按计算的实际管数、管径、管中心距及管子的排列方法用作图法确定内径。此外，在初步设计中可按下式计算。

$$D = t(n_c - 1) + 2b' \tag{2-50}$$

式中　t——管中心距，m；

　　　n_c——横过管束中心线的管数；

　　　b'——管束中心线上最外壳管的中心至壳体内壁的距离，一般 $b' = (1～1.5)d$。

n_c 按下式计算：

管子按正三角形排列：

$$n_c = 1.1\sqrt{n}$$

管子按正方形排列：

$$n_c = 1.19\sqrt{n}$$

式中　n——换热器的总管数。

技能训练 2-14

查取相关资料，完成下列问题：

（1）了解常用的折流板有哪些种类，折流板大小及间距是如何设置的，理解为什么这样设置。

（2）了解列管换热器管子的种类、尺寸大小、排列方式，理解不同的排列方式对换热效果有什么影响。

（3）了解列管换热器管内外流体的流程数是如何确定的，管程和壳程数的多少，对换热器的换热效果造成哪些影响。

子任务3 　**熟悉列管式换热器的选用步骤**

设计时总是根据生产实际情况，选定一些参数，通过试算初步确定换热器的大致尺寸，然后参考国家系列化标准，选用已有的定型产品，经过进一步校核计算，最后确定合适的标准换热器。

在已知热流体流量 G_h、进口温度 T_1、出口温度 T_2、冷却介质进口温度 t_1 的条件下，按下列步骤选用列管式换热器。

一、计算传热量和对数平均温度差推动力

① 由已知 G_h、T_1、T_2，按 $Q_h = G_h C_{ph}(T_1 - T_2)$ 计算传热量 Q_h。

② 按总费用最低的原则，选择冷却介质出口温度 t_2。

③ 按冷、热流体为纯逆流计算 $\Delta t_{m逆}$。

④ 初步选择换热器内流体的流动方式，由热、冷流体进、出口温度计算流体流动方向上的温度校正系数 $\varphi_{\Delta t}$，$\varphi_{\Delta t}$ 应大于 0.8，否则改变流动方式，重新计算。

⑤ 按 $\Delta t_m = \varphi_{\Delta t} \Delta t_{m逆}$，计算此时的对数平均温度差推动力。

二、初选换热器的尺寸规格及型号

① 选定换热器类型。

② 确定冷、热流体的流动通道。

③ 选择冷、热流体的合适流速。

④ 根据流速，确定管、壳程数和折流挡板间距。

⑤ 根据经验或表 2-7 估计总传热系数 $K_{估}$，按 $Q = KA_{估} \Delta t_m$ 计算传热面积 $A_{估}$。

⑥ 根据 $A_{估}$ 的数值参照系列标准选定换热管直径、长度、排列，进而选择适当的换热器型号。

三、计算总传热系数、校核传热面积

① 计算管程 α_i、壳程对流传热系数 α_o，如 α_i 太小，可以增加管程数，若改变管程数不能同时满足 $\Delta p_i > \Delta p_{i允}$、$\alpha_i > K_{估}$ 的要求，则应重新估计 $K_{估}$ 值，另选一换热器型号进行试算，直至满足要求。α_o 太小则可减小挡板间距。

② 根据流体的性质选择适当的污垢热阻 R_s，由 R_s 和对流传热系数 α_i、α_o，计算总传热系数 $K_{计}$。

③ 由传热速率基本方程计算所需传热面积 $A_{计}$。

④ 比较 $A_{计}$ 与实际换热器所具有的传热面积 $A_{实}$，若 $A_{计} < A_{实}$，原则上上述的选用及计算均可行，否则需重新估计一个 $K_{估}$，重新计算 $A_{估}$ 和选用换热器。考虑到计算及选用的准确性和其他未预料到的因素，一般应使换热器的实际传热面积 $A_{实}$ 比需要的传热面积 $A_{计}$ 大 10%～25%。

四、核算压降

根据管程阻力的计算式（2-45）及壳程压降的计算式（2-48），计算出压力降应符合表 2-11 中的合理压力降要求。

表 2-11　换热器内合理压力降参考范围

操作情况	操作压力（绝对压力）/Pa	合理压力降/Pa
减压操作	$p=0\sim1\times10^5$	$0.1p$
低压操作	$p=1\times10^5\sim1.7\times10^5$	$0.5p$
	$p=1.7\times10^5\sim11\times10^5$	0.35×10^5
中压操作	$p=11\times10^5\sim31\times10^5$	$0.35\times10^5\sim1.8\times10^5$
较高压操作	$p=31\times10^5\sim81\times10^5$（表压）	$0.7\times10^5\sim2.5\times10^5$

技能训练 2-15

学生通过查阅文献资料、网络资源，在教师引导下，完成以下问题：

（1）说明换热器的设计及选用的通用步骤。

（2）换热器选用时应考虑哪些问题？

（3）选用一个标准换热器，并对选择的合理性进行核算。

任务6　操作与维护换热器

本任务中，我们将认识换热器操作规程，了解换热器开车前的预备操作规程，掌握换热器开车、停车操作步骤，了解列管式换热器的维护和保养方法，学会列管式换热器常见事故的判断及排除事故的措施，掌握板式换热器的维护和保养方法，学会板式换热器常见事故的判断及排除事故的措施。认识换热器操作中的安全检查规程，了解换热器运行中的安全检查和清洗，了解停车时的安全检查和清洗。

子任务1　操作换热器

换热器开停车及运行操作要遵循正确的操作规程。阀门的开启和关闭快慢程度、通入冷热流体的先后顺序等，均会影响换热器的使用寿命。换热器运行过程中不凝性气体及冷凝液是否按操作规程排放，也会影响换热器的换热效果。应学习正确的操作规程，以便安全使用换热器。

一、换热器开车前的预备操作规程

① 投产前应检查压力表、温度计、液位以及有关阀门是否齐全好用。

② 输送热流体前先打开换热器排污阀，排除积水和污垢；再打开放空阀，排除空气和其他不凝性气体。

③ 换热器投产时，要先通入冷流体，缓慢或数次通入热流体，做到先预热后加热，切忌骤冷骤热，以免换热器受到损坏，影响其使用寿命。

④ 进入换热器的冷热流体如果含有固体杂质和纤维质，一定要提前过滤和清除（特别

是对板式换热器），防止堵塞通道。

⑤ 经常检查两种流体的进出口温度和压力，发现温度、压力超出正常范围或有超出正常范围的趋势，要立即查出原因，采取措施，恢复正常。

⑥ 定期分析流体的成分，以确定有无内漏，以便及时处理：对列管式换热器进行堵管或换管，对板式换热器修补或更换板片。

⑦ 定期检查换热器有无渗漏、外壳有无变形以及有无振动，有则及时处理。

⑧ 定期排放不凝性气体和冷凝液，定期进行清洗。

二、换热器开车操作步骤（以列管式换热器为例）

换热器的种类很多，操作方法大同小异，它们的共同点是利用两种物料间大量的接触面积进行热交换，以完成冷却、冷凝、加热和蒸发等化工过程。而换热器的操作条件、换热介质的性质、腐蚀速度和运行周期决定了换热器维护管理的内容。现以广泛使用的列管式换热器为例，讨论相关操作。

（1）启动

① 首先利用壳体上附设的接管，将换热器内的气体和冷凝液（如果流体为蒸汽时）彻底排净，以免产生水击作用，然后全部打开排气阀。

② 先通入低温流体，当液体充满换热器时，关闭放气阀。

③ 缓缓通入高温流体，以免由于温差大，流体急速通入而产生热冲击。

④ 温度上升至正常操作温度期间，对外部的连接螺栓应重新紧固，以防垫片密封不严而泄漏。

（2）运行

① 对于采用法兰连接的密封处，因螺栓随温度上升（150℃以上）而伸长，紧固部位发生松动，因此，在操作中应重新紧固螺栓。

② 对于高温、高压和危险有毒的流体，对其泄漏要严格控制，应注意以下几点。

a. 从设计角度出发，尽量减少法兰连接，少使用密封垫片。

b. 从安装角度出发，紧固操作要方便。

c. 采用自紧式结构螺栓，这样在升温升压时不需要重新紧固。

③ 换热器操作一段时间后，换热性能会降低，应注意以下几个问题。

a. 传热表面上结污严重，会使传热效果显著下降。

b. 污垢将使管内径变小，流速相应增大，压力损失增加。

c. 应注意管子胀口泄漏及腐蚀。

d. 应避免操作条件不符合设计要求，而使材料产生疲劳破坏。

④ 为使换热器长期连续运行，必须定期进行检查与清洗。

（3）停车

① 首先切断高温流体，待装置停车前再切断冷流体。当生产需要先切断低温流体时，可采用旁路或其他方法，同时停止高温流体供给。如果较早地切断冷流体，则有可能因热膨胀而使设备遭到破坏。

② 换热器停车后，必须将换热器内残留的流体彻底排出，以防冻结、腐蚀和水锤作用。

③ 排放完液体后，可吹入空气，使残留液体全部排净。

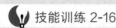

技能训练 2-16

结合相关知识，完成以下问题：

（1）启动换热器时，为什么先通入低温流体，然后缓缓通入高温流体？操作顺序不当，会造成什么结果？

（2）换热器使用过程中，为什么要定期排放不凝性气体和冷凝液？

子任务 2　维护保养换热器

换热器在使用过程中和使用后，均要对换热器维护和保养。换热器外管是否整洁、保护层是否完好、部件连接松紧是否适宜，均会影响换热器的老化速度。换热壁面结垢和泄漏，会降低换热效率。只有加强对换热器日常维护和保养，及时发现故障和排除事故，才能使换热器保持良好的换热效果。本任务以列管式换热器和板式换热器为例，阐述了换热器的维护和保养方法、常见事故的判断及排除事故的措施。

一、列管式换热器的常见故障与维护

1. 列管式换热器的维护和保养

列管式换热器的维护和保养有以下几个方面。

① 保持设备外部整洁、保温层和油漆完好。

② 保持压力表、温度计、安全阀和液位计等仪表和附件的齐全、灵敏和准确。

③ 发现阀门和法兰连接处渗漏时，应及时处理。

④ 开停换热器时，不要将阀门开得太猛，否则容易造成管子和壳体受到冲击，以及局部骤然胀缩，产生热应力，使局部焊缝开裂或管子连接口松弛。

⑤ 尽可能减少换热器的开停次数。停止使用时，应将换热器内的液体清洗放净，防止冻裂和腐蚀。

⑥ 定期测量换热器的壳体厚度，一般两年一次。

2. 列管式换热器的常见故障及其处理

列管式换热器的常见故障及其处理方法见表 2-12。

表 2-12　列管式换热器的常见故障与处理方法

故　　障	产生原因	处理方法
传热效率下降	列管结垢 壳体内不凝气或冷凝液增多 列管、管路或阀门堵塞	清洗管子 排放不凝气和冷凝液 检查清理
振动	壳程介质流动过快 管路振动所致 管束与折流板的结构不合理 机座刚度不够	调节流量 加固管路 改进设计 加固机座

故　　障	产生原因	处理方法
管板与壳体连接处开裂	焊接质量不好 外壳歪斜,连接管线拉力或推力过大 腐蚀严重,外壳壁厚减薄	清除补焊 重新调整找正 鉴定后修补
管束、胀口渗漏	管子被折流板磨破 壳体和管束温差过大 管口腐蚀或胀(焊)接质量差	堵管或换管 补胀或焊接 换管或补胀(焊)

　　列管式换热器的故障 50％以上是由于管子引起的,下面简单介绍一下更换管子、堵塞管子和对管子进行补胀(或补焊)的具体方法。

　　当管子出现渗漏时,就必须更换管子。对胀接管,须先钻孔,除掉胀管头,拔出坏管,然后换上新管进行胀接,最好对周围不需更换的管子也能稍稍胀一下。注意换下坏管时,不能碰伤管板的管孔,同时在胀接新管时,要清除管孔的残留异物,否则可能产生渗漏;对焊接管,须用专用工具将焊缝进行清除,拔出坏管,换上新管进行焊接。

　　更换管子的工作是比较麻烦的,因此当只有个别管子损坏时,可用管堵将管子两端堵死,管堵材料的硬度不能高于管子的硬度,堵死的管子的数量不能超过换热器该管程总管数的 10％。

　　管子胀口或焊口处发生渗漏时,有时不需换管,只需进行补胀或补焊,补胀时,应考虑到胀管应力对周围管子的影响,所以对周围管子也要轻轻胀一下;补焊时,一般须先清除焊缝再重新焊接,需要应急时,也可直接对渗漏处进行补焊,但只适用于低压设备。

二、板式换热器的常见故障与维护

1. 板式换热器的维护和保养

板式换热器的维护和保养有以下几个方面。

① 保持设备整洁、油漆完好,紧固螺栓的螺纹部分应涂防锈油并加外罩,防止生锈和黏结灰尘。

② 保持压力表、温度计灵敏、准确,阀门和法兰无渗漏。

③ 定期清理和切换过滤器,预防换热器堵塞。

④ 组装板式换热器时,螺栓的拧紧要对称进行,松紧适宜。

2. 板式换热器的主要故障和处理方法

板式换热器的主要故障和处理方法见表 2-13。

表 2-13　板式换热器常见故障和处理方法

故　　障	产生原因	处理方法
密封处渗漏	胶垫未放正或扭烂 螺栓紧固力不均匀或紧固不够 胶垫老化或有损伤	重新组装 调整螺栓紧固度 更换新垫

续表

故　　障	产生原因	处理方法
内部介质渗漏	板片有裂缝	检查更新
	进出口胶垫不严密	检查修理
	侧面压板腐蚀	补焊、加工
传热效率下降	板片结垢严重	解体清理
	过滤器或管路堵塞	清理

技能训练 2-17

结合相关知识，完成以下问题：

（1）开停换热器时，为什么不能快速开启阀门和关闭阀门？违反此操作规程将会造成什么结果？

（2）使用换热器时，为什么尽量减少换热器的开停次数？过频开停车会对换热器造成哪些损伤？

（3）组装板式换热器时，要求螺栓的拧紧要对称进行并松紧适宜，否则会造成什么结果？

综合案例

在一单程管壳式换热器内，流量为 2.8kg/s 的某种液体在管内呈湍流流动，其换热过程的平均比热容为 4.18kJ/(kg·℃)，由 15℃ 加热到 100℃，管内对流传热系数为 600W/(m²·℃)。温度为 110℃ 的饱和水蒸气在管外冷凝为同温度的水，其对流传热系数为 12000W/(m²·℃)。列管换热器由 $\phi 25mm \times 2mm$ 的 160 根不锈钢管组成，不锈钢的热导率为 17W/(m·℃)。若忽略污垢热阻和热损失，试求：列管长度。

解：换热器总传热速率可由式 $Q = K_o A_o \Delta t_m$ 计算

外侧面积为 $A_o = n \times 2\pi r_o l = \dfrac{Q}{K_o \Delta t_m}$

换热器的管子长度为 $l = \dfrac{Q}{n \times 2\pi r_o K_o \Delta t_m}$

计算热负荷：换热器的传热速率 Q 等于冷流体吸热的热负荷

已知：$G_c = 2.8kg/s$；$C_{pc} = 4.18kJ/(kg·℃)$；$t_1 = 15℃$，$t_2 = 100℃$，代入各值得：

$$Q = G_c C_{pc}(t_2 - t_1) = 2.8kg/s \times 4.18kJ/(kg·℃) \times (100℃ - 15℃)$$
$$= 994.8kW$$

计算平均温差：热流体温度 $T_1 = T_2 = 110℃$，

代入各值得：$\Delta t_1 = T_1 - t_2 = 110℃ - 15℃ = 95℃$，

$\Delta t_2 = T_2 - t_1 = 110℃ - 100℃ = 10℃$，

$$\Delta t_m = \dfrac{\Delta t_1 - \Delta t_2}{\ln \dfrac{\Delta t_1}{\Delta t_2}} = \dfrac{95 - 10}{\ln \dfrac{95}{10}} = 37.8(℃)$$

计算传热系数 K：

$$\frac{1}{K_o}=\frac{A_o}{\alpha_i A_i}+\frac{\delta A_o}{\lambda A_m}+\frac{1}{\alpha_o}$$
$$=25/(21\times600)+0.002\times25/(23\times17)+1/12000$$

得：$K_o=455.5\text{W}/(\text{m}^2\cdot\text{℃})$

计算管长：

$$l=\frac{Q}{n\pi d_o K_o \Delta t_m}=994.8\times10^3/(160\times3.14\times0.025\times455.5\times37.8)=4.6(\text{m})$$

素质拓展阅读

不忘初心、甘于奉献——焦义平

中国石化扬子石化有限公司化工厂技能大师、"全国五一劳动奖章"获得者焦义平1986年来到公司，扎根装置一线一干就是36年。从操作工到生产主管，从初中毕业生到集团公司技能大师，从复转军人到"全国五一劳动奖章"获得者，焦义平一步一个脚印，始终把责任放在第一位。焦义平仅有初中文化，但他认真研究，刻苦钻研，加倍努力，珍惜每一次学习与培训机会。他能快速准确报出1000多个工艺参数，被同事称为"会说话的流程图"，他为解决单耗指标短板，提出增设 PTA 氧化母液回收装置和草酸盐离心机优化改造方案等，攻下了140多项技术改进和攻关创新项目。在他看来，革命战士当保家卫国甘洒热血，石化工人就该坚守岗位甘于奉献。

练习题

一、填空题

1.传热的基本方式有_____、_____、_____。

2.工业上常用的换热方式有_____、_____、_____。

3.热负荷计算的方法有三种：_____、_____、_____。

4.对流传热过程中，热阻主要集中在_____中。

5.列管式换热器常用的补偿方式有_____、_____、_____。

6.为了提高壳程内的对流传热系数，可在换热器管间设置_____，以便提高管间流动速度；或者是在换热器管间设置_____，以便增加流体流动的湍动程度，强化管外传热。

7.进行换热的两流体，若 $\alpha_1\gg\alpha_2$ 时，要提高 K 值，应设法提高_____；当 $\alpha_1\approx\alpha_2$ 时，要提高 K 值，应提高_____。

二、单项选择题

1.在静止流体中热量主要通过（   ）传递。

    A.导热　　　　　　　B.对流　　　　　　　C.两种形式同时存在

2.由于流体之间的宏观相对位移所产生的对流运动，将热量由空间中一处传到他处的现象称为（   ）。

    A.热传导　　　　　　B.热对流　　　　　　C.热辐射

3.热量传递的原因是由于物体之间（   ）。

A. 热量不同　　　　　　　B. 温度不同　　　　　　　C. 比热容不同

4. 空气、水、金属固体的热导率分别为 λ_1、λ_2、λ_3，其大小顺序正确的是（　　）。

A. $\lambda_1 > \lambda_2 > \lambda_3$　　　B. $\lambda_1 < \lambda_2 < \lambda_3$　　　C. $\lambda_2 > \lambda_3 > \lambda_1$　　　D. $\lambda_2 < \lambda_3 < \lambda_1$

5. 多层壁传热过程中，总热阻为各层热阻（　　）。

A. 平均值　　　　　　　B. 之差　　　　　　　C. 之和

6. 穿过厚度相等的三层平壁的稳定导热过程，如图所示，第一层的热阻 R_1 与第二、三层热阻 R_2、R_3 的大小为（　　）。

A. $R_1 > R_2 + R_3$　　　B. $R_1 < R_2 + R_3$　　　C. $R_1 = R_2 + R_3$　　　D. 无法比较

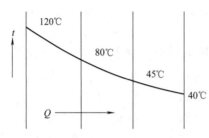

单项选择题第 6 题附图

7. 间壁传热时，各层的温度降与各相应层的热阻（　　）。

A. 成正比　　　　　　　B. 成反比　　　　　　　C. 没关系

8. 当工艺要求控制流体的终温时，采用（　　）为宜。

A. 逆流　　　　　　　B. 并流　　　　　　　C. 折流

9. 间壁式换热器的冷、热两种流体均为变温传热，当进出口温度一定，同样传热量时，传热推动力（　　）。

A. 逆流大于并流　　　　B. 并流大于逆流　　　　C. 逆流与并流相等

10. 在变温传热过程中，为了节省载热体用量，采用（　　）为宜。

A. 逆流　　　　　　　B. 并流　　　　　　　C. 错、折流

11. 提高对流传热系数最有效的方法是（　　）。

A. 增大管径　　　　　　B. 提高流速　　　　　　C. 增大黏度

12. 在下列过程中，对流传热系数最大的是（　　）。

A. 蒸汽冷凝　　　　　　B. 水的加热　　　　　　C. 空气冷却

13. 翅片管换热器的翅片应安装在（　　）。

A. α 小的一侧　　　B. α 大的一侧　　　C. 管内　　　　　　D. 管外

14. 为使换热器的结构紧凑合理，生产中常采用（　　）。

A. 逆流　　　　　　　B. 并流　　　　　　　C. 错、折流

15. 列管式换热器传热面积主要是（　　）表面积。

A. 管束　　　　　　　B. 外壳　　　　　　　C. 管板

16. 工业上采用多程列管换热可提高（　　）。

A. 传热面积　　　　　　B. 传热温差　　　　　　C. 传热系数

17. 公式 $Q = KA\Delta t_m$ 中，Δt_m 的物理意义是（　　）。

A. 器壁内外壁面的温度差　　　　　　　B. 器壁两侧流体对数平均温度差

C. 流体进出口的温度差　　　　　　　　D. 器壁与流体的温度差

18. 湍流体与器壁间的对流传热（即给热过程）的热阻主要存在于（　　）。

    A.流体主体内　　　　　　　　　　　　B.器壁内

    C.层流内层中　　　　　　　　　　　　D.流体湍流区域内

19. 用饱和水蒸气加热空气时，传热管的壁温接近（　　）。

    A.水蒸气的温度　　　B.空气的出口温度　　　C.空气进出口平均温度

20. 水蒸气中不凝性气体的存在，会使它的对流传热系数 α 值（　　）。

    A.降低　　　　　　B.升高　　　　　　C.不变　　　　　　D.都可能

21. 在一单程列管式换热器中，用100℃的热水加热一种易生垢的有机液体，这种液体超过80℃时易分解。试确定有机液体的通入空间及流向。（　　）

    A.走管程，并流　　　　　　　　　　　B.走壳程，并流

    C.走管程，逆流　　　　　　　　　　　D.走壳程，逆流

22. 管壳式换热器启动时，首先通入的流体是（　　）。

    A.热流体　　　　　　　　　　　　　　B.冷流体

    C.最接近环境温度的流体　　　　　　　D.任意

三、判断题

1.只有恒温传热才属于稳定传热，变温传热属于不稳定传热。　　　　　（　　）

2.生产中保温材料应选用热导率较高的材料。　　　　　　　　　　　（　　）

3.固体壁的热导率越小，则导热阻力越大。　　　　　　　　　　　　（　　）

4.在厚度一定的圆筒壁稳态热传导传热过程中，由内向外通过各等温面的传热速率相等，由内向外通过各等温面的热通量也相等。　　　　　　　　　　　　（　　）

5.传热过程的推动力为冷热流体进口温度差。　　　　　　　　　　　（　　）

6.传热速率和热负荷在计算中数值相等，因此是同一个概念。　　　　（　　）

7.换热器的壁温总是接近对流传热系数大的那一侧流体的温度。　　　（　　）

8.当间壁两侧对流传热系数相差很大时，传热系数 K 接近于较大的对流传热系数。（　　）

9.在列管式换热器管间装设了两块横向折流挡板，则该换热器变成为双壳程的换热器。

    （　　）

10.列管式换热器内用饱和水蒸气加热管程的空气，为提高换热器的 K 值，可在管外装设折流挡板。　　　　　　　　　　　　　　　　　　　　　　　　　（　　）

11.列管式换热器采用多管程的目的是提高管内流体的对流传热系数。　（　　）

12.维持膜状沸腾操作，可获得较大的沸腾传热系数。　　　　　　　　（　　）

13.强化传热的途径主要是增大传热面积。　　　　　　　　　　　　　（　　）

四、问答题

1.传热的基本方式有哪几种？各有何特点？

2.冬天住在新建的居民楼比住旧楼房感觉更冷。试用传热知识解释原因。

3.影响对流传热系数的因素有哪些？

4.传热系数 K 的物理意义是什么？

5.为了提高换热器的传热系数 K，可以采取哪些措施？

6.试分析室内暖气片的散热过程。

7.流体输送管道的散热损失是如何产生的？应如何来减少此热损失？

8.当间壁两侧流体稳定变温传热时，工程上为何常采用逆流操作？并简要定性分析主要原因。

9. 强化传热过程的途径有哪几个方面？

10. 工业上常用的换热器主要有哪些类型？各有何特点？

11. 列管式换热器由哪几个基本部分组成？各起什么作用？

12. 常用的加热剂和冷却剂有哪些？各有何特点和使用场合？

13. 如何选择流体在换热器内的通入空间？

五、计算题

1. 某平壁工业炉的耐火砖厚度为 0.213m，炉墙热导率 $\lambda = 1.038W/(m \cdot ℃)$。其外用热导率为 0.07 $W/(m \cdot ℃)$ 的绝热材料保温。炉内壁温度为 980℃，绝热层外壁温度为 38℃，如允许最大热损失量为 950 W/m^2。求：（1）绝热层的厚度；（2）耐火砖与绝热层的分界处温度。

2. 在 $\phi48mm \times 3.5mm$ 的钢管输送热流体时，为了减少热量损失，在其外部包了两层保温材料，从内到外第一层是厚度为 30mm 的矿渣棉，热导率为 0.12$W/(m \cdot ℃)$，第二层是厚度为 30mm 的泡沫混凝土，热导率为 0.23$W/(m \cdot ℃)$，钢管内壁温度为 150℃，泡沫混凝土外表面温度为 30℃。试求：

（1）每米管长的热损失；

（2）在其他条件不变的情况下，两个保温材料交换一下位置，则每米管长的热损失是多少；

（3）根据计算结果比较，哪一个保温方案更好？

3. 有一列管式换热器，常压空气从 $\phi25mm \times 2.5mm$ 的列管内通过，由 180℃ 加热到 220℃，如空气的平均流速为 20m/s，管长为 2m，试求管壁对空气的给热系数 α。

4. 用冷却水使流量为 2000kg/h 的硝基苯从 82℃ 冷却到 27℃，冷却水由 15℃ 升到 35℃，试求：（1）换热器热负荷及冷却水用量；（2）如果将冷却水增加到 3.5m^3/h，求冷却水终温。

5. 有一套管式换热器，内管为 $\phi180mm \times 10mm$ 的钢管，内管中有质量流量为 3000kg/h 的热水，从 90℃ 冷却到 60℃。环隙中冷却水从 20℃ 升到 50℃。总传热系数 2000$W/(m^2 \cdot ℃)$。

试求：

（1）冷却水用量；

（2）并流流动时的平均温度差及所需传热面积；

（3）逆流流动时的平均温度差及所需传热面积。

6. 用一外表传热面积为 3m^2、由 $\phi25mm \times 2.5mm$ 的管子组成的单程列管式换热器，用初温为 10℃ 的水将机油由 200℃ 冷却至 100℃，水走管内，油走管间。已知水和机油的质量流量分别为 1000kg/h 和 1200kg/h，其比热容分别为 4.18kJ/(kg · ℃) 和 2.0kJ/(kg · ℃)，水侧和油侧的对流传热系数分别为 2000$W/(m^2 \cdot ℃)$ 和 250$W/(m^2 \cdot ℃)$，两流体呈逆流流动，忽略管壁和污垢热阻。（1）计算说明该换热器是否合用？（2）夏天当水的初温达到 30℃，而油的流量及冷却程度不变时，该换热器是否合用？（假设传热系数不变）

知识的总结与归纳

知识点		应用举例	备注
计算单层平壁传热速率	$Q = \lambda \dfrac{t_1 - t_2}{\delta}$	计算单层固体传热速率、热导率、壁面温度、所需壁面厚度	壁面热导率越大，壁面越薄，壁面两侧温度差越大，则传热速率越大

知识点		应用举例	备注
计算多层平壁传热速率	$Q=\dfrac{\Delta t_{总}}{R_{总}}=\dfrac{t_1-t_{i+1}}{\sum\limits_{i=1}^{n}R_i}$	计算多层平壁传热速率、界面温度、壁面厚度等	界面之间接触良好,热量损失忽略不计时,各层传热速率相等。每一层的温差与热阻成正比,总温度差与总阻成正比。若材料种类和厚度已知,可以利用任意已知的两个界面温度求出传热速率和未知的界面温度
计算单层圆筒传热速率	$Q=\dfrac{2\pi l\lambda(t_1-t_2)}{\ln\dfrac{r_2}{r_1}}$	计算单层圆筒的传热速率、热导率、壁面温度、所需壁面厚度	壁面热导率越大,壁面越薄,壁面两侧温度差越大,则传热速率越大。因为热流方向上圆筒面积是变化的,所以即便传热速率是一定的,但热流密度是变化的
计算多层圆筒传热速率	$Q=\dfrac{t_1-t_{i+1}}{\sum\limits_{i=1}^{n}\dfrac{1}{2\pi l\lambda_i}\ln\dfrac{r_{i+1}}{r_i}}$	计算多层圆筒的传热速率、热导率、壁面温度、所需壁面厚度	损失忽略不计时,各层传热速率相等。每一层的温差与热阻成正比,总温度差与总热阻成正比
计算流体与壁面的对流传热速率	$Q=\alpha A_1(T-T_w)$ 或 $Q=\alpha A_2(t_w-t)$	计算流体向壁面传递的对流传热速率或壁面向流体传递的对流传热速率	对流传热速率与对流传热系数、流体与壁面接触的面积及流体与壁面温度差成正比。提高对流速度及增加壁面面积,是提高对流传热速率的关键
计算管内对流传热系数	$\alpha=0.023\dfrac{\lambda}{d_i}\left(\dfrac{d_iu\rho}{\mu}\right)^{0.8}\left(\dfrac{C_p\mu}{\lambda}\right)^n$	低黏度流体在圆形直管内做强制湍流对流传热系数计算	$Re>10000$,流体黏度较低,不大于水的黏度的 2 倍。提高流体速度、降低流体黏度和选用热导率较大的流体,是提高对流传热系数的关键
计算显热热负荷	$Q=GC_p\Delta t$	计算载热体温度变化时放出或吸收的热量	Δt 指物体初温、终温之差
计算潜热热负荷	$Q_{汽化}=G_h r_h$	计算载热体因相态变化而吸收或放出的热量	载热体在冷凝或汽化过程中放出或吸收的热量
计算换热器传热速率	$Q=KA\Delta t_m$	计算换热器两侧有温度差时,通过换热器壁面的传热速率	传热速率是换热器本身的换热能力,换热器壁面两侧载热体的温度差是传热的根本原因。增加平均传热温度差、增加传热面积、提高总传热系数,是提高换热器传热速率的途径

知识点		应用举例	备注
计算换热器的平均温度差	$\Delta t_m = \dfrac{\Delta t_1 - \Delta t_2}{\ln \dfrac{\Delta t_1}{\Delta t_2}}$	计算换热器两侧流体在整个换热壁面上的平均温度差	在两侧流体的温度都为变温的传热过程中，流体的流动方向影响平均温度差的大小，两流体都是变温时逆流平均温度差最大
计算总传热系数	$\dfrac{1}{K_m} = \dfrac{d_m}{\alpha_i d_i} + \dfrac{\delta}{\lambda} + \dfrac{d_m}{\alpha_o d_o}$	没有污垢时换热器总传热系数的计算	总传热系数的大小，与换热器两侧的对流传热系数、换热器壁面的厚度和热导率有关，改变较小的对流传热系数，对总传热系数的提高影响较大
计算总传热系数（有污垢）	$\dfrac{1}{K_o} = \dfrac{d_o}{\alpha_i d_i} + R_{si}\dfrac{d_o}{d_i} + \dfrac{\delta d_o}{\lambda d_m} + R_{so} + \dfrac{1}{\alpha_o}$	有污垢时换热器总传热系数的计算	有污垢时降低换热器的总传热系数，防止结垢和及时清垢，增加总传热系数，提高换热能力
计算壁温	$T_w = T - \dfrac{Q}{\alpha_i A_i}$	高温一侧管壁温度计算	利用高温流体的温度，计算与之相接触一侧换热器的壁温

学习非均相物系分离方法、分离原理、常见重力沉降设备、离心沉降设备及过滤设备的结构特点与用途、重力沉降设备生产能力与沉降面积、沉降高度的关系、沉降速度等，能根据分离体系与工艺条件的要求进行分析和计算，会选择适合的分离方法与生产设备并能操作相关的分离设备，能判断与处理分离过程中遇到的各种问题等。

工业应用1

工业生产和生活中，燃烧产生的烟道气中存在着大量的粉尘，我们通常采用烟囱来进行分离，烟道气主要为气-固体系，气体和固体密度不同，因此采用沉降方法进行分离。图 3-1（a）为工业烟囱，多为圆柱体，下粗上细结构，高度通常在 50m 以上，排放出来的气体才能满足环保要求，图 3-1（b）、（c）为高度不符合要求的工业烟囱，因此排放出来的气体不满足要求。

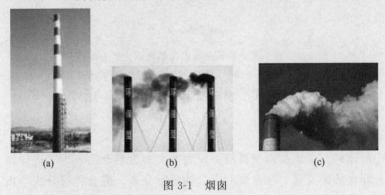

| (a) | (b) | (c) |

图 3-1　烟囱

工业应用2

图 3-2 为工业生产上，采用减压抽滤原理设计的真空带式过滤机。例如在氧化铝生产过程中，将固液混合料经进料斗分布均匀后，真空切换阀开启真空，经过集液罐连通滤室，使滤布与滤室之间形成真空，同时滤布与滤盘在头轮电机的带动下同步前进，固液混合料液在真空的作用下，抽至集液罐收集。直到滤盘前进到头，真空切换阀关闭，滤盘在主气缸的作用下开始返回，同时集液罐开始排液，滤盘返回到尾部，真空切换阀再次开启真空，重新开始抽滤过程。

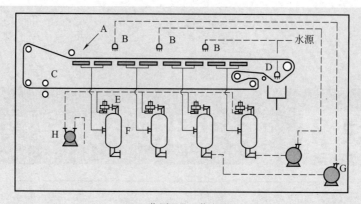

(a) 工作原理及工艺流程图

(b) 设备外形

图 3-2 水平真空带式过滤机在氧化铝生产上的应用
A—加料装置；B—洗涤装置；C—纠偏装置；D—洗布装置；
E—切换阀；F—排液分离器；G—返水阀；H—真空阀

化工生产中的原料、半成品以及排放的废物等大多为混合物，为了进行加工、得到纯度较高的产品以及环保的需要等，常常要对混合物进行分离。混合物可分为均相（混合）物系和非均相（混合）物系。均相（混合）物系是指不同组分的物质混合形成一个均一相的物系，如不同组分的气体组成的混合气体、能相互溶解的液体组成的各种溶液、气体溶解于液体得到的溶液等；非均相（混合）物系是指由于不同物理性质（如密度差）的分散相和连续介质组成的物系，存在着两个或两个以上相的混合物，如雾（气相-液相）、烟尘（气相-固相）、悬浮液（液相-固相）、乳浊液（两种不同的液相）等。非均相物系中，有一相处于分散状态，称为分散相（分散物质），如雾中的小水滴、烟尘中的尘粒、悬浮液中的固体颗粒、乳浊液中分散成小液滴的那个液相；另一相必然处于连续状态，称为连续相（或分散介质），如雾和烟尘中的气相、悬浮液中的液相、乳浊液中处于连续状态的那个液相。本模块将介绍非均相物系的分离，即如何将非均相物系中的分散相和连续相分离开。

非均相物系的分离在生产中的主要作用，概括起来，有如下几个方面。

① 满足对连续相或分散相进一步加工的需要，如从悬浮液中分离出产品。

② 回收有价值的物质，如由旋风分离器分离出最终产品。

③ 除去对下一工序有害的物质，如气体在进压缩机前，必须除去其中的液滴或固体颗粒，在离开压缩机后也要除去油沫或水沫。

④ 减少对环境的污染。

在化工生产中，非均相物系的分离操作常常是从属的，但却是非常重要的，有时甚至是关键的。要正确选用非均相物系的分离方法、操作其设备，应该具备如下知识和能力。

① 了解常见非均相物系的分离方法及适用场合。

② 了解沉降、过滤分离的过程原理与影响因素。

③ 了解典型分离设备的结构特点、操作与选用。

本模块将围绕以上几个方面，介绍非均相物系分离的内容。

任务 1　认识非均相分离装置

由于非均相物系中分散相和连续相具有不同的物理性质，故工业生产中多采用机械方法对两相进行分离。其方法是设法造成分散相和连续相之间的相对运动，其分离规律遵循流体力学基本规律。对于含尘气体及悬浮液的分离，工业上最常用的方法有沉降分离法和过滤分离法。

子任务 1　认识气固分离设备

在工业生产过程中往往会产生含有大量悬浮固体颗粒（烟或尘）的气体，这些气体在排放、回收或者循环利用之前需要进行气固分离。

沉降分离法是利用连续相与分散相的密度差异，借助某种机械力的作用，使颗粒和流体发生相对运动而得以分离。根据机械力的不同，可分为重力沉降、离心沉降和惯性沉降。

一、降尘室

凭借重力沉降以除去气体中的尘粒的设备称为降尘室，如图 3-3 所示。

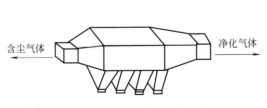

(a) 示意图　　　　　　　　　　　　(b) 外形图

图 3-3　降尘室示意图与外形图

二、旋风分离器

旋风分离器是从气流中分离出尘粒的离心沉降设备，因此，又称为旋风除尘器。标准型旋风分离器的基本结构如图 3-4 所示。主体上部为圆筒形，下部为圆锥形。各部分尺寸比例见图注，可以得知，只要确定了圆筒直径，就可以按比例确定出其他各部分的尺寸。下面简单分析旋风除尘器的除尘过程。

如图 3-5 所示，含尘气体由圆筒形上部的切向长方形入口进入筒体，在器内形成一个绕筒体中心向下做螺旋运动的外旋流，在此过程中，颗粒在离心力的作用下，被甩向器壁，与气流分离，并沿器壁滑落至锥底排灰口，定期排放；外旋流到达器底后（已除尘）变成向上的内旋流，最终，内旋流（净化气）由顶部排气管排出。

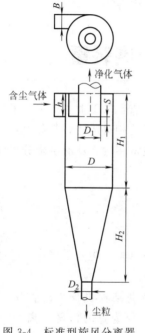

图 3-4　标准型旋风分离器

$h = D/2$；$B = D/4$；$D_1 = D/2$；$H_1 = 2D$；
$H_2 = 2D$；$S = D/8$；$D_2 = D/4$

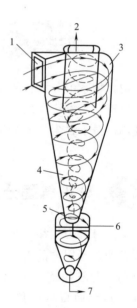

图 3-5　气体在旋风分离器内的运动情况
1—含尘气体进口；2—清净气体出口；3—螺旋顶盖；
4—旋涡流；5—旋涡流返回；6—灰斗；7—灰尘出口

旋风分离器结构简单，造价较低，没有运动部件，操作不受温度、压力的限制，因而广泛用作工业生产中的除尘分离设备。旋风分离器一般可分离 $5\mu m$ 以上的尘粒，对 $5\mu m$ 以下的细微颗粒分离效率较低，可在其后接袋滤器和湿法除尘器来捕集。其离心分离因数在 5～2500 之间。旋风分离器的缺点是气体在器内的流动阻力较大，对器壁的磨损比较严重，分离效率对气体流量的变化比较敏感，且不适合用于分离黏性的、湿含量高的粉尘及腐蚀性粉尘。

三、袋滤器

袋滤器是利用含尘气体穿过做成袋状而由骨架支撑起来的滤布，以滤除气体中尘粒的设备。袋滤器可除去 $1\mu m$ 以下的尘粒，常用作最后一级的除尘设备。

袋滤器的形式有多种，含尘气体可以由滤袋内向外过滤，也可以由外向内过滤。图 3-6

为几种类型袋滤器的结构示意图。含尘气体由下（上）部进入袋滤器，气体由外（内）向内（外）穿过支撑于骨架上的滤袋，洁净气体汇集于上（下）部由出口管排出，尘粒被截留于滤袋外表面。清灰操作时，开启压缩空气以反吹系统，使尘粒落入灰斗。

袋滤器具有除尘效率高、适应性强、操作弹性大等优点，但占用空间较大，受滤布耐温、耐腐蚀的限制，不适宜于高温（＞300℃）的气体，也不适宜带电荷的尘粒和黏结性、吸湿性强的尘粒的捕集。图 3-7 为脉冲式袋滤器结构示意图，清灰时，由袋的上部输入压缩空气，通过文氏喉管进入袋内。气流速度较高，清灰效果比较理想。

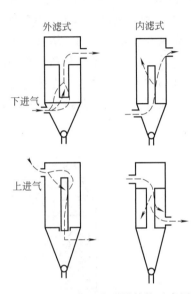

图 3-6　几种类型袋滤器结构示意图

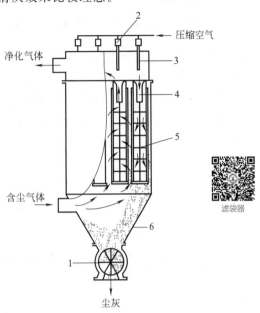

滤袋器

图 3-7　脉冲式袋滤器结构示意图
1—滤袋；2—电磁阀；3—喷嘴；
4—自控器；5—骨架；6—灰斗

四、惯性分离器

惯性分离器是利用夹带于气流中的颗粒或液滴的惯性进行分离的，其在气体流动的路径上设置障碍物，气流或液流绕过障碍物时发生突然的转折，颗粒或液滴便撞击在障碍物上被捕集下来，分离机理如图 3-8 所示。

惯性分离器的操作原理与旋风分离器相近，颗粒的惯性越大，气流转折的曲率半径越小，则其分离效率越高。所以颗粒的密度与直径越大，则越易分离；适当增大气流速度及减小转折处的曲率半径也有利于提高分离效率。一般说来，惯性分离器的分离效率比降尘室略高，可作为预除尘器使用。

惯性分离器有碰撞式和反转式两类。

碰撞式分离器（见图 3-9）一般是在气流流动的通道内增设挡板构成的，当含尘气流流经挡板时，尘粒借助惯性力撞击在挡板上，失去动能后的尘粒在重力作用下

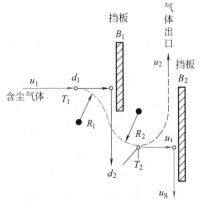

图 3-8　惯性分离器分离机理

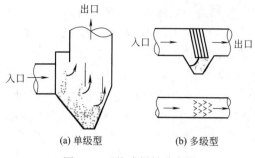

(a) 单级型　　(b) 多级型

图 3-9　碰撞式惯性分离器

沿挡板下落，进入灰斗中。挡板可以是单级，也可以是多级。多级挡板交错布置，可以设置 3~6 排。在实际工作中常采用多级式，目的是增加撞击的机会，提高分离效率。这类分离器的阻力较小，一般在 100Pa 以内。是一种低效分离器，尽管使用多级挡板，分离效率只能达到 65%~75%。

反转式分离器又分为弯管型、百叶窗型和多层隔板塔型三种（见图 3-10）。弯管型和百叶窗型反转式分离器与冲击式惯性分离器一样，都适合于安装在烟道上使用。塔型反转式惯性分离器主要用于分离烟雾，能捕集粒径为几微米的雾滴。由于反转式惯性分离器是采用内部构件使气流急剧折转，利用气体和尘粒在折转时所受惯性力的不同，使尘粒在折转处从气流中分离出来。因此，气流折转角越大，折转次数越多，气流速度越高，除尘效率越高，但阻力越大。

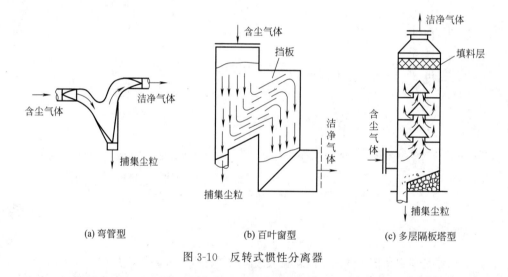

(a) 弯管型　　　　　　(b) 百叶窗型　　　　　　(c) 多层隔板塔型

图 3-10　反转式惯性分离器

惯性分离器结构简单，除尘效率优于重力沉降室，但由于气流方向转变次数有限，净化效率也不高，多用于一级除尘或者高效除尘的前级除尘。惯性除尘器适合于捕集粒径在 10~20μm 以上的金属或者矿物性粉尘，压力损失为 100~1000Pa。对于黏结性和纤维性的粉尘，因易堵塞，故不宜采用。

五、静电除尘器

当对气体的除尘（雾）要求极高时，可用静电除尘器进行分离，如图 3-11 所示。

静电除尘器的工作原理：含有粉尘颗粒的气体，在接有高压直流电源的阴极线（又称电晕极）和接地的阳极板之间所形成的高压电场通过时，由于阴极发生电晕放电，气体被电离，此时，带负电的气体离子，在电场力的作用下，向阳板运动，在运动中与粉尘颗粒相碰，则使尘粒荷以负电，荷电后的尘粒在电场力的作用下，亦向阳极运动，到达阳极后，放出所带的电子，尘粒则沉积于阳极板上，而得到净化的气体排出防尘器外。

目前常见的电除尘器可概略地分为以下几类：按气流方向分为立式和卧式，按阳极板形式分为板式和管式，按沉淀极板上粉尘的清除方法分为干式和湿式等。

电除尘器的优点：

① 净化效率高，能够捕集 $0.01\mu m$ 以下的细粒粉尘。在设计中可以通过调节操作参数，来满足所要求的净化效率。

② 阻力损失小，一般在 $20mmH_2O$ 以下，和旋风除尘器比较，即使考虑供电机组和振打装置耗电，其总耗电量仍比较小。

③ 允许操作温度高，如 SHWB 型电除尘器允许操作温度 250℃，其他类型还有达到 350～400℃ 或者更高的。

④ 处理气体范围量大。

⑤ 可以完全实现操作自动控制。

电除尘器的缺点：

① 设备比较复杂，要求设备调运和安装以及维护管理水平高。

② 对粉尘比有一定要求，所以对粉尘有一定的选择性，不能使所有粉尘都获得很高的净化效率。

③ 受气体温度、湿度等的操作条件影响较大，同一种粉尘如在不同温度、湿度下操作，所得的效果不同，有的粉尘在某一个温度、湿度下使用效果很好，而在另一个温度、湿度下由于粉尘电阻的变化几乎不能使用电除尘器了。

④ 一次投资较大，卧式电除尘器占地面积较大。

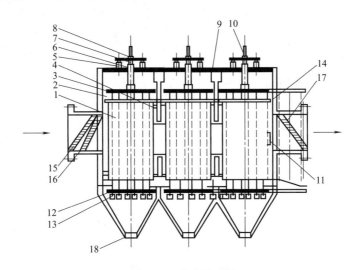

图 3-11　静电除尘器

1—阳极；2—阴极；3—阴极上部支架；4—阳极上部支架；5—绝缘支座；6—石英绝缘管；7—阴极悬吊管；
8—阴极支撑架；9—顶板；10—阴极振打装置；11—阳极振打装置；12—阴极下部支架；13—阳极吊锤；
14—外壳；15—进口第一块分布板；16—进口第二块分布板；17—出口分布板；18—排灰装置

六、文丘里除尘器

文丘里除尘器是一种湿法除尘设备，其结构如图 3-12 所示，由收缩管、喉管及扩散管三部分组成，喉管四周均匀地开有若干径向小孔，有时扩散管内设置有可调组件，以适应气体负荷的变化。操作中，含尘气体以 50～100m/s 的速度通过喉管时，液体由喉管外经径向小孔进入喉管内，并喷成很细的雾滴，促使尘粒润湿并聚结变大，随后引入旋风分离器或其他分离设备进行分离。

文丘里除尘器结构简单紧凑、造价较低、操作简便，但阻力较大，其压力降一般为 2000～5000Pa，需与其他分离设备联合使用。

七、泡沫除尘器

泡沫除尘器也是常用的湿法除尘设备之一，其结构如图 3-13 所示。其外壳为圆形或方形筒体，中间装有水平筛板，将内部分成上下两室。液体由上室的一侧靠近筛板处进入，并水平流过筛板，气体由下室进入，穿过筛孔与板上液体接触，在筛板上形成泡沫层，泡沫层内气液混合剧烈，泡沫不断破灭和更新，从而创造了良好的捕尘条件。气体中的尘粒一部分（较大尘粒）被从筛板泄漏下来的液体吸去，由器底排出，另一部分（微小尘粒）则在通过筛板后被泡沫层所截留，并随泡沫液经溢流板流出。

泡沫除尘器具有分离效率高、构造简单、阻力较小等优点，但对设备的安装要求严格，特别是筛板的水平度对操作影响很大。

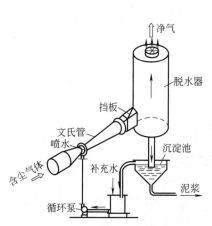

图 3-12 文丘里除尘器结构示意图

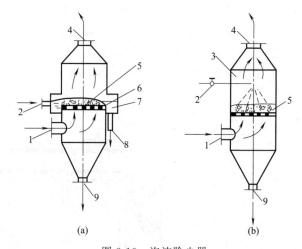

图 3-13 泡沫除尘器
1—烟气入口；2—洗涤液入口；3—喷头；4—净气出口；5—筛板；
6—水堰；7—溢流槽；8—溢流水管；9—污泥排出口

技能训练 3-1

通过查阅相关文献，比较各种气固分离设备的特点与使用范围。

子任务2 认识液固分离设备

在工业生产过程中往往会产生含有大量悬浮固体颗粒的液体，根据生产工艺需要，需对固体与液体进行分离。通常采用的有沉降、过滤和离心分离的设备。

一、过滤设备

过滤设备是完成液固混合物分离较为完全的设备，最为常见的是加压过滤和真空过滤设备。

1. 过滤的基本知识

过滤是利用两相对多孔介质穿透性的差异，在某种推动力的作用下，使非均相物系得以分离的操作。悬浮液的过滤是利用外力使悬浮液通过一种多孔隔层，其中的液相从隔层的小孔中流过，固体颗粒则被截留下来，从而实现液固分离（如图 3-14 所示）。过滤过程的外力（即过滤推动力）可以是重力、惯性离心力和压差，其中尤以压差为推动力在化工生产中应用最广。

在过滤操作中，所处理的悬浮液称为滤浆或料浆，被截留下来的固体颗粒称为滤渣或滤饼，透过固体隔层的液体称为滤液，所用固体隔层称为过滤介质。

（1）过滤方式　工业上过滤方式有三种：滤饼过滤（又称表面过滤）、深层过滤和动态过滤。

① 滤饼过滤　滤饼过滤是利用滤饼本身作为过滤隔层的一种过滤方式。由于滤浆中固体颗粒的大小往往不一致，其中一部分颗粒的直径可能小于所用过滤介质的孔径，因而在过滤开始阶段，会有一部分细小颗粒从介质孔道中通过而使得滤液浑浊（此部分应送回滤浆槽重新过滤）。但随着过滤的进行，颗粒便会在介质的孔道中和孔道上发生"架桥"现象（如图 3-15 所示），从而使得尺寸小于孔道直径的颗粒也能被拦截，随着被拦截的颗粒越来越多，在过滤介质的上游侧便形成了滤饼，同时滤液也慢慢变清。由于滤饼中的孔道通常比过滤介质的孔道要小，滤饼更能起到拦截颗粒的作用。更准确地说，只有在滤饼形成后，过滤操作才真正有效，滤饼本身起到了主要过滤介质的作用。滤饼过滤要求能够迅速形成滤饼，常用于分离固体含量较高（固体体积分数＞1%）的悬浮液。

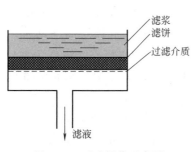

图 3-14　过滤操作示意图

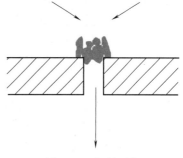

图 3-15　架桥现象

② 深层过滤　当过滤介质为很厚的床层且过滤介质直径较大时（如纯净水生产中用活性炭过滤水），固体颗粒通过在床层内部的架桥现象被截留或被吸附在介质的毛细孔中，在过滤介质的表面并不形成滤饼。在这种过滤方式中，起截留颗粒作用的是介质内部曲折而细长的通道（如图 3-16 所示）。可以说，深层过滤是利用介质床层内部通道作为过滤介质的过滤操作。在深层过滤中，介质内部通道会因截留颗粒的增多逐渐减少和变小，因此，过滤介质必须定期更换或清洗再生。深层过

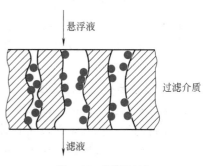

图 3-16　深层过滤

滤常用于处理固体含量很少（固体体积分数＜0.1％）且颗粒直径较小（＜5μm）的悬浮液。

③ 动态过滤　在滤饼过滤中，随着过滤的进行，滤饼的厚度不断增加，导致过滤速度不断下降。为了解决这一问题，1977年蒂勒（Tiller）提出一种新的过滤方式，即让料浆沿着过滤介质平面高速流动，使大部分滤饼得以在剪切力的作用下移去，从而维持较高的过滤速率。这种过滤被称为动态过滤或无滤饼过滤。

在化工生产中得到广泛应用的是滤饼过滤，本任务主要讨论滤饼过滤。

（2）过滤介质　过滤操作是在外力作用下进行的，过滤介质必须具有足够的机械强度来支撑越来越厚的滤饼。此外，应具有适宜的孔径使液体的流动阻力尽可能小并使颗粒容易被截留，还应具有相应的耐热性和耐腐蚀性，以满足各种悬浮液的处理。工业上常用的过滤介质有如下几种。

① 织物介质　织物介质又称滤布，用于滤饼过滤操作，在工业上应用最广。包括由棉、毛、丝、麻等天然纤维和由各种合成纤维制成的织物，以及由玻璃丝、金属丝等织成的网。织物介质造价低，清洗、更换方便，可截留的最小颗粒粒径为5～65μm。

② 粒状介质　粒状介质又称堆积介质，一般由细砂、石粒、活性炭、硅藻土、玻璃碴等细小坚硬的粒状物堆积成一定厚度的床层而构成。粒状介质多用于深层过滤，如用于城市和工厂给水的滤池中。

③ 多孔固体介质　多孔固体介质是具有很多微细孔道的固体材料，如多孔陶瓷、多孔塑料、由纤维制成的深层多孔介质、多孔金属制成的管或板。此类介质具有耐腐蚀、孔隙小、过滤效率比较高等优点，常用于处理含少量微粒的腐蚀性悬浮液及其他特殊场合。

（3）滤饼和助滤剂

① 滤饼　滤饼是由被截留下来的颗粒积聚而形成的固体床层。随着操作的进行，滤饼的厚度和流动阻力都逐渐增加。若构成滤饼的颗粒为不易变形的坚硬固体（如硅藻土、碳酸钙等），则当滤饼两侧的压差增大时，颗粒的形状和床层的空隙都基本不变，故单位厚度滤饼的流动阻力可以认为恒定，此类滤饼称为不可压缩滤饼。反之，若滤饼由较易变形的物质（如某些氢氧化物之类的胶体）构成，当压差增大时，颗粒的形状和床层的空隙都会有不同程度的改变，使单位厚度的滤饼的流动阻力增大，此类滤饼称为可压缩滤饼。

② 助滤剂　可压缩滤饼在过滤过程中会被压缩，使滤饼的孔道变窄，甚至堵塞，或因滤饼黏嵌在滤布中而不易卸渣，使过滤周期变长，生产效率下降，介质使用寿命缩短。为了改善滤饼结构，克服以上不足，通常需要使用助滤剂。助滤剂一般是质地坚硬的细小固体颗粒，如硅藻土、石棉、炭粉等。可将助滤剂加入悬浮液中，在形成滤饼时便能均匀地分散在滤饼中间，改善滤饼结构，使孔道得以畅通，或预敷于过滤介质表面以防止介质孔道堵塞。

对助滤剂的基本要求为：①在过滤操作压差范围内，具有较好的刚性，能与滤渣形成多孔床层，使滤饼具有良好的渗透性和较低的流动阻力；②具有良好的化学稳定性，不与悬浮液反应，也不溶解于液相中。助滤剂一般不宜用于滤饼需要回收的过滤过程。

（4）过滤速率

① 过滤速率与过滤速度　过滤速率是指过滤设备单位时间所能获得的滤液体积，表明了过滤设备的生产能力；过滤速度是指单位时间单位过滤面积所能获得的滤液体积，表明了过滤设备的生产强度，即设备性能的优劣。同其他过程类似，过滤速率与过滤推动力成正比，与过滤阻力成反比。在压差过滤中，推动力就是压差，阻力则与滤饼的结构、厚度以及滤液的性质等诸多因素有关，比较复杂。

② **恒压过滤与恒速过滤**　在恒定压差下进行的过滤称为恒压过滤。此时，由于随着过滤的进行，滤饼厚度逐渐增加，阻力随之上升，过滤速率则不断下降。维持过滤速率不变的过滤称为恒速过滤。为了维持过滤速率恒定，必须相应地不断增大压差，以克服由于滤饼增厚而上升的阻力。由于压差要不断变化，因而恒速过滤较难控制，所以生产中一般采用恒压过滤，有时为避免过滤初期因压差过高引起滤布堵塞和破损，也可以采用先恒速后恒压的操作方式，过滤开始后，压差由较小值缓慢增大，过滤速率基本维持不变，当压差增大至系统允许的最大值后，维持压差不变，进行恒压过滤。

2. 过滤设备

过滤设备种类繁多，结构各异，按产生压差的方式不同可分为重力式、压（吸）滤式和离心式三类，其中重力过滤设备较为简单，下面主要介绍压（吸）滤和离心过滤设备。

（1）压（吸）滤设备

① **板框压滤机**　板框压滤机是一种出现较早却仍在广泛使用的过滤设备，间歇操作，其过滤推动力为外加压力。它是由多块滤板和滤框交替排列组装于机架构成，如图 3-17 所示。滤板和滤框的数量可在机座长度内根据需要自行调整，过滤面积一般为 $2\sim80\mathrm{m}^2$。

滤板和滤框的结构如图 3-17 所示，板和框的 4 个角端均开有圆孔，组装压紧后构成四个通道，可供滤浆、滤液和洗涤液流通。组装时将四角开孔的滤布置于板和框的交界面，再利用手动、电动或液压传动压紧板和框。图 3-17（b）为一个滤框，中间空，用于积存滤渣，滤框右上角圆孔中有暗孔与框中间相通，滤浆由此进入框内，图 3-17（a）和图 3-17

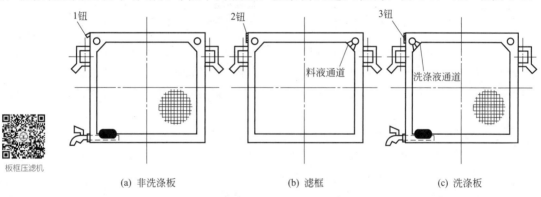

板框压滤机

(a) 非洗涤板　　　　(b) 滤框　　　　(c) 洗涤板

(d) 外形图

(e) 滤板、滤框外形图

图 3-17　板框压滤机结构示意图与外形图

(c) 均为滤板，但结构有所不同，其中图 3-17 (a) 称为非洗涤板，图 3-17 (c) 称为洗涤板，洗涤板左上角圆孔中有侧孔与洗涤板两侧相通，洗涤液由此进入滤板，非洗涤板则无此暗孔，洗涤液只能从圆孔通过而不能进入滤板。滤板两面均匀地开有纵横交错的凹槽，可使滤液或洗涤液在其中流动。为了将三者区别，一般在板和框的外侧铸上小钮之类的记号，例如一个钮表示洗涤板，两个钮表示滤框，三个钮表示非洗涤板。组装时板和框的排列顺序为非洗涤板—框—洗涤板—框—非洗涤板……一般两端均为非洗涤板，通常也就是两端机头。

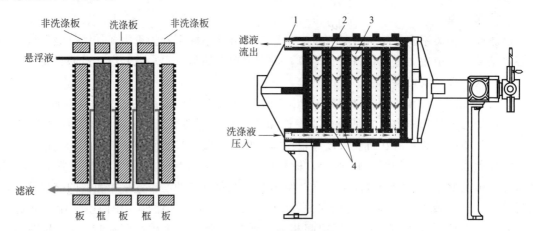

图 3-18　过滤过程示意图

1—滤浆通道；2—洗涤液入口通道；3—滤液通道；4—洗涤液出口通道

图 3-18 为过滤过程示意图。过滤时，悬浮液在一定压差下经滤浆通道由滤框角端的暗孔进入滤框内；滤液分别穿过两侧的滤布，再经相邻板的凹槽汇集进入滤液通道排走，固相则被截留于框内形成滤饼。过滤后即可进行洗涤。洗涤时，关闭进料阀和滤液排放阀，然后将洗涤液压入洗涤。

洗涤液经洗涤板角端侧孔进入两侧板面，之后穿过一层滤布和整个滤饼层，对滤饼进行洗涤，再穿过一层滤布，由非洗涤板的凹槽汇集进入洗涤液出口通道排出。洗涤完毕后，即可旋开压紧装置，卸渣、洗布、重装，进入下一轮操作。

② 转筒真空过滤机　转筒真空过滤机为连续操作过滤设备。如图 3-19 所示，其主体部分是一个卧式转筒，表面有一层金属网，网上覆盖滤布，筒的下部浸入滤浆中。转筒沿径向分成若干个互不相通的扇形格，每格端面上的小孔与分配头相通。凭借分配头的作用，转筒在旋转一周的过程中，每格可按顺序完成过滤、洗涤、卸渣等操作。

分配头是关键部件，它由固定盘和转动盘构成（见图 3-20），两者借弹簧压力紧密贴合。转动盘与转筒一起旋转，其孔数、孔径均与转筒端面的小孔相一致，固定盘开有 5 个槽（或孔），槽 1 和槽 2 分别与真空滤液罐相通，槽 3 和真空洗涤液罐相通，孔 4 和孔 5 分别与压缩空气管相连。转动盘上的任一小孔旋转一周，都将与固定盘上的 5 个槽（孔）连通一次，从而完成不同的操作。

当转筒中的某一扇形格转入滤浆中时，与之相通的转动盘上的小孔也与固定盘上槽 1 相通，在真空状态下抽吸滤液，滤布外侧则形成滤饼；当转至与槽 2 相通时，该格的过滤面已离开滤浆槽，槽 2 的作用是将滤饼中的滤液进一步吸出；当转至与槽 3 相通时，该格上方有洗涤液喷淋在滤饼上，并由槽 3 抽吸至洗涤液罐；当转至与孔 4 相通时，压缩空气将由内向外吹松滤饼，迫使滤饼与滤布分离，随后由刮刀将滤饼刮下，刮刀与转筒表面的距离可调；当转至与孔 5 相通时，压缩空气吹落滤布上的颗粒，疏通滤布孔隙，使滤布再生。然后进入下一周期的操作。

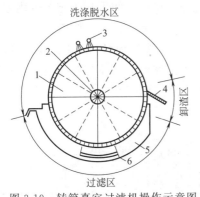

图 3-19　转筒真空过滤机操作示意图
1—转筒；2—分配头；3—洗涤液喷嘴；4—刮刀；
5—滤浆槽；6—摆式搅拌器

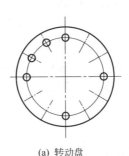

(a) 转动盘　　　　(b) 固定盘

图 3-20　分配头示意图
1,2—与真空滤液罐相通的槽；
3—与真空洗涤液罐相通的槽；
4,5—与压缩空气相通的圆孔

转筒直径为 0.3～5m，长为 0.3～7m。滤饼层薄的约为 3～6mm，厚的可达 100mm。操作连续、自动、节省人力，生产能力大，能处理浓度变化大的悬浮液，在制碱、造纸、制糖、采矿等工业中均有应用。但转筒真空过滤机结构复杂，过滤面积不大，滤饼含液量较高（10%～30%），洗涤不充分，能耗高，不适宜处理高温悬浮液。

（2）离心过滤设备　离心过滤机主要部件是转鼓，转鼓上开有许多小孔，鼓内壁敷以滤布，悬浮液加入鼓内并随之旋转，液体受离心力作用被甩出而固体颗粒被截留在鼓内。

离心过滤也可分为间歇操作和连续操作两种，间歇操作又分为人工卸料和自动卸料两种。

① 三足式离心机　图 3-21 为一种常用的人工卸料的间歇式离心机。其主要部件为一篮式转鼓，整个机座和外罩借三根拉杆弹簧悬挂于三足支柱上，以减轻运转时的振动。操作时，先将料浆加入转鼓，然后启动，滤液穿过滤布和转鼓集中于机座底部排出，滤渣沉积于转鼓内壁，待一批料液过滤完毕，或转鼓内滤渣量达到设备允许的最大值时，可不再加料，并继续运转一段时间以沥干滤液或减少滤饼中含液量。必要时也可进行洗涤，然后停车卸料，清洗设备。三足式离心过滤机的转鼓直径大多在 1m 左右，设备结构简单，运转周期可

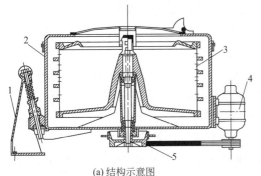

(a) 结构示意图　　　　　　(b) 外形图

图 3-21　三足式离心机结构示意图与外形图
1—支脚；2—外壳；3—转鼓；4—马达；5—皮带轮

灵活掌握。多用于小批量物料的处理，颗粒破损较轻。缺点是卸料不方便，转动部件位于机座下部，检修不方便。

② 刮刀卸料离心机　这种离心机的特点是在转鼓连续全速运转下，能按序自动进行加料、分离、洗涤、甩干、卸料、洗网等工序的操作，各工序的操作时间可在一定范围内根据实际需要进行调整，且全部自动控制。

其结构示意图与外形图见图 3-22，进料阀定时开启，悬浮液经加料管进入，均匀地分布在全速运转的转鼓内壁；滤液经滤网和转鼓上的小孔被甩到鼓外，固体颗粒则被截留在鼓内；当滤饼达到一定厚度时，停止加料，进行洗涤、甩干；然后刮刀在液压传动下上移，将滤饼刮入卸料斗卸出；最后清洗转鼓和滤网，完成一个操作周期。

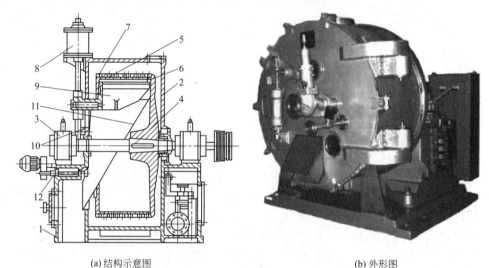

刮刀卸料
离心机

(a) 结构示意图　　　　　　　　　　　　　　(b) 外形图

图 3-22　刮刀卸料离心机结构示意图与外形图

1—机座；2—机壳；3—轴承；4—轴；5—转鼓；6—底板；7—拦液板；
8—油缸；9—刮刀；10—加料管；11—斜槽；12—振动器

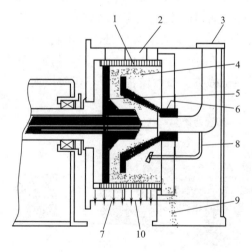

图 3-23　活塞往复式卸料离心机结构示意图

1—转鼓；2—滤网；3—进料管；4—滤饼；
5—活塞推送器；6—进料斗；7—滤液出口；
8—冲洗管；9—固体排出；10—洗水出口

卧式刮刀卸料离心机每一工作周期约为 35～90s，连续运转，生产能力大，适用于大规模生产。但在刮刀卸料时，颗粒会有一定程度的破损。

③ 活塞往复式卸料离心机　活塞往复式卸料离心机也是一种自动卸料连续操作的离心机。加料、过滤、洗涤、沥干、卸料等操作同时在转鼓内的不同部位进行。

其结构如图 3-23 所示，料液由旋转的锥形料斗连续地进入转鼓底部（图 3-23 左边），在一小段范围内进行过滤，转鼓底部有一与转鼓一起旋转的推料盘，推料盘与料斗一起做往复运动（其冲程较短，约为转鼓全长的 1/10，往复次数约为 30 次/分），将底部的滤渣沿轴向逐步推至卸料口（图 3-23 右边）卸出。滤饼在被推移过程中，可进行洗涤、沥干。

活塞往复式卸料离心机生产能力大，颗粒破损程度小，和卧式刮刀卸料离心机相比，控制系统较为简单，但对悬浮液的浓度较为敏感。若料浆太稀，则来不及过滤，料浆直接流出转鼓；若料浆太稠，则流动性差，使滤渣分布不均，引起转鼓振动。此种离心机常用于食盐、硫铵、尿素等的生产中。

二、沉降设备

1. 离心沉降设备

在液相非均匀体系中，利用离心力来达到液液分离、液固分离的方法，通称为离心分离。离心分离分为两种，除了上述介绍的离心过滤之外，还有离心沉降。

（1）管式离心机　管式离心机转鼓的直径小而长度较长。管式离心机具有以下特点：结构简单，运转可靠；转速高，一般在 10000r/min 以上；分离效果好，离心分离系数可达 15000～65000，适于处理直径为 $0.1～100\mu m$、固液密度差大于 $10kg/m^3$、固相浓度小于 5% 的难分离的悬浮液和液-液两相密度差较小的乳浊液。缺点是处理能力低。

国产离心机有 GQ 型（沉降机、悬浮液）、GF 型（分离机、乳浊液）两种，其具体结构见图 3-24。

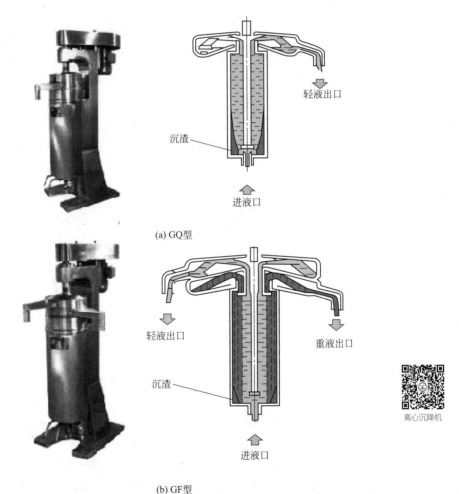

（a）GQ型

（b）GF型

图 3-24　管式离心机的结构及原理

（2）碟片式离心机 碟片式离心机的结构比较复杂，价格昂贵；转速较管式离心机低，

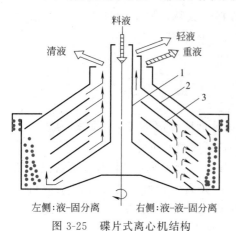

在4000～12000r/min，分离效果较好；离心分离系数为 3000～13000；沉降面积大，可达 10000～200000m^2，生产能力可达 100m^3/h。

左侧:液-固分离　　右侧:液-液-固分离
图 3-25　碟片式离心机结构
1—进料管；2—重轻液分隔板；3—碟片

碟片式离心机的转鼓内有数十只（50～80）形状和尺寸相同的碟片，见图 3-25，碟片按一定间距（0.5～1.2mm）叠置起来组成碟片组，每只碟片在离开轴线一定距离的圆周上开有几个对称分布的圆孔，许多这样的碟片叠置起来时，对应的圆孔就形成垂直的通道。两种不同密度液体的混合液进入离心分离机后，通过碟片上圆孔形成的垂直通道进入碟片间的隙道，并被带着高速旋转，由于两种不同密度液体的离心沉降速度不同，重液的离心沉降速度大，就离开轴线向外运动，轻液的离心沉降速度小，则向轴线流动。这样，两种不同密度液体就在碟片间的隙道流动的过程中被分开。

碟片式离心机具有以下特点：结构比较复杂，价格昂贵；转速较管式离心机低，在4000～12000r/min；分离效果较好，离心分离系数 3000～13000；沉降面积大，可达 10000～200000m^2，生产能力可达 100m^3/h。

2. 旋液分离设备

旋液分离器又称水力旋流器，是利用离心沉降原理从悬浮液中分离出固体颗粒的设备。其结构与操作原理和旋风分离器相似，如图 3-26 所示，但是由于固液间密度差较小，所以旋液分离器的结构特点是直径小，而圆锥部分长。在一定的切向进口速度下，小直径圆筒有利于增大惯性离心力，可以提高沉降速度；锥形部分加长，可增大液流的行程，延长了悬浮液在器内的停留时间。悬浮液经入口管切向进入圆筒，向下做螺旋运动。增浓液从底部排出管排出，称为底流；清液或含有细微颗粒的液体成为上升的内旋流，从顶部中心管排出，称为溢流。旋液分离器既可用于悬浮液增浓，也可用

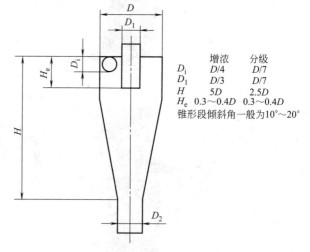

	增浓	分级
D_i	$D/4$	$D/7$
D_1	$D/3$	$D/7$
H	$5D$	$2.5D$
H_e	0.3～0.4D	0.3～0.4D

锥形段倾斜角一般为10°～20°

图 3-26　旋液分离器结构示意图

于不同粒径的颗粒或不同密度的颗粒分级。根据增浓或分级的不同途径，各部分尺寸比例也有相应的变化，如图 3-26 中标注部分所示。同时旋液分离器还可用于不互溶液体的分离、气液分离，以及传热、传质和雾化等操作中，因此广泛应用于工业领域中。旋液分离器中，颗粒沿壁面快速运动时，会产生严重磨损，故旋液分离器应采用耐磨材料制造或采用耐磨材料做内衬。

3. 连续沉降设备

沉降槽又称增稠器或澄清器，是用来处理悬浮液以提高其浓度或得到澄清液的重力沉降设备。

如图 3-27 所示，沉降槽是一个带锥形底的圆形槽，悬浮液于沉降槽中心液面下 0.3～1m 处连续加入，颗粒向下沉降至器底，底部缓慢旋转的齿耙将沉降颗粒收集至中心，然后从底部中心处出口连续排出；沉降槽上部得到澄清液体，清液由四周连续溢出。

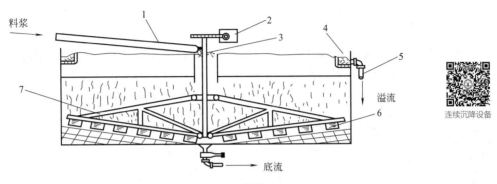

图 3-27　连续沉降槽

1—进料槽道；2—转动机构；3—料井；4—溢流槽；5—溢流管；6—叶片；7—转耙

为使沉降槽在澄清液体和增稠悬浮液两方面都有较好的效果，应保证有足够大的直径以获取清液，同时还应有一定的深度使颗粒有足够停留时间以获得指定增稠浓度的沉渣。

为加速分离，常加入聚凝剂或絮凝剂，使小颗粒相互结合成大颗粒。聚凝是通过加入电解质，改变颗粒表面的电性，使颗粒相互吸引而结合；絮凝则是加入高分子聚合物或高聚电解质，使颗粒相互团聚成絮状。常见的聚凝剂和絮凝剂有 $AlCl_3$、$FeCl_3$ 等无机电解质，聚丙烯酰胺、聚乙烯亚胺和淀粉等高分子聚合物。

沉降槽一般用于大流量、低浓度、较粗颗粒悬浮液的处理。工业上大多数污水处理都采用连续沉降槽。

 **技能训练 3-2**

通过查阅相关文献，比较液固分离设备的特点与使用范围。

任务 2　确定非均相物系分离操作条件

本任务主要介绍气固物系与液固物系的分离条件。我们将掌握气固分离物系中典型设备降尘室的设备尺寸、生产能力、沉降速度等参数计算以及沉降的影响因素。掌握旋风分离器的临界直径、离心沉降速度分离因素、压降以及分离效率的计算。掌握过滤速率的计算，学习过滤的推动力以及影响因素等。掌握计算这些参数及速率等，为核算或设计分离设备奠定基础。

本任务中，我们以降尘室、旋风分离器为例，学习掌握沉降时间、沉降速度、生产能力以及设备尺寸计算，理解实际沉降过程中的影响因素。掌握旋风分离器的临界直径、离心沉降速度、分离效率以及压降的计算。理解影响离心沉降的因素。通过计算与分析，能对设备的形式与型号进行选择，以满足分离的要求。

一、降尘室

凭借重力沉降以除去气体中的尘粒的设备称为降尘室，尘粒在降尘室的运动情况如图 3-28 所示。对于降尘室的设计应从生产能力、物料的停留时间和尺寸等方面来研究。

降尘室

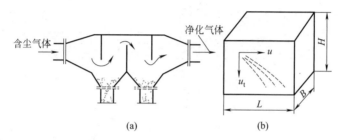

含尘气体　净化气体

(a)　　　(b)

图 3-28　尘粒在降尘室的运动情况

1. 沉降时间的确定

如图 3-28（b）所示，含尘气体沿水平方向缓慢通过降尘室，气流中的颗粒除了与气体一样具有水平速度 u 外，受重力作用，还具有向下的沉降速度 u_t。设含尘气体的流量为 q_V（m^3/s），降尘室的高为 H，长为 L，宽为 B，三者的单位均为 m。若气流在整个流动截面上分布均匀，则流体在降尘室的平均停留时间（从进入降尘室到离开降尘室的时间）为

$$\theta = \frac{L}{u} = \frac{L}{q_V/BH} = \frac{BHL}{q_V}$$

若要使气流中直径大于等于 d 的颗粒全部除去，则需在气流离开设备前，使直径为 d 的颗粒全部沉降至器底。气流中位于降尘室顶部的颗粒沉降至底部所需时间最长，因此，沉降所需时间 θ_t 应以顶部颗粒计算。

$$\theta_t = \frac{H}{u_t}$$

因而　　$q_V = u_t BL$

可见降尘室的处理能力与高度无关，仅与底面积有关。

2. 沉降速度的确定

根据颗粒在沉降过程中是否受到其他粒子、流体运动及器壁的影响，可将沉降分为自由沉降和干扰沉降。颗粒在沉降过程中不受周围颗粒、流体及器壁影响的沉降称为自由沉降，否则称非理想的沉降状态，即为干扰沉降。

很显然，实际生产中的沉降几乎都是干扰沉降。但由于自由沉降的影响因素少，为了了解沉降过程的规律，通常从自由沉降入手进行研究。

将直径为 d、密度为 ρ_s 的光滑球形颗粒置于密度为 ρ 的静止流体中，

浮力 F_b　　阻力 F_d

重力 F_g

图 3-29　沉降颗粒的受力情况

由于所受重力的差异，颗粒将在流体中降落。如图 3-29 所示，在垂直方向上，颗粒将受到 3 个力的作用，即向下的重力 F_g、向上的浮力 F_b 和与颗粒运动方向相反的阻力 F_d。对于一定的颗粒与流体，重力、浮力恒定不变，阻力则随颗粒的降落速度而变。

三个力的大小为

重力
$$F_g = \frac{\pi}{6} d^3 \rho_s g$$

浮力
$$F_b = \frac{\pi}{6} d^3 \rho g$$

阻力
$$F_d = \zeta A \frac{\rho u^2}{2}$$

式中　ζ——阻力系数，无单位；

A——颗粒在垂直于其运动方向上的平面上的投影面积，$A = (\pi/4) d^2$，m^2；

u——颗粒相对于流体的降落速度，m/s。

根据牛顿第二定律，可得
$$F_g - F_b - F_d = ma$$

即
$$\frac{\pi}{6} d^3 \rho_s g - \frac{\pi}{6} d^3 \rho g - \zeta \frac{\pi}{4} d^2 \frac{\rho u^2}{2} = ma$$

假设颗粒从静止开始沉降，在开始沉降瞬间，$u = 0$，$F_d = 0$，加速度 a 具有最大值。开始沉降以后，u 不断增大，F_d 增大，而加速度不断下降。当降落速度增至某一值时，三力达到平衡，即合力为零。此时，加速度等于零，颗粒便以恒定速度 u_t 继续下降。

由以上分析可知，颗粒的沉降可分为两个阶段：加速沉降阶段和恒速沉降阶段。对于细小颗粒（非均相物系中的颗粒一般为细小颗粒），沉降的加速阶段很短，加速沉降阶段沉降的距离也很短。因此，加速沉降阶段可以忽略，近似认为颗粒始终以 u_t 恒速沉降，此速度称为颗粒的沉降速度，对于自由沉降，则称为自由沉降速度。

由前式，当 $a = 0$ 时，有
$$\frac{\pi}{6} d^3 \rho_s g - \frac{\pi}{6} d^3 \rho g - \zeta \frac{\pi}{4} d^2 \frac{\rho u^2}{2} = 0$$

则
$$u_t = \sqrt{\frac{4d(\rho_s - \rho)}{3\zeta \rho} g} \tag{3-1}$$

式中　u_t——自由沉降速度，m/s。

在式（3-1）中，阻力系数是颗粒与流体相对运动时的雷诺数的函数，即
$$\zeta = f(Re_t)$$

$$Re_t = \frac{d u_t \rho}{\mu} \tag{3-2}$$

式中　μ——连续相的黏度，Pa·s。

生产中非均相物系中的颗粒有时并非球形颗粒。由于非球形颗粒的表面积大于球形颗粒的表面积（体积相同时），因此，沉降时非球形颗粒遇到的阻力大于球形颗粒，其沉降速度小于球形颗粒的沉降速度，非球形颗粒与球形颗粒的差异用球形度（Φ_s）表示，球形度的定义为

$$\Phi_s = \frac{\text{与实际颗粒体积相等的球形颗粒的表面积}}{\text{实际颗粒的表面积}} \tag{3-3}$$

对于非球形颗粒，计算雷诺数时，应以当量直径 d_e（与实际颗粒具有相同体积的球形颗粒的直径）代替 d，d_e 的计算式为

$$d_e = \sqrt[3]{\frac{6V_p}{\pi}} \tag{3-4}$$

式中 V_p——实际颗粒的体积，m^3。

由上述介绍可知，沉降速度不仅与雷诺数有关，还与颗粒的球形度有关。颗粒的球形度由实验测定。很显然，球形颗粒的球形度为 1。图 3-30 表达了由实验测得的不同 Φ_s 下 ζ 与 Re_t 的关系。

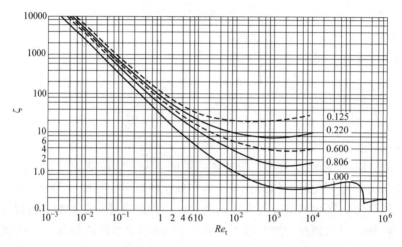

图 3-30　不同球形度下的 ζ 与 Re_t 的关系曲线

对于球形颗粒（$\Phi_s = 1$），曲线可分为三个区域：

层流区（斯托克斯区）　　　$10^{-4} < Re_t \leqslant 1$　　$\zeta = \dfrac{24}{Re_t}$ $\tag{3-5}$

过渡区（艾伦区）　　　　$1 < Re_t \leqslant 10^3$　　$\zeta = \dfrac{18.5}{Re_t^{0.6}}$ $\tag{3-6}$

湍流区（牛顿区）　　　$10^3 \leqslant Re_t < 2 \times 10^5$　　$\zeta = 0.44$ $\tag{3-7}$

将以上三式分别代入式（3-1）即可得到不同沉降区域的自由沉降速度 u_t 的计算式，分别称为斯托克斯定律、艾伦定律和牛顿定律。

层流区——斯托克斯定律　　　$u_t = \dfrac{d^2(\rho_s - \rho)}{18\mu}g$ $\tag{3-8}$

过渡区——艾伦定律　　　$u_t = 0.27\sqrt{\dfrac{d(\rho_s - \rho)}{\rho}Re_t^{0.6}g}$ $\tag{3-9}$

湍流区——牛顿定律　　　$u_t = 1.74\sqrt{\dfrac{d(\rho_t - \rho)}{\rho}g}$ $\tag{3-10}$

在给定介质中颗粒沉降速度的计算采用如下方法。

① 试差法　由于计算 u_t 时需预先知道阻力系数 ζ 或恒速沉降时的 Re_t，而 Re_t 中又会有待求的 u_t，所以 u_t 的计算需要采用试差法。步骤如下：

a. 先假设沉降属于某一流型，选用与该流型相应的沉降速度公式计算 u_t；

b. 按求出的 u_t 检验 Re_t 是否在原设的流型区，如果与原设一致，则求得的 u_t 有效，否则按算出的 Re 值另选流型，并改用相应的公式求 u_t，直至求得的 Re 与所选用公式的 Re_t 范围相符为止。

由于沉降操作中所处理的颗粒一般粒径较小，沉降过程大多属于层流区，因此，进行试差时，通常先假设在层流区。

② 用无量纲群 K 值判断流型　计算已知直径的球形颗粒沉降速度时，可根据 K 值判别沉降区，然后选用相应的沉降速度公式求 u_t。

$$Re_t = \frac{d u_t \rho}{\mu} \tag{3-2}$$

将式（3-8）代入上式，得：

$$Re_t = \frac{d^3 (\rho_s - \rho) \rho g}{18 \mu^2}$$

其中令

$$K = d \left[\frac{(\rho_s - \rho) \rho g}{\mu^2} \right]^{\frac{1}{3}}$$

当 $Re_t = 1$ 时（层流区和过渡区分界），$K = 18^{\frac{1}{3}} = 2.62$

同理将式（3-10）代入式（3-2）得：

$$Re_t = \frac{d u_t \rho}{\mu} = \frac{1.74 \sqrt{d^3 (\rho_t - \rho) g \rho}}{\mu}$$

当 $Re_t = 10^3$ 时（过渡区和湍流区分界），$K = 69.1$

所以，$K < 2.62$，沉降在层流区；$K > 69.1$，沉降在湍流区；$2.62 < K < 69.1$，沉降在过渡区。

3. 影响沉降因素的分析

实际沉降为干扰沉降，如前所述，颗粒在沉降过程中将受到周围颗粒、流体、器壁等因素的影响，一般来说，实际沉降速度小于自由沉降速度。下面对各方面的影响因素加以分析，以便我们能够选择较优的操作条件，正确地进行操作。

① 颗粒含量的影响　实际沉降过程中，颗粒含量较大，周围颗粒的存在和运动将改变原来单个颗粒的沉降，使颗粒的沉降速度较自由沉降时小，例如，由于大量颗粒下降，将置换下方流体并使之上升，从而使沉降速度减小。颗粒含量越大，这种影响越大，达到一定沉降要求所需的沉降时间越长。

② 颗粒形状的影响　对于同种颗粒，球形颗粒的沉降速度要大于非球形颗粒的沉降速度。

③ 颗粒大小的影响　从斯托克斯定律可以看出，其他条件相同时，粒径越大，沉降速度越大，越容易分离。如果颗粒大小不一，大颗粒将对小颗粒产生撞击，其结果是大颗粒的沉降速度减小而对沉降起控制作用的小颗粒的沉降速度加快，甚至因撞击导致颗粒聚集而进

一步加快沉降。

④ 流体性质的影响　流体与颗粒的密度差越大，沉降速度越大；流体黏度越大，沉降速度越小，因此，对于高温含尘气体的沉降，通常需先散热降温，以便获得更好的沉降效果。

⑤ 流体流动的影响　流体的流动会对颗粒的沉降产生干扰，为了减少干扰，进行沉降时要尽可能控制流体流动处于稳定的低速。因此，工业上的重力沉降设备，通常尺寸很大，其目的之一就是降低流速，消除流动干扰。

⑥ 器壁的影响　器壁对沉降的干扰主要有两个方面：一是摩擦干扰，使颗粒的沉降速度下降；二是吸附干扰，使颗粒的沉降距离缩短。因此，器壁的影响是双重的。

需要指出的是，为简化计算，实际沉降可近似按自由沉降处理，由此引起的误差在工程上是可以接受的。只有当颗粒含量很大时，才需要考虑颗粒之间的相互干扰。

4. 生产能力的确定

降尘室的容积一般较大，气体在其中的流速至少小于 1.5m/s。实际上为避免沉下的尘粒重新被扬起，往往采用更低的气速。

设有流量为 V_s 的含尘气体进入降尘室，降尘室的底面积为 A，高度为 H，若气流在整个流动界面上均匀分布，则任意质点从流入到离开降尘室的停留时间 θ 为：

$$\theta = \frac{AH}{V_s}$$

若大于某直径的颗粒必须被除去，该直径的颗粒的沉降速度为 u_t，那么位于沉降室最高点的这种颗粒降至室底的沉降时间 θ_t 为：

$$\theta_t = \frac{H}{u_t}$$

要达到沉降要求，停留时间必须大于等于沉降时间，即：

$$\frac{AH}{V_s} \geqslant \frac{H}{u_t}$$

整理，得

$$V_s \leqslant Au_t \tag{3-11}$$

现计算沉降室能沉降的最小颗粒直径。细小颗粒的沉降处于层流区，其沉降速度计算为

$$u_t = \frac{d_{min}^2(\rho_s - \rho)g}{18\mu} = \frac{V_s}{A}$$

整理，得

$$d_{min} = \sqrt{\frac{18\mu}{g(\rho_s - \rho)} \times \frac{V_s}{A}} \tag{3-12}$$

该式说明，能被全部除去的最小颗粒尺寸不仅与颗粒和气体性质有关，还与处理量和沉降室底面积有关，但与沉降室的高度无关。

说明：

① 含尘气体的最大处理量与某一粒径对应，是指这一粒径及大于该粒径的颗粒都100%被除去时的最大气体量。

② 最大的气体处理量不仅与某一粒径对应，还与降尘室底面积有关，底面积越大处理量越大，处理量与高度无关。因此，降尘室都做成扁平型，为提高气体处理量，室内以水平隔板将降尘室分割成若干层，称为多层降尘室，如图 3-31 所示。

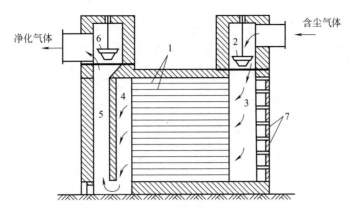

多层降尘室

图 3-31　多层降尘室

1—隔板；2,6—调节闸阀；3—气体分配道；4—气体收集道；5—气道；7—清灰道

若降尘室内共设置 n 层水平隔板，则多层降尘室的气体处理量为：

$$V_s \leqslant (n+1)A_0 u_t$$

降尘室结构简单，流动阻力小，但其体积庞大，分离效率低，通常只适用于分离粒径大于 $50\mu m$ 的较粗颗粒，故作为预除尘使用。多层降尘室虽能分离较细颗粒且节省地面，但清灰比较麻烦。

✎ 技术训练 3-1

试推算直径 d 为 $90\mu m$、密度 ρ_s 为 $3000kg/m^3$ 的固体颗粒，分别在 $20℃$ 的水和空气中的自由沉降速度。

解：① 在 $20℃$ 水中的沉降速度

假设颗粒在层流区沉降，故应用式（3-8）试算。

查得 $20℃$ 水 $\rho = 998.2kg/m^3$

$$\mu = 1.005Pa \cdot s$$

$$u_t = \frac{d^2(\rho_s - \rho)}{18\mu}g$$

$$= \frac{(9 \times 10^{-5})^2(3000 - 998.2)}{18 \times 1.005 \times 10^{-3}} \times 9.81$$

$$= 8.79 \times 10^{-3}(m/s)$$

核算：

$$Re_t = \frac{du_t\rho}{\mu}$$

$$= \frac{9 \times 10^{-5} \times 8.79 \times 10^{-3} \times 998.2}{1.005 \times 10^{-3}}$$

$$= 0.7857 < 1$$

故原设层流区正确，求得 u_t 有效。

② 在 20℃ 空气中的沉降速度

根据 K 值判断流型，然后选择相应公式求 u_t

查得 20℃ 空气：

$$\rho = 1.205 \text{kg/m}^3$$

$$\mu = 1.81 \times 10^{-5} \text{Pa·s}$$

$$K = d \left[\frac{(\rho_s - \rho)\rho g}{\mu^2} \right]^{\frac{1}{3}}$$

$$= 9 \times 10^{-5} \times \left[\frac{(3000 - 1.205) \times 1.205 \times 9.81}{(1.81 \times 10^{-5})^2} \right]^{\frac{1}{3}}$$

$$= 4.284$$

K 值大于 2.62，小于 69.1，故沉降在过渡区，可用式（3-9）计算 u_t

$$u_t = 0.27 \sqrt{\frac{d(\rho_s - \rho)g}{\rho} Re_t^{0.6}}$$

$$= 0.27 \sqrt{\frac{d(\rho_s - \rho)g}{\rho} \left(\frac{d u_t \rho}{\mu} \right)^{0.6}}$$

$$u_t = \frac{0.154 g^{\frac{1}{1.4}} d^{\frac{1.6}{1.4}} (\rho_s - \rho)^{\frac{1}{1.4}}}{\rho^{\frac{0.4}{1.4}} \mu^{\frac{0.6}{1.4}}}$$

$$\approx \frac{0.154 \times 9.81^{\frac{1}{1.4}} \times (9 \times 10^{-5})^{\frac{1.6}{1.4}} (3000)^{\frac{1}{1.4}}}{(1.205)^{\frac{0.4}{1.4}} \times (1.81 \times 10^{-5})^{\frac{0.6}{1.4}}}$$

$$= 0.582 \ (\text{m/s})$$

由以上计算可知，同一颗粒在不同介质中沉降时，具有不同的沉降速度，且属于不同流型，所以沉降速度 u_t 由颗粒特性和介质特性综合决定。

技术训练 3-2

化工厂采用一长 4m、宽 2.6m、高 2.5m 的降尘室处理某含尘气体，要求处理的含尘气体量为 $3\text{m}^3/\text{s}$，气体密度为 0.8kg/m^3，黏度为 $3 \times 10^{-5} \text{Pa·s}$，尘粒可视为球形颗粒，其密度为 2300kg/m^3。试求：① 能 100% 沉降下来的最小颗粒的直径；② 若将降尘室改为间距为 500mm 的多层降尘室，隔板厚度忽略不计，其余参数不变，若要达到同样的分离效果，所能处理的最大气量为多少（注意防止流动的干扰和重新卷起）。

解： ① 由 $q_V = u_t BL$

$$u_t = \frac{q_{V\max}}{BL} = \frac{3}{2.6 \times 4} = 0.288 (\text{m/s})$$

假设沉降处于斯托克斯区，由式（3-8）有

$$d = \sqrt{\frac{18 \mu u_t}{(\rho_s - \rho)g}} = \sqrt{\frac{18 \times 3 \times 10^{-5} \times 0.288}{(2300 - 0.8) \times 9.81}} = 8.3 \times 10^{-5} (\text{m})$$

校核流型　　$Re_t = \dfrac{du_t\rho}{\mu} = \dfrac{8.3 \times 10^{-5} \times 0.288 \times 0.8}{3 \times 10^{-5}} = 0.637 < 1$

假设正确，即能 100% 沉降下来最小颗粒的直径为 8.3×10^{-5} m = 83 μm

② 改成多层结构后，层数为 2.5/0.5＝5，即降尘室的沉降面积为原来单层的 5 倍，先不考虑流动干扰和重新卷起，要达到同样的分离效果，所能处理的最大气量为单层处理量的 5 倍。要防止流动对沉降的干扰和重新卷起，应使气流速度<1.5m/s，当处理量为原来的 5 倍时，气流速度为

$$u = \frac{q_V}{BH} = \frac{5 \times 3}{2.6 \times 2.5} = 2.31 \ (\text{m/s}) > 1.5 \ \text{m/s}$$

所以，应以 u＝1.5m/s 来计算此时的最大气体处理量，即

$$q_{V\max} = BHu_{\max} = 2.6 \times 2.5 \times 1.5 = 9.75 \ (\text{m}^3/\text{s})$$

二、旋风分离器

旋风分离器的结构和除尘过程在上一节中具体讲解过。评价旋风分离器的主要指标是所能分离的最小颗粒直径——临界粒径和气体经过旋风分离器的压降。

1. 临界粒径

临界粒径是指理论上能够完全被旋风分离器分离下来的最小颗粒直径，临界粒径 d_c 可用下式计算：

$$d_c = \sqrt{\frac{9\mu B}{\pi N \rho_s u}} \tag{3-13}$$

式中　d_c——临界粒径，m；

　　　B——进口管宽度，m；

　　　N——气体在旋风分离器中的旋转圈数，对标准型旋风分离器，可取 $N = 5$；

　　　u——气体做螺旋运动的切向速度，通常可取气体在进口管中的流速，m/s。

从式（3-13）可以看出：

① 临界粒径随气速增大而减小，表明气速增加，分离效率提高。但气速过大，会将已沉降颗粒卷起，反而降低分离效率，同时使流动阻力急剧上升。

② 临界粒径随设备尺寸的减小而减小，因旋风分离器的各部分尺寸成一定比例，尺寸越小，则 B 越小，从而临界粒径越小，分离效率越高。

2. 离心沉降速度

离心沉降是依靠惯性离心力的作用而实现的沉降。在重力沉降的讨论中，已经得知，颗粒的重力沉降速度 u_t 与颗粒的直径 d 及两相的密度差 $\rho_s - \rho$ 有关，d 越大，两相密度差越大，则 u_t 越大。若 d、ρ_s、ρ 一定，则颗粒的重力沉降速度 u_t 一定，换言之，对一定的非均相物系，其重力沉降速度是恒定的，人们无法改变其大小。因此，在分离要求较高时，用重力沉降就很难达到要求。此时，若采用离心沉降，则可大大提高沉降速度，使分离效率提高，设备尺寸减小。

当流体围绕某一中心轴做圆周运动时，便形成惯性离心力场。现对其中一个颗粒的受力与运动情况进行分析。

设颗粒为球形颗粒，其直径为 d，密度为 ρ_s，旋转半径为 R，圆周运动的线速度为 u_T，流体密度为 ρ，且 $\rho_s > \rho$。颗粒在圆周运动的径向上将受到三个力的作用，即惯性离心力、向心力和阻力。其中，惯性离心力方向从旋转中心指向外周，向心力的方向沿半径指向中心，阻力方向与颗粒运动方向相反，也沿半径指向中心。三个力的大小为：

$$惯性离心力 = \frac{\pi}{6} d^3 \rho_s \frac{u_T^2}{R}$$

$$向心力 = \frac{\pi}{6} d^3 \rho \frac{u_T^2}{R}$$

$$阻力 = \zeta \frac{\pi}{4} d^2 \frac{\rho u_R^2}{2}$$

式中 u_R——径向上颗粒与流体的相对速度，m/s。

和重力沉降一样，在三力作用下，颗粒将沿径向发生沉降，其沉降速度即是颗粒与流体的相对速度 u_R。在三力平衡时，同样可导出其计算式，若沉降处于斯托克斯区，离心沉降速度的计算式为：

$$u_R = \frac{d^2 (\rho_s - \rho)}{18\mu} \frac{u_T^2}{R} \tag{3-14}$$

比较式（3-8）和式（3-14）可知，离心沉降速度与重力沉降速度计算式形式相同，只是将重力加速度 g（重力场强度）换成了离心加速度 u_T^2/R（离心力场强度）。但重力场强度 g 是恒定的，而离心力场强度 u_T^2/R 却随半径和切向速度而变，即可以人为控制和改变，这就是采用离心沉降的优点——选择合适的转速与半径，就能够根据分离要求完成分离任务。

前面提及，离心沉降速度远大于重力沉降速度，其原因是离心力场强度远大于重力场强度。对于离心分离设备，通常用两者的比值来表示离心分离效果，称为离心分离因数，用 K_c 表示，即

$$K_c = \frac{u_T^2/R}{g} = \frac{(2\pi R n_s)^2/R}{g} \approx \frac{R n^2}{900} \tag{3-15}$$

式中，n_s 和 n 均表示转速，其单位分别为 r/s（转/秒）和 r/min（转/分）。

例如：旋转半径为 0.4m，切向速度为 20m/s，分离因素为：

$$K_c = \frac{u_T^2/R}{g} = \frac{20^2/0.4}{9.8} = 102$$

要提高 K_c，可通过增大半径 R 和转速 n_s 来实现，但出于对设备强度、制造、操作等方面的考虑，实际上，通常采用提高转速并适当缩小半径的方法来获得较大的 K_c。例如对 $R=0.2$m 的设备，当 $n=800$r/min 时，其 K_c 就可达到 142，如有必要，还可以提高其转速。目前，超高速离心机的离心分离因数已经达到 500000，甚至更高。

尽管离心分离沉降速度大、分离效率高，但离心分离设备较重力沉降设备复杂，投资费用大，且需要消耗能量，操作严格而费用高。因此，综合考虑，不能认为对任何情况，采用离心沉降都优于重力沉降，例如，对分离要求不高或处理量较大的场合采用重力沉降更为经济合理，有时，先用重力沉降再进行离心分离也不失为一种行之有效的方法。

3. 分离效率

① 总效率 η_0

$$\eta_0 = \frac{C_{进} - C_{出}}{C_{进}}$$

式中，$C_{进}$、$C_{出}$ 为进出旋风分离器的含尘气体的质量浓度，$\mathrm{g/m^3}$。

总效率并不能准确地代表旋风分离器的分离性能。因为气体中颗粒大小不等，各种颗粒被除下的比例也不相同。颗粒的尺寸越小，所受的离心力越小，沉降速度也越小，所以能被除下的比例也越小。因此，总效率相同的两台旋风分离器，其分离性能却可能相差很大，这是因为被分离的颗粒具有不同粒度分布。

② 粒级效率 η_i

$$\eta_i = \frac{C_{i进} - C_{i出}}{C_{i进}}$$

式中，$C_{i进}$、$C_{i出}$ 分别为进出旋风分离器气体中粒径为 d_{pc} 的颗粒的质量浓度，$\mathrm{g/m^3}$。

总效率与粒级效率的关系为：

$$\eta_0 = \sum x_i \eta_i$$

式中，x_i 为进口气体中粒径为 d_{pi} 颗粒的质量分数。

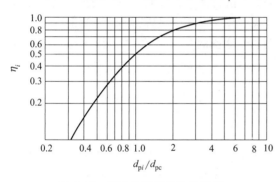

图 3-32　旋风分离器的粒径效率

通常将经过旋风分离器后能被除下 50% 的颗粒直径称为分割直径 d_{pc}，某些高效旋风分离器的分割直径可小至 $3 \sim 10 \mu\mathrm{m}$。不同粒径 d_{pi} 的粒级分离效率 η_i 不同，其与 $\dfrac{d_{pi}}{d_{pc}}$ 的关系如图 3-32 所示。

4. 压降

气体通过旋风分离器的压降可用下式计算

$$\Delta p = \zeta \frac{\rho u^2}{2} \tag{3-16}$$

式中，阻力系数 ζ 取决于旋风分离器的结构和各部分尺寸的比例，与筒体直径大小无关，一般由经验式计算或实验测取。对于标准型旋风分离器，可取 $\zeta = 8$。旋风分离器压力降一般为 $500 \sim 2000\mathrm{Pa}$。

压降大小是评价旋风分离器性能好坏的一个重要指标。受整个工艺过程对总压降的限制及节能降耗的需要，气体通过旋风分离器的压降应尽可能低。压降的大小除了与设备的结构有关外，主要取决于气体的速度。气体速度越小，压降越低，但气速过小，又会使分离效率降低，因而要选择适宜的气速以满足对分离效率和压降的要求。一般进口气速在 $10 \sim 25\mathrm{m/s}$ 为宜，最高不超过 $35\mathrm{m/s}$，同时压降应控制在 $2\mathrm{kPa}$ 以下。

除了前面提到的标准型旋风分离器，还有一些其他类型的旋风分离器，如 CLT、CLT/A、CLP/A、CLP/B 以及扩散式旋风分离器，其结构及主要性能，读者可查阅有关资料。

技术训练 3-3

用一筒体直径为 0.8m 的标准型旋风分离器处理从气流干燥器出来的含尘气体，含尘气体流量为 $2m^3/s$，气体密度为 $0.65kg/m^3$，黏度为 $3\times10^{-5}Pa\cdot s$，尘粒可视为球形，其密度为 $2500kg/m^3$。求：（1）临界粒径；（2）气体通过旋风分离器的压降。

解：（1）进口气速 $u=\dfrac{q_V}{Bh}=\dfrac{2}{(0.8/4)\times(0.8/2)}=25$（m/s）

临界直径 $d_c=\sqrt{\dfrac{9\mu B}{\pi N\rho_s u}}=\sqrt{\dfrac{9\times3\times10^{-5}\times(0.8/4)}{\pi\times5\times2500\times25}}=7.42\times10^{-6}$（m）$=7.4$（$\mu$m）

（2）压降 $\Delta p=\zeta\dfrac{\rho u^2}{2}=8\times\dfrac{0.65\times25^2}{2}=1625$（Pa）

子任务 2 确定液固物系分离条件

液固物系的分离一般采用过滤方式，本任务中，我们将学习过滤速率、过滤阻力、推动力计算以及影响过滤速率的因素等，掌握恒压过滤中滤液体积与过滤时间的关系以及过滤速率常数的确定方法。通过计算与分析，能对过滤设备的形式与型号进行选择，使之满足分离的要求。

一、过滤的基本理论及速率方程

1. 过滤的基本理论

单位时间内过滤的滤液体积称为过滤速率，单位为 m^3/s。单位过滤面积的过滤速率称为过滤速度，单位为 m/s。设过滤面积为 A，过滤时间为 $d\tau$，滤液体积为 dV，则滤液速率为 $dV/d\tau$，而滤液速度为 $dV/Ad\tau$。

$$u'=\frac{dV}{d\tau}$$

$$u=\frac{dV}{Ad\tau},q=V/A$$

$$u=\frac{dq}{d\tau}$$

式中　V——滤液体积，m^3；

　　　A——过滤面积，m^2；

　　　τ——过滤时间，s。

过滤操作的特点是，随着过滤操作的进行，滤饼厚度逐渐增大，过滤的阻力就逐渐增大。如果在一定的压力差 p_1-p_2 条件下操作，过滤速率必须逐渐减小。如果想保持一定的过滤速率，可以随着过滤操作的进行增大压力差，来克服逐渐增大的过滤阻力。过滤速率可以写成：

$$过滤速率=\frac{过滤推动力}{过滤阻力}$$

式中，过滤推动力就是压力差 $\Delta p = \Delta p_c + \Delta p_m$，过滤阻力包括滤饼阻力和过滤介质阻力，如图 3-33 所示。

过滤阻力与滤液及滤饼性质有关。考虑到过滤时，滤饼层内有很多微细孔道，滤液流过孔道的速率很小，其流动类型属于层流。因此，可以仿照圆管内层流流动的哈根-泊肃叶方程来描述滤液通过滤饼的流动，则滤液通过饼床层的流速与压力降的关系为：

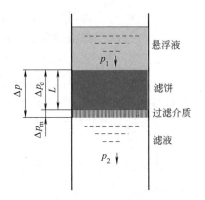

图 3-33　过滤原理示意图

$$\Delta p_c = \frac{32\mu l u}{d^2}$$

$$u = \frac{d^2 \Delta p_c}{32\mu l} = \frac{\Delta p_c}{32\mu l / d^2} \qquad (3\text{-}17)$$

式中　u——滤液在床层孔道中的流速，m/s；

l——滤饼层中毛细孔道平均长度，m；

Δp_c——滤液通过滤饼层的压力降，Pa；

d——滤饼层中毛细孔道平均直径，m；

μ——滤液黏度，Pa·s。

滤饼层中毛细孔道的平均长度 l 与滤饼厚度 L 成正比。用 V_c 表示滤饼体积，由于滤饼厚度 L 与单位过滤面积的滤饼体积 V_c/A 成正比，所以 l 与 V_c/A 成正比。设比例系数为 α，则有

$$l = \alpha \frac{V_c}{A}$$

滤液在滤饼层毛细孔道中流速 u 与过滤速度 $dV/Ad\tau$ 成正比，设比例系数为 β，则有

$$u = \beta \frac{dV}{Ad\tau}$$

对于一定性质的滤饼层，其中的毛细孔道平均直径 d 应为定值。因无法测量，将其并入常数项内。

将 l 和 u 的计算式代入式（3-17），求得任意瞬时的过滤速度 $dV/Ad\tau$ 与滤饼层两侧的压力降 Δp_c 的关系式为：

$$\frac{dV}{Ad\tau} = \frac{\Delta p_c}{\left(\dfrac{32\alpha\beta}{d^2}\right)\mu \dfrac{V_c}{A}}$$

令　$r = \dfrac{32\alpha\beta}{d^2}$，得

$$\frac{dV}{Ad\tau} = \frac{\Delta p_c}{r\mu \dfrac{V_c}{A}} \qquad (3\text{-}18)$$

式中　$\dfrac{dV}{Ad\tau}$——过滤速度，m/s；

V——过滤体积，m^3；

A——过滤面积，m^2；

205

τ——过滤时间，s；

Δp_c——滤液通过滤饼的压力降，Pa；

V_c——滤饼体积，m^3；

μ——滤液的黏度，Pa·s；

r——比例系数，$1/m^2$。

式（3-18）表明任意瞬间的过滤速度 $dV/Ad\tau$ 与滤饼层两侧的压力差 Δp_c 成正比，与当时的滤饼厚度 V_c/A 及滤液黏度 μ 成反比。式中的比例系数 r 反映了滤饼的特性。

滤液通过滤饼的推动力为 Δp_c。

滤饼阻力为
$$R_c = r\mu V_c/A \tag{3-19}$$

式中的比例系数 r，表示单位过滤面积上的滤饼为 $1m^3$（即 $V_c/A=1$）时的阻力，称为滤饼的比阻，单位为 $1/m^2$。

滤饼体积 V_c 与滤液体积 V 之间的关系为
$$V_c = \nu V \tag{3-20}$$

式中　V_c——滤饼体积，m^3；

V——滤液体积，m^3；

ν——单位体积滤液所对应的滤饼体积，m^3 滤饼/m^3 滤液。

将式（3-20）代入式（3-19），得：

滤饼阻力
$$R_c = r\mu\nu V/A \tag{3-21}$$

式（3-21）求得的是获得滤液量 V 时所形成的滤饼层的阻力。

除了滤饼阻力外，还要考虑过滤介质阻力。可以把过滤介质阻力看作获得当量滤液量 V_e 时形成的滤饼层阻力，表示为：

过滤介质阻力
$$R_m = r\mu\nu V_e/A \tag{3-22}$$

而滤液通过过滤介质的压力降表示为 Δp_m。

由上述分析可知，滤液通过滤饼层及过滤介质的总压力降即总推动力，可表示为：

推动力
$$\Delta p = \Delta p_c + \Delta p_m$$

过滤阻力为滤饼阻力与过滤介质阻力之和，可表示为：

总阻力
$$R = R_c + R_m = r\mu\nu(V+V_e)/A \tag{3-23}$$

因此，由式（3-23）得过滤速度方程：
$$u = \frac{dV}{Ad\tau} = \frac{\Delta p}{r\mu\nu(V+V_e)/A} \tag{3-24}$$

过滤速率方程式：
$$\frac{dV}{d\tau} = \frac{A\Delta p}{r\mu\nu(V+V_e)/A} = \frac{A^2\Delta p}{r\mu\nu(V+V_e)} \tag{3-25}$$

过滤速率方程式表示过滤操作中，某一瞬时的过滤速率 $dV/d\tau$ 与过滤面积 A、过滤压力差 Δp、滤液黏度 μ、滤饼厚度 $(V+V_e)/A$ 及滤饼比阻 r（反应滤饼特性）之间的关系。

在现有的过滤设备上进行过滤时，要想提高过滤速率 $dV/d\tau$，可以适当地增大过滤压力差 Δp、增大操作温度（使滤液黏度降低），或选用阻力低的过滤介质。

2. 影响过滤速率的因素

（1）悬浮液的性质　悬浮液的黏度对过滤速率有较大影响。黏度越小，过滤速率越快。

因此热料浆不应在冷却后再过滤，有时还可将滤浆先适当预热；由于滤浆浓度越大，其黏度也越大，为了降低滤浆的黏度，某些情况下也可以将滤浆加以稀释再进行过滤，但这样会使过滤容积增加，同时稀释滤浆也只能在不影响滤液的前提下进行。

（2）过滤推动力　要使过滤操作得以进行，必须保持一定的推动力，即在滤饼和介质的两侧之间保持有一定的压差。如果压差是靠悬浮液自身重力作用形成的，则称为重力过滤，如化学实验中常见的过滤；如果压差是通过在介质上游加压形成的，则称为加压过滤；如果压差是在过滤介质的下游抽真空形成的，则称为减压过滤（或真空抽滤）；若压差是利用离心力的作用形成的，则称为离心过滤。重力过滤设备简单，但推动力小，过滤速率慢，一般仅用来处理固体含量少且容易过滤的悬浮液；加压过滤可获得较大的推动力，过滤速率快，并可根据需要控制压差大小，但压差越大，对设备的密封性和强度要求越高，即使设备强度允许，也还受到滤布强度、滤饼的压缩性等因素的限制，因此，加压操作的压力不能太大，以不超过 500kPa 为宜；真空过滤也能获得较大的过滤速率，但操作的真空度受到液体沸点等因素的限制，不能过高，一般在 85kPa 以下；离心过滤的过滤速率快，但设备复杂，投资费用和动力消耗都较大，多用于颗粒粒度相对较大、液体含量较少的悬浮液的分离。一般说来，对不可压缩滤饼，增大推动力可提高过滤速率，但对可压缩滤饼，加压却不能有效地提高过滤速率。

（3）过滤介质与滤饼的性质　过滤介质的影响主要表现在过程的阻力和过滤效率上，金属网与棉毛织品的空隙大小相差很大，生产能力和滤液的澄清度的差别也就很大。因此，要根据悬浮液中颗粒的大小来选择合适的过滤介质。滤饼的影响因素主要有颗粒的形状、大小、滤饼紧密度和厚度等，显然，颗粒越细，滤饼越紧密、越厚，其阻力越大。当滤饼厚度增大到一定程度时，过滤速率会变得很慢，操作再进行下去是不经济的，这时只有将滤饼卸去，再进行下一个周期的操作。

二、恒压过滤

恒压过滤时，滤液体积 V 与过滤时间 τ 的关系如图 3-34 所示。曲线 OB 表示实际过滤操作的 V 与 τ 的关系，而曲线 $O_e O$ 表示与过滤介质阻力对应的虚拟滤液体积 V_e 与虚拟过滤时间 τ_e 的关系。

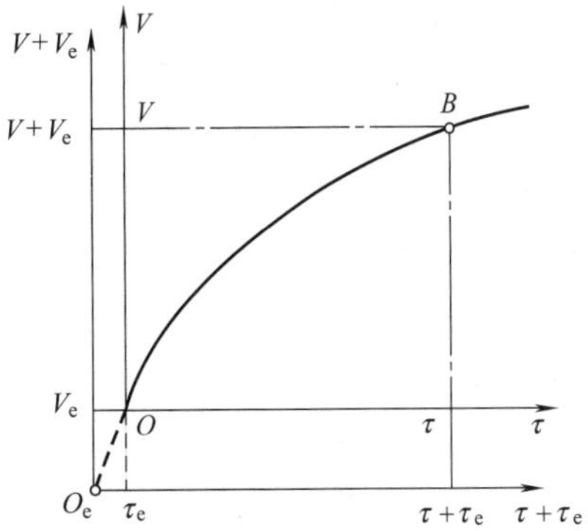

对式（3-25）进行积分，可以得到 V 与 τ 的关系。恒压过滤时，Δp 为常数。对于一定的悬浮液和过滤介质，μ、r、ν 及 V_e 也均为常数。故式（3-25）的积分为：

图 3-34　恒压过滤时 V-τ 的关系

$$\int_0^V (V + V_e)dV = \frac{A^2 \Delta p}{r \mu \nu} \int_0^\tau d\tau$$

得

$$\frac{V^2}{2} + V V_e = \frac{A^2 \Delta p}{r \mu \nu} \tau$$

令

$$K = \frac{2\Delta p}{r \mu \nu} \tag{3-26}$$

由上式得恒压过滤方程式为

$$V^2 + 2V V_e = K A^2 \tau \tag{3-27}$$

式（3-27）表示在恒压条件下滤液体积 V 与过滤时间 τ 的关系。

令　$q = \dfrac{V}{A}$，$q_e = \dfrac{V_e}{A}$

将式（3-27）的恒压过滤方程式改写成为 q 与 τ 的关系式

$$q^2 + 2qq_e = K\tau \tag{3-28}$$

式中　q——单位过滤面积获得的滤液体积，m^3/m^2；

　　　　τ——过滤时间，s；

　　　　q_e——过滤常数，为单位过滤面积获得的虚拟滤液体积（与过滤介质阻力对应），m^3/m^2；

　　　　K——过滤常数，m^2/s。

由式（3-26）可知，过滤常数 $K = 2\Delta p/r\mu\nu$，表明 K 与过滤压力降 Δp 及悬浮液性质、温度（表现在 r、μ、ν 上）有关。

任务3　选择与设计非均相分离装置

非均相物系的分离装置主要包括气固体系分离装置与液固体系分离装置。本任务中，我们将学习根据分离任务的要求，选取适当的分离装置类型和尺寸等。

子任务1　选择气固分离设备

在选用气固分离设备时，常根据工艺提供或收集到的设计资料来确定其型号和规格，一般使用计算方法和经验法。由于气固分离设备结构形式繁多，影响因素又很复杂，因此难以求得准确的通用计算公式，再加上人们对气固分离设备内气流的运动规律还有待进一步认识，以及分级效率和粉尘粒径分布数据非常匮乏，相似放大计算方法还未成熟。所以，在实际工作中常采用经验法来选择气固分离设备的型号和规格。

下面主要从生产中要求除去的最小颗粒大小出发，简略介绍气固非均相物系的分离设备的选择。

① 50μm 以上的颗粒　降尘室。

② 5μm 以上的颗粒　旋风分离器。

③ 5μm 以下的颗粒　湿法除尘设备、电除尘器、袋滤器等。其中文丘里除尘器可除去 1μm 以上的颗粒，袋滤器可除去 0.1μm 以上的颗粒，电除尘器可除去 0.01μm 以上的颗粒。常用的气固分离设备的性能、分级效率、费用比例可参见表 3-1～表 3-3。

表 3-1　常用的气固分离设备及其性能

设备类型	分离效率/%	压力降/Pa	应用范围
重力沉降室	50～60	50～100	除大粒子，大于 75～100μm
惯性分离器和一般旋风分离器	50～70	250～800	除较大粒子，下限 20～50μm
高效旋风分离器	80～90	1000～1500	除一般粒子，10～100μm
袋式分离器	95～99	800～1500	细尘，小于 1μm
静电分离器	90～93	100～200	细尘，小于 1μm

表 3-2　除尘器的分级效率

除尘器名称	全效率/%	不同粒径的分级效率/%				
		0～5μm 20%	5～10μm 10%	10～20μm 15%	20～44μm 20%	44μm 35%
带挡板的降尘室	56.8	7.5	22	43	80	90
普通的旋风分离器	65.3	12	33	57	82	91
长锥体旋风分离器	84.2	40	79	92	99.5	100
喷淋塔	94.5	72	96	98	100	100
电除尘器	97.0	90	94.5	97	99.5	100
文丘里除尘器	99.5	99	99.5	100	100	100
袋式除尘器	99.7	99.5	100	100	100	100

表 3-3　除尘器的费用比例

常见除尘设备	投资费用比例/%	运行费用比例/%	常见除尘设备	投资费用比例/%	运行费用比例/%
高效旋风除尘器	50	50	塔式除尘器	51	49
袋式除尘器	50	50	文丘里洗涤器	30	70
电除尘器	75	25			

子任务 2　确定气固分离设备装置的工艺参数

　　选择好合适的气固分离设备后，该如何去选择气固分离设备的工艺参数？本任务将以旋风分离器为例，简单介绍如何选择其工艺参数。

一、旋风分离器的类型

　　旋风分离器的分离效率不仅受含尘气的物理性质、含尘浓度、粒度分布及操作的影响，还与设备的结构尺寸密切相关。只有各部分结构尺寸恰当，才能获得较高的分离效率和较低的压力降。

　　近年来，在旋风分离器的结构设计中，主要对以下几个方面进行了改进，以提高分离效率或降低气流阻力。

　　① 采用细而长的器身　减小器身直径可增大惯性离心力，增加器身长度可延长气体停留时间，所以，细而长的器身有利于颗粒的离心沉降，使分离效率提高。

　　② 减小涡流的影响　含尘气体自进气管进入旋风分离器后，有一小部分气体向顶盖流动，然后沿排气管外侧向下流动，当达到排气管下端时汇入上升的内旋气流中，这部分气流称为上涡流。分散在这部分气流中的颗粒由短路而逸出器外，这是造成旋风分离器低效的主要原因之一。采用带有旁路分离室或采用异形进气管的旋风分离器，可以改善上涡流的影响。

　　在标准旋风分离器内，内旋流旋转上升时，会将沉集在锥底的部分颗粒重新扬起，这是影响分离效率的另一重要原因。为抑制这种不利因素，设计了扩散式旋风分离器。

　　此外，排气管和灰斗尺寸的合理设计都可使除尘效率提高。

　　鉴于以上考虑，人们对标准旋风分离器加以改进，设计出一些新的结构形式。现列举几种化工中常见的旋风分离器类型。

① CLT/A 型　CLT/A 型是具有倾斜螺旋面进口的旋风分离器，其结构如图 3-35（a）所示。这种进口结构形式，在一定程度上可以减小涡流的影响，并且使气流阻力较低（阻力系数 ζ 值可取 5.0～5.5）。

② CLP 型　CLP 型是带有旁路分离室的旋风分离器，采用蜗壳式进气口，其上沿较器体顶盖稍低。含尘气进入器内后即分为上、下两股旋流。"旁室"结构能迫使被上旋流带到顶部的细微尘粒聚结并由旁室进入向下旋转的主气流而得以捕集，对 5μm 以上的尘粒具有较高的分离效果。根据器体及旁路分离室形状的不同，CLP 型又分为 A 和 B 两种类型，CLP/B 型如图 3-35（b）所示，其阻力系数 ζ 值可取 4.8～5.8。

③ 扩散式　扩散式旋风分离器的结构如图 3-35（c）所示，其主要特点是具有上小下大的外壳，并在底部装有挡灰盘（又称反射屏）。挡灰盘 a 为倒置的漏斗形，顶部中央有孔，下沿与器壁底圈留有缝隙。沿壁面落下的颗粒经此缝隙降至集尘箱 b 内，而气流主体被挡灰盘隔开，少量进入箱内的气体则经挡灰盘顶部的小孔返回器内，与上升旋流汇合后经排气管排出。挡灰盘有效地防止了已沉下的细粉被气流重新卷起，因而使效率提高，尤其对 10μm 以下的颗粒，分离效果更为明显。其阻力系数 ζ 值可取 7～8。

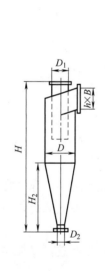
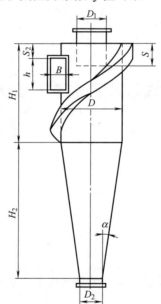
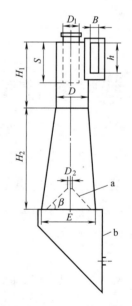

(a) CLT/A型旋风分离器

$h = 0.66D$　$B = 0.26D$

$D_1 = 0.6D$　$D_2 = 0.3D$

$H_2 = 2D$

$H = (4.5 \sim 4.8)D$

(b) CLP/B型旋风分离器

$h = 0.6D$　$B = 0.3D$　$D_1 = 0.6D$

$D_2 = 0.43D$　$H_1 = 1.7D$

$H_2 = 2.3D$　$S = 0.28D + 0.3h$

$S_2 = 0.28D$　$\alpha = 14°$

(c) 扩散式旋风分离器

$h = D$　$B = 0.26D$　$D_1 = 0.5D$

$D_2 = 0.1D$　$H_1 = 2D$　$H_2 = 3D$

$S = 1.1D$　$E = 1.65D$　$\beta = 45°$

图 3-35　工业上常见的旋风分离器类型

二、旋风分离器的结构类型与选用

选用旋风分离器时，一般是先确定其类型，然后根据气体的处理量和允许压降，选定具体型号。如果气体处理量较大，可以采用多个旋风分离器并联操作。

对于已经规定了分离含尘气体的具体任务，要求决定拟采用的旋风分离器类型、尺寸与个数时，首先应根据被处理物系的物质与任务要求，结合各类型设备特点，选定适宜旋风分离器类型，然后通过计算决定尺寸及个数。

选择旋风分离器类型，确定其主要尺寸的依据有三个方面：一是含尘气体的处理量；二是允许的压力降；三是要达到的分离效率。严格按照上述三项指标计算指定类型的旋风分离器尺寸与台数，需要提供该设备的粒级效率及含尘气体中颗粒的粒度分布数据。当缺乏这些数据时，只能在保证满足规定的生产能力及允许压力降的前提下，对效率做粗略估算。

选用旋风分离器需要注意如下三点：

① 按照规定的允许压力降，可以同时选出几种不同型号的旋风分离器。若选用小尺寸的旋风分离器，分离效率高，但需要数台并联方可满足生产能力要求；反之，选用大直径，则可减少台数，然而效率下降。此时，需要在投资和效率之间做出选择。

② 当选用数台小尺寸旋风分离器并联操作时，特别注意解决气体均匀分配及排除出灰口的窜漏问题，以便在保证气体处理量的前提下兼顾分离效率与气体压力降的要求。

③ 旋风分离器性能表中的压力降是当气体密度为 $1.2kg/m^3$ 时的数据，当气体密度不同时，应校正压力降数据。

在选定旋风分离器的类型之后，便可查阅该型旋风分离器的主要性能表。表中载有各种尺寸的该型设备在若干个压力降数值下的生产能力，可据此确定型号。型号是按圆筒直径大小编排的。CLT/A、CLP/B 及扩散式旋风分离器的性能见表 3-4、表 3-5、表 3-6。表中所列生产能力的数值为气体流量，单位为 m^3/h。

表 3-4 CLT/A 型旋风分离器的生产能力

型 号	圆筒直径 D /mm	进口气速 u_i/(m/s)		
		12	15	18
		压力降 Δp/Pa		
		755	1187	1707
CLT/A-1.5	150	170	210	250
CLT/A-2.0	200	300	370	440
CLT/A-2.5	250	400	580	690
CLT/A-3.0	300	670	830	1000
CLT/A-3.5	350	910	1140	1360
CLT/A-4.0	400	1180	1480	1780
CLT/A-4.5	450	1500	1870	2250
CLT/A-5.0	500	1860	2320	2780
CLT/A-5.5	550	2240	2800	3360
CLT/A-6.0	600	2670	3340	4000
CLT/A-6.5	650	3130	3920	4700
CLT/A-7.0	700	3630	4540	5440
CLT/A-7.5	750	4170	5210	6250
CLT/A-8.0	800	4750	5940	7130

表 3-5　CLP/B 型旋风分离器的生产能力

型　号	圆筒直径 D /mm	进口气速 u_i/(m/s)		
		12	16	20
		压力降 Δp/Pa		
		412	687	1128
CLP/B-3.0	300	700	930	1160
CLP/B-4.2	420	1350	1800	2250
CLP/B-5.4	540	2200	2950	3700
CLP/B-7.0	700	3800	5100	6350
CLP/B-8.2	820	5200	6900	8650
CLP/B-9.4	940	6800	9000	11300
CLP/B-10.6	1060	8550	11400	14300

表 3-6　扩散式旋风分离器的生产能力

序　号	圆筒直径 D /mm	进口气速 u_i/(m/s)			
		14	16	18	20
		压力降 Δp/Pa			
		785	1030	1324	1570
1	250	820	920	1050	1170
2	300	1170	1330	1500	1670
3	370	1790	2000	2210	2500
4	455	2620	3000	3380	3760
5	525	3500	4000	4500	5000
6	585	4380	5000	5630	6250
7	645	5250	6000	6750	7500
8	695	6130	7000	7870	8740

💡 技能训练 3-3

比较化工生产过程中常用的旋风除尘器性能。

参考：化工中常用的几种类型旋风除尘器主要性能列于表 3-7 中。

表 3-7　若干种旋风分离器的性能

性能	CLT 型	CLP 型	CLK 型
适宜气速/(m/s)	12～18	12～20	12～20
除尘范围/μm	>10	>5	>5
含尘浓度/(g/m³)	4.0～50	>0.5	1.7～200
阻力系数 ζ 值	5.0～5.5	4.8～5.8	7～8

子任务 3　选择液固分离设备

对于液固非均相物系的分离方案及设备选择，主要从分离目的出发，进行介绍。

（1）以获得固体产品为目的　颗粒浓度<1%（体积分数，下同）：以连续沉降槽、旋液分离器、离心沉降机等进行浓缩，以便进一步进行分离。

颗粒浓度>10%、粒径>50μm：离心过滤机。

颗粒粒径＜50μm：压差式过滤机。颗粒浓度＞5％，可采用转筒真空过滤机；颗粒浓度较低时，可采用板框过滤机。

（2）以澄清液体为目的 以节能、高效为原则，分别选用各种分离设备对不同大小的颗粒进行分离。为提高澄清效率，可在料液中加入助滤剂或絮凝剂，若对澄清要求非常高，可用深层过滤作为澄清操作的最后一道工序。

子任务 4 确定液固分离设备装置的工艺参数

一、选择液固分离装置的类型

首先，根据需要过滤的液体的性质来选择厢式还是板框压滤机，其选择方法如下。

① 板框压滤机的结构上还采用一层板框式的滤板，便于滤板的移动和更换。最大的优点是过滤速率较快，滤饼的存储量也比较大，相比厢式压滤机而言，滤板更加坚实，板框滤板上的滤布也能够更均匀地使用压力差，致使滤布与过滤物尽可能地接触，使得滤饼和过滤物之间能够有足够的接触空间，进而在最大程度上形成有效的压力差，以达到板框压滤机的使用效率。

② 二者间过滤的温度、酸碱性以及固体的颗粒物形状都是不同的，板框压滤机对于固体的颗粒形状大小要求更严格些，板框压滤机的过滤范围较小，所以厢式压滤机相对板框压滤机在使用条件上更加宽松一些。

③ 厢式压滤机和板框压滤机的过滤都是依靠滤板来实现的，因为板框压滤机使用的是中空滤板，所以相对来说厢式压滤机的稳定性更强一些，且不易损毁。所以说厢式压滤机使用时间更加长一些。

二、了解压滤机的型号

在选择压滤机之前，首先需要对其型号进行了解，例如：XAMZG160/1250-30U 型压滤机。

X 是厢式压滤机（B 是板框压滤机）；A 指的是滤液流出方式是暗流的（M 是明流，除污水含腐蚀性或易挥发等成分之外，一般不选择暗流）；Z 是自动（S 是手动，Y 是液压）；G 是隔膜滤板；160 是过滤面积 $160m^2$；1250 指的是滤板的外形尺寸是 1250mm×1250mm；30 为滤板的厚度；U 指塑料（X 代表橡胶，铸铁省略）。

三、板框压滤机的选型

下面以板框压滤机为例，对板框压滤机的选型进行计算。

已知：工厂产出的泥沙体积 $V_1 = 300m^3/d$，含水率 $\rho_1 = 98\%$，求经板框压滤机过滤后的体积 V_2（$\rho_2 = 70\%$）。

（1）求泥经过板框压滤机后体积

$$\frac{V_2}{V_1} = \frac{1-\rho_1}{1-\rho_2} = \frac{1-0.98}{1-0.7} = \frac{0.02}{0.3} = \frac{1}{15}$$

ρ 为含水率，ρ_1 表示含水率 98％（表示未经压滤机处理泥的含水率），ρ_2 表示含水率 70％（表示经过压滤机处理后泥的含水率）。

$$V_1 = 300m^3（含水率为 98\%）$$

计算得出：$V_2 = 20\text{m}^3$。

也就是说将含水 98% 的污泥经过板框压滤机后含水率在 70%，体积缩小 15 倍。

（2）板框机的选型计算　由上文可知，经过板框压滤机后，泥沙的体积为 20m³，现已知该设备需要工作 16h，板框压滤机每次工作周期 2h（注意在选定设备时建议具体问问工作周期及保压时间）。即可知一天内板框压滤机工作 8 个周期，于是得到板框压滤机滤室总容量：$20/8 = 2.5\text{m}^3/\text{周期} = 2500\text{L}/\text{周期}$。

以某有限公司的压滤机为例（表 3-8），应选择滤室总容量在 2500L 以上的。

表 3-8　XZ1250 厢式压滤机（液压压紧、自动保压）

型号	过滤面积/m²	滤室总容量/L	外形尺寸/mm	滤板厚度/mm	滤室数量/pcs	滤饼厚度/mm	外形尺寸 长×宽×高（L×W×H）/mm×mm×mm	电机功率/kV	过滤压力/MPa	整机质量/kg
XMU AZ100/1250-BK	100	1500	1250×1250	60	38	30	5038×1750×1725	4	1	7750
XMU AZ112/1250-BK	112	1680	1250×1250	60	43	30	5343×1750×1725	4	1	8100
XMU AZ125/1250-BK	125	1875	1250×1250	60	48	30	5648×1750×1725	4	1	8430
XMU AZ140/1250-BK	140	2100	1250×1250	60	54	30	6014×1750×1725	4	1	8850
XMU AZ160/1250-BK	160	2400	1250×1250	60	62	30	6502×1750×1725	4	1	9390
XMU AZ180/1250-BK	180	2700	1250×1250	60	69	30	6929×1750×1725	4	1	9860
XMU AZ200/1250-BK	200	3000	1250×1250	60	77	30	7417×1750×1725	4	1	10420
XMU AZ224/1250-BK	224	3360	1250×1250	60	86	30	7966×1750×1725	4	1	11040
XMU AZ250/1250-BK	250	3750	1250×1250	60	96	30	8576×1750×1725	4	1	11720

 技术训练 3-4

在 25℃ 下对每升水中含 25g 某种颗粒的悬浮液用具有 26 个框的 BMS20/635-25 板框压滤机进行过滤。在过滤机入口处滤浆的表压为 $3.39 \times 10^5 \text{Pa}$，所用滤布与实验时的相同，浆料温度仍为 25℃。每次过滤完毕用清水洗涤滤饼，洗水温度及表压与滤浆相同，其体积为滤液体积的 8%。每次卸渣、清理、装合等辅助操作时间为 15min。已知固相密度为 2930kg/m³，又测得湿饼密度为 1930kg/m³。求此板框压滤机的生产能力。

解： 过滤面积 $A = (0.635)^2 \times 2 \times 26 = 21$（m²）

滤框总容积 $= (0.635)^2 \times 0.025 \times 26 = 0.262$（m³）

已知 1m³ 滤饼的质量为 1930kg，设其中含水 x kg，水的密度按 1000kg/m³ 考虑，则

$$\frac{1930 - x}{2930} + \frac{x}{1000} = 1$$

解得　$x = 518$kg

故知 $1m^3$ 滤饼中的固相质量为 $1930-518=1412$（kg）

生成 $1m^3$ 滤饼所需的滤浆质量为

$$1412\times\frac{1000+25}{25}=57892\ (\text{kg})$$

则 $1m^3$ 滤饼所对应的滤液质量为 $57892-1930=55962$（kg）

$1m^3$ 滤饼所对应的滤液体积为 $\dfrac{55962}{1000}=55.962$（$m^3$）

由此可知，滤框全部充满时的滤液体积为：

$$V=55.96\times0.262=14.66\ (\text{m}^3)$$

则过滤终了时的单位面积滤液量为：

$$q=\frac{V}{A}=\frac{14.66}{21}=0.6982\ (\text{m}^3/\text{m}^2)$$

$\Delta p=3.39\times10^5\text{Pa}$ 时的恒压过滤方程式为：

$$(q+0.0217)^2=1.678\times10^{-4}\ (\tau+2.81)$$

将 $q=0.6982\text{m}^3/\text{m}^2$ 代入上式，得

$$(0.6981+0.0217)^2=1.678\times10^{-4}\ (\tau+2.81)$$

解得过滤时间为：$\tau=3085\text{s}$。

$$\tau_{\text{w}}=\frac{V_{\text{w}}}{\dfrac{1}{4}\left(\dfrac{\mathrm{d}V}{\mathrm{d}\tau}\right)_{\text{E}}}$$

对恒压过滤方程式（3-28）进行微分，得

$$2(q+q_{\text{e}})\mathrm{d}q=K\mathrm{d}\tau，\quad 即\quad \frac{\mathrm{d}q}{\mathrm{d}\tau}=\frac{K}{2(q+q_{\text{e}})}$$

已求得过滤终了时 $q=0.6982\text{m}^3/\text{m}^2$，代入上式可得过滤终了时的过滤速率为：

$$\left(\frac{\mathrm{d}V}{\mathrm{d}\tau}\right)_{\text{E}}=A\frac{K}{2(q+q_{\text{e}})}=21\times\frac{1.678\times10^{-4}}{2(0.6982+0.0217)}=2.447\times10^{-3}(\text{m}^3/\text{s})$$

已知 $V_{\text{w}}=0.08V=0.08\times14.66=1.173$（$m^3$）

则 $$\tau_{\text{w}}=\frac{1.173}{\dfrac{1}{4}\times(2.447\times10^{-3})}=1917\ (\text{s})$$

又知 $\tau_{\text{D}}=15\times60=900$（s）

则生产能力为

$$Q=\frac{3600V}{\tau_{\text{总}}}=\frac{3600V}{\tau+\tau_{\text{w}}+\tau_{\text{D}}}=\frac{3600\times14.66}{3085+1917+900}=8.942\ (\text{m}^3/\text{h})$$

任务 4　操作非均相分离装置

　　对于非均相物系分离，工业上应用较多的设备主要分为气固体系分离装置与液固体系分离装置，典型的设备主要有旋风分离器、板框压滤机以及转筒真空过滤机等。本任务中，我

们将学习按照生产工艺和设备操作规程的要求，完成设备的操作、维护以及保养等。

子任务1 认识气固分离设备操作规程

我们将以旋风分离器为例，按照装置的操作规程，学习使用前的检查、启用（开车）、运行中的检查、关闭（停车）、分离器的排污、不良现象判断与处理、维护与保养以及注意事项等。

以图3-36所示的旋风分离器为例具体说明其操作。

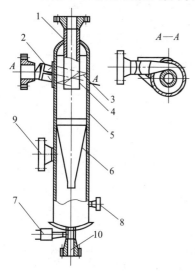

图 3-36 旋风分离器结构示意图
1—出风管；2—进风管；3—螺旋叶片；
4—中心管；5—筒体；6—锥形管；
7—阀控排尘孔；8—注水孔；
9—人孔；10—人工清灰孔

1. 使用前的检查

① 确认进口阀、出口阀在关闭状态，排污阀在打开状态时，筒体压力为零，确保设备和人身安全。

② 确认分离器上的压力表、液位计等测量仪表的值是否正确，否则进行校正或更换。

③ 检查分离器底部的阀套式排污阀、球阀及其手动机构是否完好（如有必要可拆开检查）。

2. 分离器的启用

① 对分离器做最后的检查，确保处于完好状态。

② 关闭排污阀，打开压力表等测量仪表的仪表阀。

③ 打开分离器的上游阀门对分离器进行充压，使分离器升压至稳定状态后打开出口球阀。

④ 分离器内压力稳定后，观察压力并做记录，注意分离器运行是否正常，有无异常声音。

3. 分离器运行中的检查

① 检查分离器的压力、温度、流量，查看是否在分离器所要求的允许范围内，否则上报调控中心或值班领导并做记录。

② 及时记录分离器各处压力、温度及流量参数，检查是否正常。

③ 旋风分离器前后压差过高（＞0.2MPa）时或者出现其他异常情况时，应立即切换备用分离器，停运事故分离器，按排污程序先将设备进行放空降压，然后打开排污阀排污，注意倾听管内流动声音，一旦有气流声，马上关闭排污阀。如果压差仍未恢复到正常范围，那么应及时报告调控中心及有关领导组织维修。

4. 分离器排污（可燃性气体除尘）

（1）排污前的准备工作

① 排污前先向调控中心及有关领导申请，得到批准后方可实施排污作业。

② 观察排污管地面管段的牢固情况。

③ 准备安全警示牌、可燃气体检测仪、隔离警示带等。

④ 检查分离器区及排污罐放空区域的周边情况，杜绝一切火种火源。

⑤ 在排污罐放空区周围50 m内设置隔离警示带和安全警示牌，禁止一切闲杂人员入内。

⑥ 检查、核实排污罐液位高度。

⑦ 准备相关的工具。

（2）排污操作

① 关闭分离器的上下游球阀。

② 缓慢开启分离器的放空阀，使分离器内压力降到约 0.2MPa。

③ 缓慢开启分离器底部的排污球阀后，缓慢打开阀套式排污阀。

④ 操作阀套式排污阀时，要用耳仔细听阀内流体声音，判断排放的是液体或是气体，一旦听到气流声，立即关闭阀套式排污阀，然后关闭排污球阀。

⑤ 同时安排人观察排污罐放空立管喷出气体的颜色，以判断是否有粉尘。

⑥ 待排污罐液面稳定后，记录排污罐液面高度；出现大量粉尘时，应注意控制排放速度，同时取少量粉尘试样，留作分析；最后按规定做好记录。

⑦ 恢复分离器工艺流程。

⑧ 重复以上步骤，对其他各路分离器进行离线排污。

⑨ 排污完成后再次检查各阀门状态是否正确。

⑩ 整理工具和收拾现场。

⑪ 向调控中心汇报排污操作的具体时间和排污结果。

（3）排污时的注意事项

① 开启阀套式排污阀应缓慢平稳，阀的开度要适中。

② 关闭分离器阀套式排污阀应快速，避免气体冲击波动。

③ 操作排污阀带压排污时，要用耳仔细听排污管内流体声音，判明排放的是液体、固体或是气体，一旦听到气流声，立即关闭排污阀。

④ 设备区、排污罐附近严禁一切火种。

⑤ 做好排污记录。

（4）排污周期

① 观察站场分离器液位计，根据液位计的显示值来确定排污周期。

② 根据日常排污记录，先确定一个时间较短的排污周期；观察该周期内的排污量，调整排污周期（延长或缩短排污周期），最终确定一个合理的排污周期。

③ 在确保气体气质的条件下，为减少阀的损坏，可适当延长排污周期。

5. 注意事项

① 打开盲板进行泥沙的清理时应采用湿式作业；同时操作人员要采用必要的防护措施，现场要有人员监护作业。

② 做好清洗维护的记录，以便确定清洗维护的周期。

③ 旋风分离器正常投产后，一般每年停运检查一次。

④ 如果为投产初期，应根据具体情况及时进行旋风分离器的排污，进行污物的粗分离，为下游过滤式分离器的工作提供良好的环境。现场应准备充足的备品备件，以便随时更换。

技能训练 3-4

总结分离设备操作过程中的注意事项。

认识液固分离设备操作规程

我们将以板框压滤机和转筒真空过滤机为例，按照装置的操作规程，学习开车前的检查、开车、停车、下渣、不良现象判断与处理、维护与保养以及注意事项等。

一、板框压滤机操作规程

以图 3-37 所示的板框压滤机为例说明其操作。

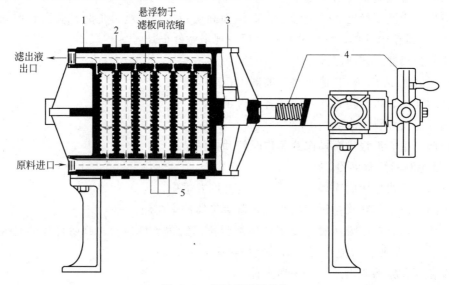

图 3-37　板框压滤机结构

1—固定尾板；2—滤板；3—移动头板；4—锁紧装置；5—滤布

1. 开车前准备工作

① 检查滤板数量是否足够，有无破损，滤板是否清洁，安放是否符合要求。

② 检查滤布是否折叠，有无破损，过滤性能是否良好。

③ 检查各需润滑、冷却设备是否符合开车要求。

④ 检查各处连接是否紧密，有无泄漏。

⑤ 检查压滤机油压是否足够，油位是否符合要求（1/2～2/3）。

⑥ 其他配套设施是否齐备。

⑦ 需要压滤的母液按工艺要求调好 pH 值。

2. 开车

① 将"松/停/紧"开关拨到"紧"位置，活塞杆前移，压紧滤板，达到 20～25MPa 压力时，将"松/停/紧"开关拨到"停"位置上，压滤机进入自动保压状态。

② 打开压滤泵的冷却水阀、进口阀、出口阀，启动压滤中转泵，开始压滤，通过出口阀的开度调节控制压滤进度。（当滤布上形成滤饼后，停车时没有下渣，渣冷却后可能形成结晶堵塞滤布，再次开车时可以先通蒸汽预热，再进料。）

3. 停车

① 关闭母液循环泵出口的分支阀门，关闭加减液阀门。

②　当压滤中转槽中液位较低时，依次停搅拌、压滤泵，关闭压滤泵进口阀门，关出口阀门，停冷却水。

③　正常压滤下，当压滤出液嘴出液很小时，放松滤板，人工御渣，清洗滤板，清除滤板密封面上残渣。

④　对出浑液的滤板进行检查，滤布如有破损应及时修复或更换。

⑤　关闭电源，打扫场地卫生。

4. 下渣

①　将"松/停/紧"开关拨到"松"位置，活塞回程，滤板松开。活塞回退到位后，压紧板触及行程开关而自动停止，回程结束。

②　手动拉板卸饼。采用人工手动依次拉板卸饼。

③　拉板卸饼以后，残留在滤布上的滤渣必须清理干净，滤布应重新整理平整，再开始下一工作循环。当滤布的截留能力衰退时，则需对滤布进行清洗或更换。

5. 其他注意事项

①　在压紧滤板前，务必将滤板排列整齐，且靠近止推板端，平行于止推板放置，避免因滤板放置不正而引起主梁弯曲变形。

②　压滤机在压紧后，通入料浆开始工作，进料压力必须控制在出厂铭牌上标定的最大过滤压力（表压）以下，否则将会影响机器的正常使用。

③　过滤开始时，进料阀应缓慢开启，起初滤液往往较为浑浊，然后转清，这属正常现象。

④　由于滤布纤维的毛细作用，过滤时，滤板密封面之间有清液渗漏属正常现象。

⑤　在冲洗滤布和滤板时，注意不要让水溅到油箱的电源上。

⑥　搬运、更换滤板时，用力要适当，防止碰撞损坏，严禁摔打、撞击，以免使滤板/框破裂。滤板的位置切不可放错；过滤时不可擅自拿下滤板，以免油缸行程不够而发生意外；滤板破裂后，应及时更换，不可继续使用，否则会引起其他滤板破裂。

⑦　液压油应通过空气滤清器充入油箱，必须达到规定油面。并要防止污水及杂物进入油箱，以免液压元件生锈、堵塞。

⑧　电气箱要保持干燥，各压力表、电磁阀线圈以及各个电气元件要定期检验确保机器正常工作。停机后须关闭空气开关，切断电源。

⑨　油箱、油缸、柱塞泵和溢流阀等液压元件需定期进行空载运行循环法清洗，在一般工作环境下使用的压滤机每六个月清洗一次，工作油的过滤精度为 $20\mu m$。新机在使用 $1\sim2$ 周后，需要换液压油，换油时将脏油放净，并把油箱擦洗干净。第二次换油周期为一个月，以后每三个月左右换油一次（也可根据环境不同适当延长或缩短换油周期）。

6. 保养

①　使用时做好运行记录，对设备的运转情况及所出现的问题记录备案，并应及时对设备的故障进行维修。

②　保持各配合部位的清洁，并补充适量的润滑油以保证其润滑性能。

③　对电控系统，要进行绝缘性试验和动作可靠性试验，对动作不灵活或动作准确性差的元件一经发现，及时进行修理或更换。

④ 经常检查滤板的密封面，保证其光洁、干净，检查滤布是否折叠，保证其平整、完好。

⑤ 液压系统的保养，主要是对油箱液面、液压元件各个连接口密封性的检查和保养，并保证液压油的清洁度。

⑥ 如设备长期不使用，应将滤板清洗干净，滤布清洗后晾干。

二、转筒真空过滤机操作规程

以图 3-38 所示的转筒真空过滤机说明其操作。

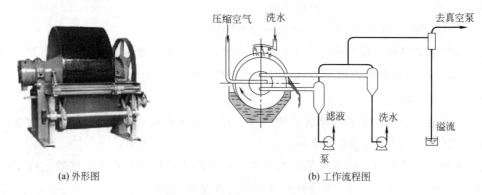

(a) 外形图　　　　　　　　　　　　(b) 工作流程图

图 3-38　转筒真空过滤机外形图及工艺流程图

1. 开车前的准备工作

① 检查滤布。滤布应清洁无缺损，注意不能有干浆。

② 检查滤浆。滤浆槽内不能有沉淀物或杂物。

③ 检查转鼓与刮刀之间的距离，一般为 1～2mm。

④ 查看真空系统真空度大小和压缩空气系统压力大小是否符合要求。

⑤ 给分配头、主轴瓦、压辊系统、搅拌器和齿轮等传动机构加润滑脂和润滑油，检查和补充减速机的润滑油。

2. 开车

① 启动。观察各传动机构运转情况，如平稳、无振动、无碰撞声，可试空车和洗车 15min。

② 开启进滤浆阀门向滤槽注入滤浆，当液面上升到滤槽高度的 1/2 时，再打开真空、洗涤、压缩空气等阀门。开始正常生产。

3. 正常操作

① 经常检查滤槽内的液面高低，保持液面高度为滤槽的 60%～75%，高度不够会影响滤饼的厚度。

② 经常检查各管路、阀门是否有渗漏，如有渗漏应停车修理。

③ 定期检查真空度、压缩空气压力是否达到规定值。洗涤水分布是否均匀。

④ 定时分析过滤效果，如：滤饼的厚度、洗涤水是否符合要求。

4. 停车

① 关闭滤浆入口阀门，再依次关闭洗涤水阀门、真空和压缩空气阀门。

② 洗车。除去转鼓和滤槽内的物料。

5. 转鼓真空过滤机的使用与维护

① 要保持各转动部位有良好的润滑状态，不可缺油。

② 随时检查紧固件的工作情况，发现松动，及时拧紧，发现振动，及时查明原因。

③ 滤槽内不允许有物料沉淀和杂物。

④ 备用过滤机应每隔 24h 转动一次。

子任务 3　处理非均相分离设备操作故障

本任务以常用的分离设备旋风分离器、板框压滤机以及转筒真空过滤机为例，介绍一些常见的异常现象与处理方法。

一、旋风分离器常见异常现象与处理方法

（1）法兰或连接处泄漏　运行或升压过程中，使用皂液法检查，发现泄漏时必须立即切换流程，停运事故分离器，然后进行放空排污操作，压力降为零后方可进行维修操作。

（2）分离器前后压差增大或流量减小　运行过程中，固体颗粒较多，会引起分离器前后压差增大。当超过 0.2MPa 时，表明分离器内部出现堵塞，应及时停运进行检修。若 2 台以上分离器同时运行，当某台分离器后的流量计的流量值比其他支路小 30%（此设定值可在运行时调整）时，表明这路分离器可能堵塞，需进行检修。

二、板框压滤机常见异常现象与处理方法

板框压滤机常见异常现象与处理方法详见表 3-9。

表 3-9　板框压滤机常见异常现象与处理方法

序号	故障现象	产生原因	排除方式
1	滤板之间跑料	1. 油压不足 2. 滤板密封面夹有杂物 3. 滤布不平整，折叠 4. 低温板用于高温物料，造成滤板变形 5. 进料泵压力或流量超高	1. 参见序号 3 2. 清理密封面 3. 整理滤布 4. 更换滤板 5. 重新调整
2	滤液不清	1. 滤板破损 2. 滤布选择不当 3. 滤布开孔过大 4. 滤布袋缝合处开线 5. 滤布带缝合处针脚过大	1. 检查并更换滤布 2. 重做实验，更换合适滤布 3. 更换滤布 4. 重新缝合 5. 选择合理针脚重新缝合
3	油压不足	1. 溢流阀调整不当或损坏 2. 阀内漏油 3. 油缸密封圈磨损 4. 管路外泄漏 5. 电磁换向阀未到位 6. 柱塞泵损坏 7. 油位不够	1. 重新调整或更换 2. 调整或更换 3. 更换密封圈 4. 修补或更换 5. 清洗或更换 6. 更换 7. 加油

序号	故障现象	产生原因	排除方式
4	滤板向上抬起	1.安装基础不准 2.滤板密封面除渣不净 3.半挡圈内球垫偏移	1.重新修正地基 2.除渣 3.调节半挡圈下部调节螺钉
5	主梁弯曲	1.滤板排列不齐 2.滤布密封面除渣不净	1.排列滤板 2.除渣
6	滤板破裂	1.进料压力过高 2.进料温度过高 3.滤板进料孔堵塞 4.进料速率过快 5.滤布破损	1.调整进料压力 2.换高温板或过滤前冷却 3.疏通进料孔 4.降低进料速率 5.更换滤布
7	保压不灵	1.油路有泄漏 2.活塞密封圈磨损 3.液控单向阀失灵 4.安全阀泄漏	1.检修油路 2.更换 3.用煤油清洗或更换 4.用煤油清洗或更换
8	压紧,回程无动作	1.油位不够 2.柱塞泵损坏 3.电磁阀无动作 4.回程溢流阀弹簧松弛	1.加油 2.更换 3.如属电路故障需要重接导线,如属阀体故障需清洗更换 4.更换弹簧
9	拉板装置动作失灵	1.传动系统被卡 2.时间继电器失灵 3.拉板系统电器失灵 4.拉板电磁阀故障	1.清理调整 2.参见序号10 3.检修或更换 4.检修或更换
10	时间继电器失灵	1.控制时间调整不当 2.电器线路故障 3.时间继电器损坏	1.重新调整时间 2.检修或更换 3.更换

三、转鼓真空过滤机常见异常现象与处理方法

转鼓真空过滤机常见异常现象与处理方法详见表3-10。

表3-10　转鼓真空过滤机常见异常现象与处理方法

异常现象	原因	处理方法
滤饼厚度达不到要求 滤饼不干	1.真空度达不到要求 2.滤槽内滤浆液面低 3.滤布长时间未清洗或清洗不干净	查真空管路有无漏气,增加进料量
真空度过低	1.分配头磨损漏气 2.真空泵效率低或管路漏气 3.滤布有破损 4.错气窜风	1.修理分配头 2.检修真空泵和管路 3.更换滤布 4.调整操作区域

 技能训练 3-5

分析比较旋风分离机、板框压滤机、转鼓真空过滤机常见的故障与处理方法。

综合案例

某硫酸厂采用硫铁矿制硫酸工艺。硫铁矿经过焙烧得到的炉气，其中除含有转化工序所需要的有用气体 SO_2 和 O_2 以及惰性气体 N_2 之外，还含有三氧化硫、水分、三氧化二砷、二氧化硒、氟化物及矿尘等，它们均为有害物质。

炉气中的矿尘不仅会堵塞设备与管道，而且会造成后续工序催化剂失活。砷和硒则是催化剂的毒物；炉气中的水分及三氧化硫极易生成酸雾，不仅对设备产生腐蚀，而且很难被吸收除去。因此，在炉气送去转化前，必须先对炉气进行净化，应达到下述净化指标：砷 $<$ $0.001g/m^3$（标准状态），尘 $<0.005g/m^3$（标准状态），酸雾 $<0.03g/m^3$（标准状态），水分 $<0.1g/m^3$（标准状态），氟 $<0.001g/m^3$（标准状态）。

对焙烧硫铁矿所得炉气中杂质的成分及特点分析，初步确定净化方案如下。

1. 粉尘的清除

根据炉气中矿尘粒径的大小，可以相应采取不同的净化方案。对于尘粒较大的（$10\mu m$ 以上）可以采用自由沉降室或者旋风分离设备；对于尘粒较小的（$0.1\sim10\mu m$）可以采用电除尘器；对于更小颗粒的粉尘（$0.05\mu m$ 以下）可采用液相洗涤法。

2. 砷和硒的清除

焙烧后产生的 As_2O_3 和 SeO_2，当温度下降时，它们在气体中的饱和含量迅速下降，因此可以采用水或者稀硫酸来降温洗涤炉气。从气体中析出凝固成固相的砷、硒氧化物，一部分被洗涤液带走，其余悬浮在气相中成为酸雾冷凝中心。当温度降至 $50℃$ 时，气体中的砷、硒氧化物已经降至规定指标以下。炉气净化时，由于采用硫酸溶液或者水洗涤炉气，洗涤液中有相当数量的水蒸气进入气相，使炉气中的水蒸气含量增加。当水蒸气与炉气中的三氧化硫接触时，则可以生成硫酸蒸气。当温度降到一定程度时，硫酸蒸气就会达到饱和，直至过饱和。当过饱和度等于或者大于过饱和度的临界值时，硫酸蒸气就会在气相中冷凝，形成在气相中悬浮的小液滴，即为酸雾。

3. 酸雾的清除

酸雾的清除通常采用电除雾器来完成。电除雾器的除雾效率和酸雾微粒的直径有关。直径越大，效率越高。

实际生产中采取逐级增大酸雾粒径逐级分离的方法，以提高除雾效率。一方面逐级降低洗涤液酸度，使气体中的水蒸气含量增大，酸雾吸收水分被稀释，使粒径增大；另一方面气体被逐级冷却，酸雾同时也被冷却，气体中的水蒸气在酸雾微粒表面冷凝而增大粒径。

另外，可以采取增加电除雾器的段数，在两极电除雾器中间设置增湿塔，降低气体在电除雾器中的流速等措施。

根据以上分析，以硫铁矿为原料的接触法制酸装置的炉气净化流程可以有许多种。下面介绍"文泡冷电"酸洗流程（见图 3-39）。

由焙烧工序来的 SO_2 炉气，首先进入文丘里洗涤器 1（文氏管），用 $15\%\sim20\%$ 的稀酸进行第一级洗涤。洗涤后的气体经复挡除沫器 3 除沫后进入泡沫塔 4，用 $1\%\sim3\%$ 的稀酸进行第二级洗涤。经两极酸洗后，矿尘、杂质被除去，炉气中的部分 As_2O_3、SeO_2 凝固为颗粒被除掉，部分成为酸雾的中心。同时炉气中的 SO_3 也与水蒸气形成酸雾，在凝聚中心形成酸雾颗

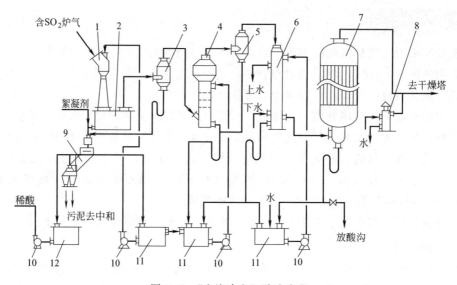

图 3-39 "文泡冷电"酸洗流程

1—文氏管；2—文氏管受槽；3,5—复挡除沫器；4—泡沫塔；6—间接冷却塔；7—电除雾器；
8—安全水封；9—斜板沉降槽；10—泵；11—循环槽；12—稀酸槽

粒。两级酸洗后的炉气，经复挡除沫器 5 除沫，进入冷却塔 6 列管间，使炉气进一步冷却，同时，使水蒸气进一步冷凝，且使酸雾粒径再进一步长大。由间接冷却塔 6 出来的炉气进入管束式电除雾器，借助于直流电场，使炉气中的酸雾被除去，净化后的炉气去干燥塔进行干燥。

素质拓展阅读

一诺二十载，无悔八千天——薛梅

守着苍凉，踏着寂寞，携着一份沉甸甸的承诺。薛梅，中国石化集团公司胜利油田的一名井站采油工，一守就是 20 年，她被评为胜利油田劳动模范、山东省劳动模范、山东省最美劳动者、中国石化精神文明建设标兵、全国"五一巾帼标兵"。野外驻岗 20 年，她与作为家属的丈夫一起精心管护小站的 7 口油水井和一座计量站，不惧孤独寂寞，不畏条件艰苦，不计个人得失，把油井当成了自己的孩子，对其精心呵护。累计巡井、巡线 42000 多次，行程 30 多万公里，走出了"24 个长征"，安全生产原油 12 万吨，价值 5 亿多元。她无怨无悔，用爱书写着美丽，用责任坚守着岗位，用担当延续着自己的希望和梦想。

练习题

一、填空题

1.球形颗粒在静止流体中做重力沉降，经历_____和_____两个阶段。沉降速度是指_____阶段，指颗粒相对于流体的运动速度。

2.在层流区，球形颗粒的沉降速度 u_t 与其直径的_____次方成正比；而在湍流区，u_t 与其直径的_____次方成正比。

3.降尘室内，颗粒可被分离的必要条件是_____；而气体的流动应控制在_____流型。

4.在规定的沉降速度 u_t 条件下，降尘室的生产能力只取决于_____，而与其

模块3　非均相物系分离技术

_____无关。

5. 除去气流中尘粒的设备类型有_____、_____、_____等。

6. 降尘室的生产能力与降尘室的_____和_____有关。

7. 过滤常数 K 是由_____及_____决定的常数；而介质常数 q_e 与 τ_e 是反映_____的常数。

8. 工业上应用较多的压滤型间歇过滤机有_____与_____；吸滤型连续操作过滤机有_____。

9. 根据分离方式（或功能），离心机可分为_____、_____和_____三种基本类型；而据分离因数的大小，离心机可分为_____、_____和_____。

10. 过滤操作有_____和_____两种典型方式。

11. 旋风分离器的_____越小，说明其分离性能越好。

12. 离心分离设备的分离因数定义式为 $K_c=$_____。

13. 间歇过滤机的生产能力可写为 $Q=V/\sum\tau$，$\sum\tau$ 等于一个操作循环中_____、_____和_____三项之和。

14. 最常见的间歇式过滤机有_____和_____。

15. 一球形石英颗粒，在空气中按斯托克斯定律沉降，若空气温度由 20℃ 升至 50℃，则其沉降速度将_____。

二、单项选择题

1. 在重力场中，固体颗粒在静止流体中的沉降速度与下列因素无关的是（　　）。

　　A. 颗粒几何形状　　　B. 颗粒几何尺寸　　　C. 颗粒与流体密度　D. 流体的流速

2. 含尘气体通过长 4m、宽 3m、高 1m 的降尘室，已知颗粒的沉降速度为 0.25m/s，则降尘室的生产能力为（　　）。

　　A. 3m³/s　　　　　　B. 1m³/s　　　　　　C. 0.75m³/s　　　　D. 6m³/s

3. 某粒径的颗粒在降尘室中沉降，若降尘室的高度增加一倍，则该降尘室的生产能力将（　　）。

　　A. 增加一倍　　　　B. 为原来的 1/2　　　C. 不变　　　　　　D. 不确定

4. 粒径分别为 16μm 和 8μm 的两种颗粒在同一旋风分离器中沉降，沉降在层流区，则两种颗粒的离心沉降速度之比为（　　）。

　　A. 2　　　　　　　　B. 4　　　　　　　　C. 1　　　　　　　　D. 1/2

5. 以下表达式中正确的是（　　）。

　　A. 过滤速率与过滤面积 A 的平方成正比　　B. 过滤速率与过滤面积 A 成正比

　　C. 过滤速率与所得滤液体积 V 成正比　　　　D. 过滤速率与虚拟滤液体积 V_e 成正比

6. 在转筒真空过滤机上过滤某种悬浮液，若将转筒转速 n 提高一倍，其他条件保持不变，则生产能力将为原来的（　　）。

　　A. 2 倍　　　　　　　B. $\sqrt{2}$ 倍　　　　　　C. 4 倍　　　　　　D. 1/2

7. 球形颗粒在静止流体中自由沉降，当在 $10^{-4}<Re_t<1$ 时，沉降速度 u_t 可用（　　）计算。

　　A. 斯托克斯公式　　　　　　　　　　　B. 艾伦公式

　　C. 牛顿公式　　　　　　　　　　　　　D. 以上均可以

8. 下列用来分离气固非均相物系的是（　　）。

225

A. 板框压滤机   B. 转筒真空过滤机

C. 袋滤器   D. 三足式离心机

9. 微粒在降尘室内能除去的条件为：停留时间（　　）它的沉降时间。

    A. 不等于   B. 大于或等于   C. 小于   D. 大于或小于

10. 离心分离因数的表达式为（　　）。

    A. $a = \omega R / g$ B. $a = \omega g / R$ C. $a = \omega R^2 / g$ D. $a = \omega^2 R / g$

11. 用板框压滤机组合时，应将板、框按（　　）顺序安装。

    A. 123123123⋯   B. 123212321⋯   C. 3121212⋯   D. 132132132⋯

12. 有一高温含尘气流，尘粒的平均直径在 $2 \sim 3 \mu m$，现要达到较好的除尘效果，可采用（　　）。

    A. 降尘室   B. 旋风分离器   C. 湿法除尘   D. 袋滤器

13. 过滤操作中滤液流动遇到阻力是（　　）。

    A. 过滤介质阻力   B. 滤饼阻力

C. 过滤介质和滤饼阻力之和   D. 无法确定

14. 旋风分离器主要是利用（　　）的作用使颗粒沉降而达到分离的。

    A. 重力   B. 惯性离心力

C. 静电场   D. 重力和惯性离心力

15. 旋风分离器的进气口宽度 B 值增大，其临界直径（　　）。

    A. 减小   B. 增大   C. 不变   D. 不能确定

16. 过滤速率与（　　）成反比。

    A. 操作压差和滤液黏度   B. 滤液黏度和滤渣厚度

C. 滤渣厚度和颗粒直径   D. 颗粒直径和操作压差

17. 下列措施中不一定能有效地提高过滤速率的是（　　）。

    A. 加热滤浆   B. 在过滤介质上游加压

C. 在过滤介质下游抽真空   D. 及时卸渣

18. 在①旋风分离器、②降尘室、③袋滤器、④静电除尘器等除尘设备中，能除去气体中颗粒的直径符合由大到小的顺序的是（　　）。

    A. ①②③④   B. ④③①②   C. ②①③④   D. ②①④③

19. 自由沉降的意思是（　　）。

    A. 颗粒在沉降过程中受到的流体阻力可忽略不计

    B. 颗粒开始的降落速度为零，没有附加一个初始速度

    C. 颗粒在降落的方向上只受重力作用，没有离心力等作用

    D. 颗粒间不发生碰撞或接触的情况下的沉降过程

20. 下列哪一个分离过程不属于非均相物系的分离过程？（　　）

    A. 沉降   B. 结晶   C. 过滤   D. 离心分离

21. 下列物系中，不可以用旋风分离器加以分离的是（　　）。

    A. 悬浮液   B. 含尘气体   C. 酒精水溶液   D. 乳浊液

22. 在讨论旋风分离器分离性能时，临界直径这一术语是指（　　）。

    A. 旋风分离器效率最高时的旋风分离器的直径

    B. 旋风分离器允许的最小直径

C. 旋风分离器能够全部分离出来的最小颗粒的直径

D. 能保持层流流型时的最大颗粒直径

23. 如果气体处理量较大，可以采取两个以上尺寸较小的旋风分离器（   ）使用。

A. 串联　　　　　　　B. 并联　　　　　　C. 先串联后并联　　D. 先并联后串联

24. 多层降尘室是根据（   ）原理而设计的。

A. 含尘气体处理量与降尘室的层数无关　　　　B. 含尘气体处理量与降尘室的高度无关

C. 含尘气体处理量与降尘室的直径无关　　　　D. 含尘气体处理量与降尘室的大小无关

三、判断题

1. 过滤操作是分离悬浮液的有效方法之一。　　　　　　　　　　　　　　（   ）

2. 板框压滤机是一种连续性的过滤设备。　　　　　　　　　　　　　　（   ）

3. 在斯托克斯区域内粒径为 $16\mu m$ 及 $8\mu m$ 的两种颗粒在同一旋风分离器中沉降，则两种颗粒的离心沉降速度之比为 2。　　　　　　　　　　　　　　　　　　　　（   ）

4. 重力沉降设备比离心沉降设备分离效果更好，而且设备体积也较小。　（   ）

5. 降尘室的生产能力不仅与降尘室的宽度和长度有关，而且与降尘室的高度有关。（   ）

6. 欲提高降尘室的生产能力，主要的措施是提高降尘室的高度。　　　　（   ）

7. 板框压滤机的滤板和滤框，可根据生产要求进行任意排列。　　　　　（   ）

8. 颗粒的自由沉降是指颗粒间不发生碰撞或接触等相互影响的情况下的沉降过程。

　　　　　　　　　　　　　　　　　　　　　　　　　　　　　　　　（   ）

9. 将降尘室用隔板分层后，若能 100% 除去的最小颗粒直径要求不变，则生产能力将变大；沉降速度不变，沉降时间变小。　　　　　　　　　　　　　　　　　　　（   ）

10. 为提高离心机的分离效率，通常采用小直径、高转速的转鼓。　　　（   ）

四、问答题

1. 球形颗粒在静止流体中做重力沉降时都受到哪些力的作用？它们的作用方向如何？

2. 简述评价旋风分离器性能的主要指标。

3. 简述选择旋风分离器的主要依据。

五、计算题

1. 某药厂用降尘室回收气体中所含的球形固体颗粒。已知降尘室的底面积为 $10m^2$，宽和高均为 $2m$，在操作条件下气体密度为 $0.75kg/m^3$，黏度为 $2.6\times10^{-5}Pa\cdot s$，固体密度为 $3000kg/m^3$。降尘室生产能力为 $4m^3/s$，试确定：（1）理论上能完全收集下来的最小颗粒的直径；（2）粒径为 $40\mu m$ 的颗粒的回收率。

2. 密度为 $2650kg/m^3$ 的球形石英颗粒在 $20℃$ 空气中自由沉降，计算服从斯托克斯公式的最大颗粒直径及服从牛顿公式的最小颗粒直径。

3. 在底面积为 $40m^2$ 的除尘室内回收气体中的球形固体颗粒。气体的处理量为 $3600m^3/h$，固体的密度 $\rho=3000kg/m^3$，操作条件下气体的密度 $\rho=1.06kg/m^3$，黏度为 $2\times10^{-5}Pa\cdot s$。试求理论上能完全除去的最小颗粒直径。

4. 直径为 $800mm$ 的离心机，旋转速度为 $1200r/min$，求其离心分离因数。

5. 用一多层降尘室除去炉气中的矿尘。矿尘最小粒径为 $8\mu m$，密度为 $4000kg/m^3$。除尘室长 $4.1m$、宽 $1.8m$、高 $4.2m$，气体温度为 $427℃$，黏度为 $3.4\times10^{-5}Pa\cdot s$，密度为 $0.5kg/m^3$。若每小时的炉气量为 $2160m^3$（标准状态），试确定降尘室内隔板的间距及层数。

6. 气流干燥器送出的含尘空气量为 $10000m^3/h$，空气温度 $80℃$。现用直径为 $1m$ 的标准型旋风分离器收集空气中的粉尘，粉尘密度为 1500kg/m^3，计算：①临界粒径；②压力降。

7. 降尘室高 2m、宽 2m、长 5m，用于矿石焙烧炉炉气的除尘。操作条件下气体的流量为 $2500\text{m}^3/\text{h}$，密度为 0.6kg/m^3，黏度为 $0.03\text{mPa}\cdot\text{s}$。①求能除去的氧化铁灰尘（密度为 4500kg/m^3）的最小直径；②若把上述降尘室用隔板分成 10 层（不考虑隔板的厚度），如需除尘的尘粒直径相同，则含尘气体的处理量为多大？反之，若生产能力相同，则除去尘粒的最小颗粒直径为多大？

8. 某淀粉厂的气流干燥器每小时送出 10000m^3 带有淀粉的热空气，拟采用扩散式旋风分离器收取其中的淀粉。要求压力降不超过 1373Pa。已知气体密度为 1.0kg/m^3，试选择合适的型号。

 知识的总结与归纳

知识点		应用举例	备注
沉降速度的计算	$$u_t = \sqrt{\frac{4d(\rho_s - \rho)}{3\zeta\rho}g}$$ 层流区（斯托克斯区）$10^{-4} < Re_t \leqslant 1$ $$\zeta = \frac{24}{Re_t}$$ 过渡区（艾伦区）$1 < Re_t \leqslant 10^3$ $$\zeta = \frac{18.5}{Re_t^{0.6}}$$ 湍流区（牛顿区）$10^3 \leqslant Re_t < 2\times 10^5$ $$\zeta = 0.44$$ 层流区——斯托克斯定律 $$u_t = \frac{d^2(\rho_s - \rho)}{18\mu}g$$ 过渡区——艾伦定律 $$u_t = 0.27\sqrt{\frac{d(\rho_s - \rho)}{\rho}Re_t^{0.6}g}$$ 湍流区——牛顿定律 $$u_t = 1.74\sqrt{\frac{d(\rho_t - \rho)}{\rho}g}$$	沉降速度的确定	沉降速度 u_t，必须先确定沉降区域，通常采用的方法为试差法
停留时间	$$\theta = \frac{L}{u} = \frac{L}{(q_V/BH)} = \frac{BHL}{q_V}$$	停留时间的确定	u 为水平流速，根据水平流速确定停留时间
干扰沉降的影响因素	①颗粒含量；②颗粒形状；③颗粒大小；④流体性质；⑤流体流动；⑥器壁的性质	实际沉降速度小于自由沉降速度，颗粒含量不大时，可近似按自由沉降处理	实际沉降即为干扰沉降
沉降设备生产能力	$$q_{V\max} = BLu_t$$	最大生产能力的确定	降尘室的生产能力（达到一定沉降要求单位时间所能处理的含尘气体量）只取决于降尘室的沉降面积(BL)，而与其高度(H)无关

知识点		应用举例	备注
旋风分离器分离颗粒的临界直径	$d_c = \sqrt{\dfrac{9\mu B}{\pi N \rho_s u}}$	计算旋风分离器理论上能分离下来的最小颗粒直径	
离心沉降速度	$u_R = \dfrac{d^2(\rho_s - \rho)}{18\mu} \times \dfrac{u_T^2}{R}$	计算离心沉降速度	u_R 是径向沉降速度，u_T 是切向速度，由径向沉降速度计算沉降时间
离心分离因数	$K_c = \dfrac{u_T^2/R}{g} = \dfrac{(2\pi R n_s)^2/R}{g} \approx \dfrac{R n^2}{900}$	计算分离因素	分离因数是指同一颗粒所受到的离心力和重力之比，其值越大，离心分离效果越好
旋风分离器的压降	$\Delta p = \zeta \dfrac{\rho u^2}{2}$ 式中阻力系数 ζ 取决于旋风分离器的结构和各部分尺寸的比例，与筒体直径大小无关	计算压降	压降大小是评价旋风分离器性能好坏的一个重要指标。气速小，压降低，但分离效果也随之降低，宜合理控制气速
气固分离设备的选择	①50μm 以上的颗粒：降尘室。 ②5μm 以上的颗粒：旋风分离器。 ③5μm 以下的颗粒：湿法除尘设备、电除尘器、袋滤器等。其中文丘里除尘可除去 1μm 以上的颗粒，袋滤器可除去 0.1μm 以上的颗粒，电除尘器可除去 0.01μm 以上的颗粒	气固分离设备的选择原则	根据要求除去的最小颗粒直径，选择相应的气固分离设备
液固分离设备的选择	以获得固体产品为目的 ①颗粒浓度＜1%(体积分数，下同)：以连续沉降槽、旋液分离器、离心沉降机等进行浓缩，以便进一步进行分离。 ②颗粒浓度＞10%、粒径＞50μm：离心过滤机。 ③颗粒粒径＜50μm：压差式过滤机。颗粒浓度＞5%，可采用转筒真空过滤机；颗粒浓度较低时，可采用板框过滤机	液固分离设备的选择原则	根据分离的目的、产品特性、颗粒的浓度、节能环保等选择液固分离设备

模块 4 蒸发技术

学习目标　　掌握蒸发操作的基本原理与蒸发设备的结构与适用范围，了解与认识单效蒸发与多效蒸发流程、工艺条件变化对蒸发操作的影响。能根据物料的性质与工艺过程，选择蒸发工艺流程与蒸发设备、操作蒸发设备，能对蒸发过程中出现的问题进行分析与处理、优化蒸发操作条件与探讨节能降耗的方法。

蒸发是采用加热的方法，使含有不挥发性物质（通常为固体，如盐类）的溶液沸腾，除去其中被汽化的部分，使溶液得以浓缩的单元操作过程。蒸发操作主要用于浓缩各种不挥发性物质的水溶液，广泛应用于化工、食品加工过程中溶液提浓、化学制药、造纸、制糖、海水淡化等工业中。

蒸发单元过程的主要目的包括：

① 稀溶液的增浓，直接制取液体产品，或者将浓缩的溶液再经进一步处理（如冷却结晶）制取固体产品，例如：在化工生产中，用电解法制得的烧碱（NaOH 溶液）的浓度一般只在 10% 左右，要得到 42% 左右的符合工艺要求的浓碱液则需通过蒸发操作。由于稀碱液中的溶质 NaOH 不具有挥发性，而溶剂水具有挥发性，因此生产上可将稀碱液加热至沸腾状态，使其中大量的水分汽化，这样原碱液中的溶质 NaOH 的浓度就得到了提高。又如：食品工业中利用蒸发操作将一些果汁加热，使一部分水分汽化并除去，以得到浓缩的果汁产品。

② 纯净溶剂的制取，此时蒸出的溶剂是产品，例如海水蒸发脱盐制取淡水。

③ 同时制备浓溶液和回收溶剂，例如中药提取过程中酒精浸出液的减压蒸发、农药生产过程中甲苯溶剂的浓缩与回收等。

 工业应用

如图 4-1 所示，甘蔗加工成蔗糖的过程中，甘蔗汁经过加热、蒸发浓缩、分离等工序，最后制成固体原糖。

糖厂的甘蔗原料先被破碎成片状或条状制成蔗料，然后送入压榨机压榨。压榨出的蔗汁经过亚硫酸清净、预灰和加热、硫熏中和、沉降和过滤等工序后得到清汁，此时清汁的浓度约为 12%～14%，清汁必须经过多效蒸发浓缩为 60% 的糖浆，并经过硫熏、过滤制成清净糖浆，清净糖浆经煮糖、结晶、离心、干燥制成原糖。

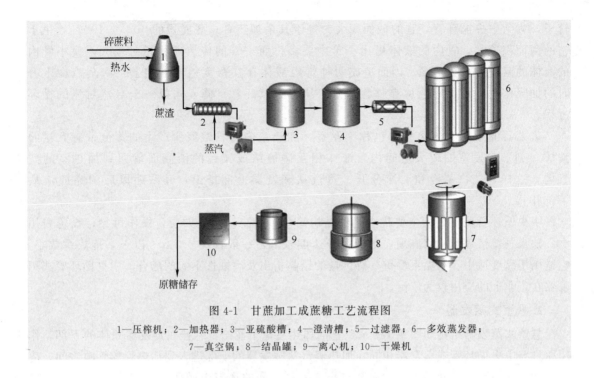

图 4-1　甘蔗加工成蔗糖工艺流程图

1—压榨机；2—加热器；3—亚硫酸槽；4—澄清槽；5—过滤器；6—多效蒸发器；

7—真空锅；8—结晶罐；9—离心机；10—干燥机

任务 1　认识蒸发装置

本任务中，我们将学习各种蒸发器的基本结构、类型及其应用的范围等，根据物料的基本特性来选择适合于生产的蒸发装置。

子任务 1　认识蒸发设备

蒸发过程是一个传热过程，蒸发时还需要不断地除去过程中所产生的二次蒸汽。因此，为完成蒸发过程，除了需要提供热量的加热室之外，还需要一台完成气液分离的分离室，蒸发所用的主体设备蒸发器，就由加热室和分离室这两个基本部分组成。由于加热室的结构形式和溶液在加热室中运动情况不同，因此蒸发器可分为多种形式，分为自然循环型蒸发器、强制循环型蒸发器、膜式蒸发器以及浸没燃烧蒸发器等。此外，蒸发设备还包括使液沫进一步分离的除沫器、排除二次蒸汽的冷凝器，以及减压蒸发时采用的真空泵等辅助装置。

一、自然循环型蒸发器

自然循环型蒸发器的特点为：溶液在加热室被加热的过程中产生密度差，形成自然循环。其加热室有横卧式和竖式两种，竖式应用最广，它包括以下几种主要结构形式。

1. 中央循环管式（标准式）蒸发器

中央循环管式蒸发器现今在工业上应用最广泛，其结构如图 4-2 所示，加热室如同列管式换热器一样，由 1～2m 长的竖式管束组成，称为沸腾管，但中间有一个直径较大的管子，称为中央循环管，它的截面积大约等于其余加热管总截面积的 $40\%\sim100\%$，由于它的截面积较大，管内的液体量比小管中要多；而小管的传热面积相对较大，使小管内的液体的温度比大管中高，因而造成两种管内液体存在密度差，再加上二次蒸汽在上升时的抽吸作用，使得溶液从沸腾管上升，从中央循环管下降，构成一个自然对流的循环过程。

蒸发器的上部为分离室，也称蒸发室。加热室内沸腾溶液所产生的蒸汽带有大量的液沫，到了蒸发室的较大空间内，液沫相互碰撞结成较大的液滴而落回到加热室的列管内，这样，二次蒸汽和液沫分开，蒸汽从蒸发器上部排出，经浓缩以后的完成液从下部排出。

中央循环管蒸发器的主要优点是：结构简单、紧凑，制造方便，操作可靠，投资费用少。缺点是：清理和检修麻烦，溶液循环速度较低，一般仅在 $0.5m/s$ 以下，传热系数小。它适用于黏度适中、结垢不严重、有少量的结晶析出及腐蚀性不大的场合。中央循环管式蒸发器在工业上的应用较为广泛。

2. 悬筐式蒸发器

悬筐式蒸发器结构如图 4-3 所示，它的加热室像个篮筐，悬挂在蒸发器壳体的下部，作用原理与中央循环管式蒸发器相同，加热蒸汽从蒸发器的上部进入到加热管的管隙之间，溶液仍然从管内通过，并经外壳的内壁与悬筐外壁之间的环隙中循环，环隙截面积一般为加热管总面积的 $100\%\sim150\%$。这种蒸发器的优点是溶液循环速度比中央循环管式要大（一般速度在 $1\sim1.5m/s$），而且，加热器被液流包围，热损失也比较小；此外，加热室可以由上方取出，清洗和检修比较方便。缺点是结构复杂，金属耗量大。它适用于容易结晶的溶液的蒸发，这时可增设析盐器，以利于析出的晶体与溶液分离。

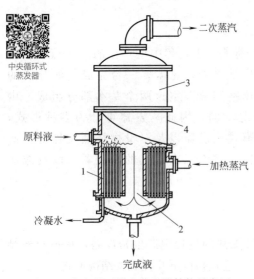

图 4-2 中央循环管式蒸发器结构示意图
1—加热室；2—中央循环管；
3—蒸发室；4—外壳

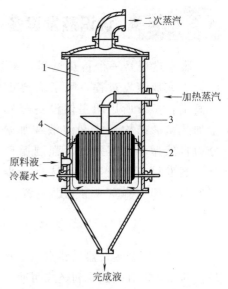

图 4-3 悬筐式蒸发器结构示意图
1—加热蒸汽管；2—加热室；
3—除沫器；4—液沫回流管

3. 外加热式蒸发器

外加热式蒸发器结构如图 4-4 所示，它的特点是把管束较长的加热室装在蒸发器的外面，即将加热室与蒸发室分开。这样，一方面降低了整个设备的高度；另一方面循环管未被蒸汽加热，增大了循环管内与加热管内溶液的密度差，从而加快了溶液的自然循环速度，同时还便于检修和更换。

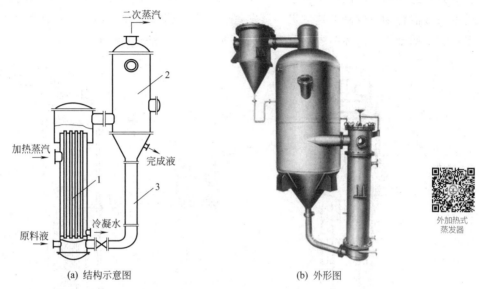

(a) 结构示意图　　　　　　　　　　　　　　(b) 外形图

图 4-4　外加热式蒸发器结构示意图与外形图

1—加热室；2—蒸发室；3—循环管

4. 列文蒸发器

图 4-5 是自然循环型蒸发器中比较先进的一种形式，称为列文蒸发器，其主要部件为加热室、沸腾室、循环管和分离室。它的主要特点是在加热室的上部有一段大管子，即在加热管的上面增加了一段液柱。这样，使加热管内的溶液所受的压力增大，因此溶液在加热管内不至达到沸腾状态。随着溶液的循环上升，溶液所受的压力逐步减小，通过工艺条件的控制，使溶液在脱离加热管时开始沸腾，这样，溶液的沸腾层移到了加热室外进行，从而减少了溶液在加热管壁上因沸腾浓缩而析出结晶或结垢的机会。由于列文蒸发器具有这种特点，所以又称为管外沸腾式蒸发器。

列文蒸发器中循环管的截面积比一般自然循环型蒸发器的截面积大，通常为加热管总截面积的 2～3.5 倍，这样，溶液循环时的阻力减小；加之加热管和循环管都相当长，通常可达 7～8m，循环管不受热，因此，两个管段中溶液的温差较高，密度差较大，从而造成了比一般自然循环型蒸发器要大的循环推动力，溶液的循环速度可以达到 2～3m/s，整个蒸发器的传热系数可以接近于强制循环型蒸发器的数值，而不必付出额外的动力。因此，这种蒸发器在国内化工企业中，特别是一些大中型电化厂的烧碱生产中应用较广。列文蒸发器的主要缺点是设备相当庞大，金属消耗量大，需要高大的厂房；另外，为了保证较高的溶液循环速度，要求有较大的温度差，因而要使用压力较高的加热蒸汽等。

二、强制循环型蒸发器

在一般自然循环型蒸发器中，循环速度比较低，一般都小于 1m/s，为了处理黏度大或容易析出结晶与结垢的溶液，必须加大溶液的循环速度，以提高传热系数，为此，常采用强制循环型蒸发器，其结构如图 4-6 所示。蒸发器内的溶液，依靠泵的作用，沿着一定的方向循环，其速度一般可达 1.5～3.5m/s，因此，其传热速率和生产能力都较高。溶液的循环过程是这样进行的：溶液由泵自下而上地送入加热室内，并在此流动过程中因受热而沸腾，沸腾的气液混合物以较高的速度进入蒸发室内，室内的除沫器（挡板）促使其进行气液分离，蒸汽自上部排出，液体沿循环管下降被泵再次送入加热室而循环。

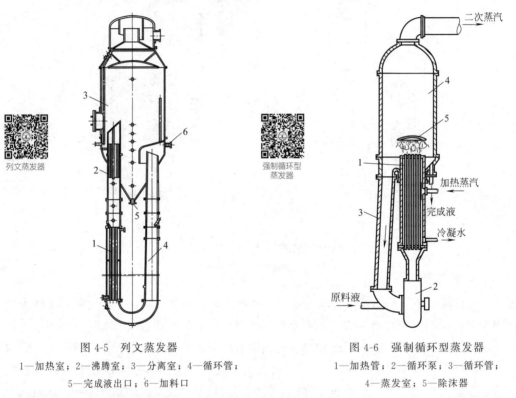

图 4-5 列文蒸发器
1—加热室；2—沸腾室；3—分离室；4—循环管；
5—完成液出口；6—加料口

图 4-6 强制循环型蒸发器
1—加热管；2—循环泵；3—循环管；
4—蒸发室；5—除沫器

这种蒸发器的传热系数比一般自然循环型蒸发器大得多，因此，在相同的生产任务下，蒸发器的传热面积比较小。缺点是动力消耗比较大，每平方米加热面积大约需要 0.4～0.8kW。

三、膜式蒸发器

上述几种蒸发器，溶液在蒸发器内停留的时间都比较长，对于热敏性物料的蒸发，容易造成分解或变质。膜式蒸发器的特点是溶液仅通过加热管一次，不作循环，溶液在加热管壁上呈薄膜状，蒸发速率快（数秒至数十秒），传热效率高，对处理热敏性物料的蒸发特别适宜，对于黏度较大、容易产生泡沫的物料的蒸发也比较适用。目前已成为国内外广泛应用的先进蒸发设备。膜式蒸发器的结构形式比较多，其中比较常用的有升膜式、降膜式和回转式薄膜蒸发器等。

1. 升膜式蒸发器

其结构如图 4-7 所示，它的加热室由一根或数根垂直长管组成。通常加热管径为 25～50mm，管长与管径之比为 100～150。原料液预热后由蒸发器底部进入加热器管内，加热蒸汽在管外冷凝。原料液受热后沸腾汽化，生成二次蒸汽在管内高速上升，带动料液沿管内壁呈膜状向上流动，并不断地蒸发汽化，加速流动，气液混合物进入分离器后分离，浓缩后的完成液由分离器底部放出。

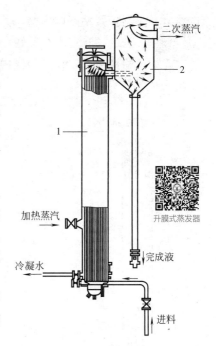

图 4-7　升膜式蒸发器
1—蒸发器；2—分离器

这种蒸发器需要精心设计与操作，即加热管内的二次蒸汽应具有较高速度，并获较高的传热系数，使料液一次通过加热管即达到预定的浓缩要求。常压下，管上端出口处速度以保持 20～50m/s 为宜，减压操作时，速度可达 100～160m/s。

升膜式蒸发器适宜处理蒸发量较大、热敏性、黏度不大及易起沫的溶液，但不适于高黏度、有晶体析出和易结垢的溶液。

料液在加热管内沸腾和流动情况对长管蒸发器的蒸发效果有很大的影响。在垂直加热管内气液两相的流动状态如图 4-8 所示。

   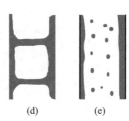 

（a）　　　（b）　　　（c）　　　（d）　　　（e）　　　（f）

图 4-8　在垂直加热管内气液两相的流动状态

2. 降膜式蒸发器

降膜式蒸发器的加热室可以是单根套管，也可由管束及外壳组成，其结构如图 4-9 所示。原料液是从加热室的顶部加入，在重力作用下沿管内壁呈膜状下降并进行蒸发的，浓缩后的液体从加热室的底部进入到分离器内，并从底部排出，二次蒸汽由顶部逸出。在该蒸发器中，每根加热管的顶部必须装有降膜分布器，以保证每根管子的内壁都能为料液所润湿，并不断有液体缓缓流过，否则，会有一部分管壁出现干壁现象，不能达到最大生产能力，甚至不能保证产品质量。

降膜式蒸发器同样适用于热敏性物料，可用于蒸发黏度较大（0.05～0.45Pa·s）、浓度较高的溶液，但不适于处理易结晶和易结垢的溶液，这是因为这种溶液形成均匀液膜较困难，传热系数也不高。

3. 回转式薄膜蒸发器

回转式薄膜蒸发器具有一个装有加热夹套的壳体，在壳体内的转动轴上装有旋转的搅拌桨，搅拌桨的形式很多，常用的有刮板、甩盘等。刮板式蒸发器，其结构如图 4-10 所示。

降膜式蒸发器

刮板紧贴壳体内壁，其间隙只有 0.5～1.5mm，原料液从蒸发器上部沿切线方向进入，在重力和旋转刮板的作用下，溶液在壳体内壁形成旋转下降的薄膜，并不断被蒸发，在底部成为符合工艺要求的完成液。

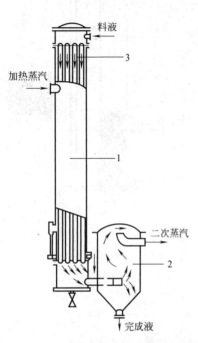

图 4-9　降膜式蒸发器结构示意图
1—蒸发器；2—分离器；3—液体分布器

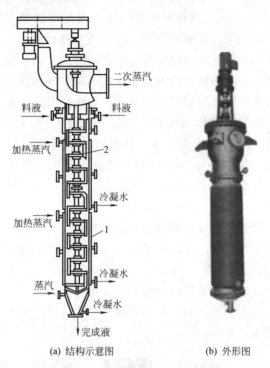

(a) 结构示意图　　　(b) 外形图

图 4-10　刮板式蒸发器结构示意图及外形图
1—夹套；2—刮板

这种蒸发器的突出优点在于对物料的适应性强，对容易结晶、结垢的物料以及高黏度的热敏性物料都能适用。其缺点是结构比较复杂，动力消耗大，因受夹套加热面积的限制（一般为 3～4m^2，最大也不超过 20m^2），只能用在处理量较小的场合。

4. 升-降膜式蒸发器

升-降膜式蒸发器的结构如图 4-11 所示，由升膜管束和降膜管束组合而成。蒸发器的底部封头内有一隔板，将加热管束均分为二。原料液在加热管 1 中达到或接近沸点后，引入升膜加热管束 2 的底部。气液混合物经管束由顶部流入降膜加热管束 3，然后转入分离器 4，浓缩液由分离器底部排出。溶液在升膜管束和降膜管束内的布膜及操作情况分别同前述的升膜及降膜蒸发器内的情况完全相同。升-降膜式蒸发器一般用于浓缩过程中黏度变化大的溶液，或厂房高度有一定限制的场

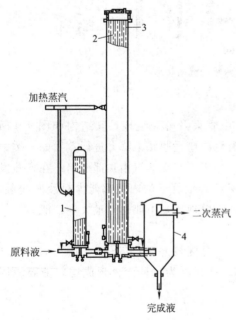

图 4-11　升-降膜式蒸发器
1—加热管；2—升膜加热管束；
3—降膜加热管束；4—分离器

合。蒸发过程中溶液的黏度变化较大，推荐使用常压操作。

四、直接加热蒸发器

上述各种蒸发器都是间接加热的，工业上有时还采用直接加热蒸发器，浸没燃烧蒸发器就是直接加热的蒸发器。它是将一定比例的燃烧气与空气直接喷入溶液中，燃烧气的温度可高达 1200～1800℃，由于气液间的温度差大，且气体对溶液产生强烈的鼓泡作用，使水分迅速蒸发，蒸出的二次蒸汽与烟道气一同由顶部排出。

浸没燃烧蒸发器的结构如图 4-12 所示，它不需要固定的传热面，热利用率高，适用于易结垢、易结晶或有腐蚀性溶液的蒸发，但不适合处理不能被燃烧气污染及热敏性物料的蒸发。目前广泛应用于废酸处理工业。

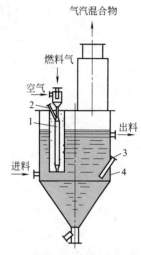

图 4-12　浸没燃烧蒸发器结构示意图
1—燃烧室；2—点火管；
3—测温管；4—外壳

蒸发操作广泛用于各种工业中，对这类应用量大且面广的设备，如能作某些改进以提高蒸发强度，则对社会的经济影响是很显著的。不论是间接加热的非膜式还是膜式蒸发器，其主要元件都是加热管束。所以对蒸发器的加热管束加以改造，是提高蒸发器传热强度的可行途径。由蒸发器的发展历程也可以看出，人们最初采用的是蛇管和横管蒸发器，后来发展为垂直管蒸发器，再进展为膜式蒸发器。提高蒸发器的传热强度往往用减薄管子两侧液膜或增加膜内湍动程度的方法来实现。

从上述的介绍可以看出，蒸发器的结构类型是很多的，实际选型时，除了要求结构简单、易于制造、金属消耗量小、维修方便、传热效果好等因素外，更主要的还是看它能否适用于所蒸发物料的工艺特性，包括物料的黏性、热敏性、腐蚀性、结晶或结垢性等，然后再全面综合地加以考虑。

五、蒸发装置中的附属设备

蒸发装置的附属设备主要有除沫器、冷凝器和真空装置。

1. 除沫器（气液分离器）

蒸发操作中产生的二次蒸汽，在分离室和液体分离后，仍夹带有一定的液沫或液滴。为了防止液体产品的损失或冷凝液被污染，在蒸发器顶部蒸汽出口附近需要设置除沫器。除沫器的类型很多，图 4-13 列举了几种常见的除沫器，其中（a）～（d）直接装在蒸发器内分离室的顶部，图（e）～（g）则要装在蒸发器的外部。

2. 冷凝器

冷凝器的作用是冷凝二次蒸汽。冷凝器有间壁式和直接接触式两种，倘若二次蒸汽为需回收的有价值物料或会严重污染水源，则应采用间壁式冷凝器，否则通常采用直接接触式冷凝器。直接接触式冷凝器一般均在负压下操作，这时为将混合冷凝后的水排出，冷凝器必须设置得足够高，冷凝器底部的长管称为大气腿。

3. 真空装置

当蒸发器在负压下操作时，无论采用哪一种冷凝器，均需在冷凝器后安装真空装置。需

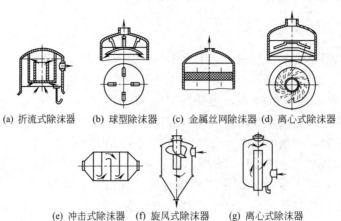

(a) 折流式除沫器　(b) 球型除沫器　(c) 金属丝网除沫器　(d) 离心式除沫器

(e) 冲击式除沫器　　(f) 旋风式除沫器　　(g) 离心式除沫器

图 4-13　几种常见的除沫器

要指出的是，蒸发器中的负压主要是二次蒸汽冷凝所致，而真空装置仅是抽吸蒸发系统泄漏的空气、物料及冷却水中溶解的不凝性气体和冷却水饱和温度下的水蒸气等，冷凝器后必须安真空装置才能维持蒸发操作的真空度。常用的真空装置有喷射泵、水环式真空泵、往复式真空泵或旋转式真空泵等。

技能训练 4-1

请比较、总结各种蒸发器主要性能。

各种蒸发器的主要性能比较，见表 4-1。

表 4-1　蒸发器的主要性能

蒸发器类型	造价	总传热系数		溶液在管内流速/(m/s)	停留时间	完成液浓度能否恒定	浓缩比	处理量	对溶液性质的适应性					
		稀溶液	高黏度						稀溶液	高黏度	易生泡沫	易结垢	热敏性	有结晶析出
标准式	最廉	良好	低	0.1～0.5	长	能	良好	一般	适	适	适	尚适	尚适	稍适
外加热式（自然循环）	廉	高	良好	0.4～1.5	较长	能	良好	较大	适	尚适	较好	尚适	尚适	稍适
列文式	高	高	良好	1.5～2.5	较长	能	良好	较大	适	尚适	较好	尚适	尚适	稍适
强制循环	高	高	高	2.0～3.5	—	能	较高	大	适	好	好	适	尚适	适
升膜式	廉	高	良好	0.4～1.0	短	较难	高	大	适	尚适	好	尚适	良好	不适
降膜式	廉	良好		0.4～1.0	短	尚能	高	大	较适	好	适	不适	良好	不适
刮板式	最高	高	高	—	短	尚能	高	较小	较适	好	较好	不适	良好	不适
浸没燃烧	廉	高	高	—	短	较难	良好	较大	适	适	适	适	不适	适

子任务 2 ▶ 认识蒸发技术的工业应用

蒸发设备在工业生产中应用广泛，本任务中，我们将以制药行业注射用水生产、环保领域高含盐废水处理以及中药提取物的浓缩为例，学习多效蒸发、减压蒸发以及蒸发设备和流程。

一、高含盐废水处理

生活污水排放和食品加工厂、制药厂、化工厂及石油和天然气的采集加工过程中会产生大量的高含盐废水，这些废水中除了含有机污染物外，还含有大量的无机盐离子，如 Cl^-、SO_4^{2-}、Na^+、Ca^{2+} 等。这种高盐、高有机物废水不能直接排放，也不能简单地进行生化处理，而且物化处理过程较复杂，处理费用较高，但是可以采用蒸发方法对高含盐废水进行处理，用三效蒸发器将高盐废水中盐分与废水的固液分离，实现高含盐废水处理。

三效蒸发器脱盐法是利用浓缩结晶系统将废液中的无机盐通过蒸发的方式加以去除的方法。三效蒸发器由相互串联的三个蒸发器组成，低温（90℃左右）加热蒸汽被引入第一效，加热其中的废液，产生的蒸汽被引入第二效作为加热蒸汽，使第二效的废液以比第一效更低的温度蒸发，这个过程一直重复到最后一效。第一效凝水返回热源处，其他各效凝水汇集后作为淡化水输出。这样，一份的蒸汽投入，可以蒸发出多倍的水出来。同时，高盐废水经过由第一效到最末效的依次浓缩，在最末效达到过饱和而结晶析出，由此实现盐分与废水的固液分离。

二、蒸发在中药有效成分提取中的应用

中药提取最为常用的方法就是溶剂提取法，工艺流程如图 4-14 所示。中药一般采用溶剂提取 2～3 次，将每次的煎煮液进行合并。溶剂要回收，通常采用蒸发的方法，采用减压

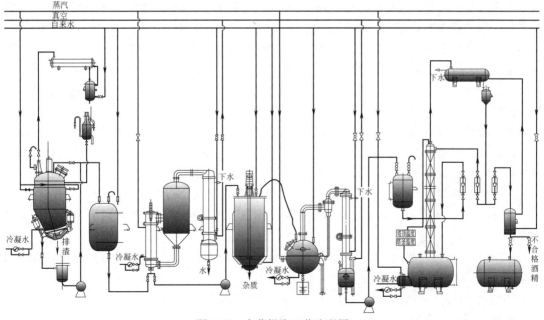

图 4-14 中药提取工艺流程图

的膜式蒸发设备进行操作（在真空的条件下，降低了溶剂的沸点，采用膜式蒸发可以减少加热的时间）。采用这种工艺，提高了中药提取液中热敏性、活性物质的稳定性以及药物的生物利用度。

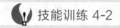

技能训练 4-2

查阅相关文献列举一些蒸发技术的工业应用。

任务 2　确定蒸发操作条件

本任务中，我们将学习选择蒸发方式与流程，确定蒸发工艺条件，包括蒸发水（或溶剂等）、蒸汽量以及蒸发器的换热面积等。能根据生产工艺条件选择合适的蒸发方式及蒸发流程。

子任务 1　确定蒸发流程

一、蒸发的分类

（1）自然蒸发和沸腾蒸发　自然蒸发即溶液在低于沸点温度下蒸发，如海水晒盐，这种情况下，因溶剂仅在溶液表面汽化，溶剂汽化速率低。沸腾蒸发是将溶液加热至沸点，使之在沸腾状态下蒸发。

（2）单效蒸发和多效蒸发　根据二次蒸汽是否用作另一个蒸发器的加热蒸汽，可将蒸发分为单效蒸发和多效蒸发。若蒸发出来的二次蒸汽直接冷凝而不再利用，称为单效蒸发；将几个蒸发器按一定方式组合起来，利用前一个蒸发器的二次蒸汽作为后一个蒸发器的加热蒸汽进行操作，称为多效蒸发。多效蒸发是减小加热蒸汽消耗量、节约热能的主要途径。

（3）间歇蒸发和连续蒸发　根据操作过程是否连续，蒸发可分为间歇蒸发和连续蒸发。间歇蒸发是指分批进料的蒸发操作。间歇蒸发特点是蒸发过程中，溶液的浓度和沸点随时间改变，故间歇蒸发为非稳定操作，适用于小规模、多品种的场合。连续蒸发为稳定操作，适用于大规模的生产过程。

（4）常压、加压和减压蒸发　根据操作压力的不同，可将蒸发分为常压蒸发、加压蒸发和减压蒸发（又称真空蒸发）。常压蒸发的特点是可采用敞口设备，二次蒸汽可直接排放在大气中，但会造成对环境的污染，适用于临时性或小批量的生产。

工业上的蒸发操作经常在减压下进行，这种操作称为真空蒸发。真空蒸发有许多优点：

① 在低压下操作，溶液沸点较低，有利于提高蒸发的传热温度差，减小蒸发器的传热面积；

② 减压下溶液的沸点下降，有利于处理热敏性物料，且可利用低压力的蒸汽或废蒸汽作为热源；

③ 操作温度低，热损失较小。

但真空蒸发也有缺点，系统需要有减压的装置，投资费和操作费较高，真空设备增加动力消耗；溶液沸点降低，其黏性会增加，使得总传热系数下降等。在加压蒸发中，所得到的二次蒸汽温度较高，可作为下一效的加热蒸汽加以利用。因此，单效蒸发多为真空蒸发；多效蒸发的前效为加压或常压操作，而后效则在真空下操作。对于热敏性物料，如抗生素溶液、果汁等应在减压下进行。而高黏度物料就应采用加压高温热源加热（如导热油、熔盐等）进行蒸发。

二、蒸发操作过程的特点与性质

① 蒸发的目的是为了使溶剂汽化，因此被蒸发的溶液应由具有挥发性的溶剂和不挥发性的溶质组成，这一点与蒸馏操作中的溶液是不同的。整个蒸发过程中溶质数量不变，这是物料衡算的基本依据。

② 蒸发操作是一个传热和传质同时进行的过程，蒸发的速率取决于过程中较慢的那一步过程的速率，即热量传递速率，因此工程上通常把它归类为传热过程。

③ 由于溶液中溶质的存在，在溶剂汽化过程中溶质易在加热表面析出而形成污垢，影响传热效果。当该溶液为热敏性物质时，还有可能因此而分解变质。

④ 蒸发操作需在蒸发器中进行。沸腾时，由于液沫的夹带而可能造成物料的损失，因此蒸发器在结构上与一般加热器是不同的。

⑤ 蒸发操作中要将大量溶剂汽化，需要消耗大量的热能，因此，蒸发操作的节能问题将比一般传热过程更为突出。由于目前工业上常用水蒸气作为加热热源，而被蒸发的物料大多为水溶液，汽化出来的蒸汽仍然是水蒸气，为区别起见，我们将用来加热的蒸汽称为生蒸汽，将从蒸发器中蒸发出的蒸汽称为二次蒸汽。

三、蒸发流程

1. 单效蒸发

单效蒸发溶液在蒸发器内蒸发时，其所产生的二次蒸汽不再利用，溶液也不再通入第二个蒸发器进行浓缩，即只用一台蒸发器完成蒸发操作。对于单效蒸发，在给定生产任务和确定了操作条件后，通常需要计算水分蒸发量、加热蒸汽消耗量和蒸发器的传热面积。

单效真空蒸发的流程如图 4-15 所示，左面的设备是用来进行蒸发操作的主体设备蒸发器，它的下部是由若干加热管组成的加热室 1，加热蒸汽在管间（壳方）被冷凝，它所释放出来的冷凝潜热通过管壁传给被加热的料液，使溶液沸腾汽化。在沸腾汽化过程中，不可避免地夹带一部分液体，为此，在蒸发器的上部设置了一个称为分离室 2 的分离空间，并在其出口处装有除沫装置，以便将夹带的液体分离开，蒸汽则进入混合冷凝器 4 内，被冷却水冷凝后排出。在加热室管

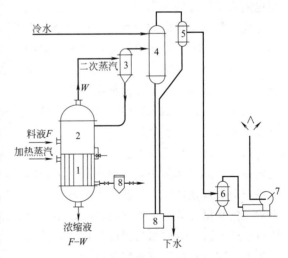

图 4-15 单效真空蒸发流程

1—加热室；2—分离室；3—二次分离器；
4—混合冷凝器；5—气液分离器；6—缓冲罐；
7—真空泵；8—冷凝水排除器

内的溶液中，随着溶剂的汽化，溶液浓度得到提高，浓缩以后的完成液从蒸发器的底部出料口排出。不凝性气体经气水分离器和缓冲罐后，再由真空泵抽至大气中。

上述流程是采用减压蒸发操作的，因此配有减压装置，需如图 4-15 中所示的真空泵、缓冲罐、气液分离器等辅助设备。

在单效蒸发过程中，由于所产生的二次蒸汽直接被冷凝而除去，使其携带的能量没有被充分利用，因此能量消耗大，它只在小批量生产或间歇生产的场合下使用。

2. 多效蒸发

由于蒸发过程是一个耗能较大的单元操作。因此，能耗是评价蒸发过程优劣的一个非常重要的指标，通常以加热蒸汽的经济性来表示。

加热蒸汽的经济性是指 1kg 加热蒸汽可蒸发的水量，若原料液在沸点下进入蒸发器，忽略热损失，则：

$$e = D/W = r/R$$

式中，e 称为单位蒸汽消耗量，表示每蒸发 1kg 水所需消耗的加热蒸汽量，可说明加热蒸汽的利用率，e 越小，利用率越高；r 为二次蒸汽的汽化潜热，kJ/kg；R 为加热蒸汽的汽化潜热，kJ/kg。

由于水的汽化潜热变化不大，故可近似为 $r \approx R$，则 $e \approx 1$。可知对于单效蒸发，理论上每蒸发 1kg 水约需消耗 1kg 加热蒸汽量，但实际上，由于热损失等因素，e 值约为 1.1 或更大。

为了节约能源、降低能耗，必须提高加热蒸汽的经济性。提高加热蒸汽经济性的方法和途径有多种，其中最主要的途径是采用多效蒸发。

多效蒸发将二次蒸汽作为下一效加热蒸汽，并将多个蒸发器进行串联。因为大规模工业生产中，往往需蒸发大量水分，这就需要消耗大量能源加热水产生蒸汽，为了减少加热蒸汽的消耗，常采用多效蒸发。多效蒸发将几个蒸发器串联运行，使蒸汽热能得到多次利用，从而也提高了热能的利用率。

在三效蒸发操作的流程中，第一个蒸发器（称为第一效）以生蒸汽作为加热蒸汽，其余两个称为第二效、第三效，均以其前一效的二次蒸汽作为加热蒸汽，从而可大幅度减少生蒸汽的用量。每一效的二次蒸汽温度总是低于其加热蒸汽，故多效蒸发时各效的操作压力及溶液沸腾温度沿蒸汽流动方向依次降低。

根据给蒸发器加入原料的方式，可分为并流加料、逆流加料和平流加料三种蒸发流程。下面以三效为例分别介绍。

（1）并流加料蒸发流程　如图 4-16 所示，在并流三效蒸发流程中，溶液和加热蒸汽的流向相同，都是从第一效开始按顺序流到第三效后结束。其中加热蒸汽分两种，第一效是生蒸汽，即由其他蒸汽发生器产生的蒸汽，第二效和第三效的蒸汽是二次蒸汽，第一效蒸发产生的蒸汽是第二效蒸发的加热蒸汽，第二效蒸发产生的二次蒸汽是第三效蒸发的加热蒸汽。原料液进入第一效浓缩后由底部排出，并依次进入第二效、第三效，在第二效和第三效被连续浓缩。完成液由第三效底部排出。

这种流程的优点为：料液可借相邻两效的压力差自动流入后一效，而不需用泵输送，同时，由于前一效的沸点比后一效的高，因此当物料进入后一效时，会产生自蒸发，这可多蒸出一部分水汽。这种流程不设预热器；辅助设备少，流程紧凑，温度损失小；操作简便，工艺稳定，设备维修量少。但其主要缺点是传热系数会下降，这是因为后序各效的浓度会逐渐增高，但沸点反而逐渐降低，导致溶液黏度逐渐增大，降低了传热系数，需要更大的传热面积。

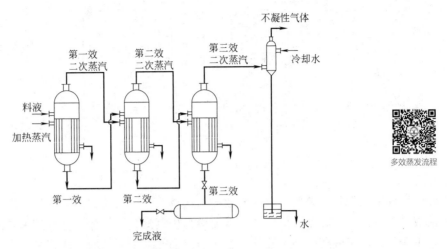

图 4-16 并流加料蒸发流程

（2）逆流加料蒸发流程 如图 4-17 所示，在逆流加料蒸发流程中，料液与蒸汽走向相反。料液从末效加入蒸发浓缩后，用泵将浓缩液送入前一效直至第一效，得到完成液；生蒸汽从第一效加入后经放热冷凝成液体，产生的二次蒸汽进入第二效，在对料液加热后冷凝成液体，第二效产生的二次蒸汽进入第三效对原料液加热，释放热量后冷凝成液体排出。

逆流加料流程中，因随浓缩液浓度增大而温度逐效升高，所以各效的黏度相差较小，传热系数大致相同；完成液排出温

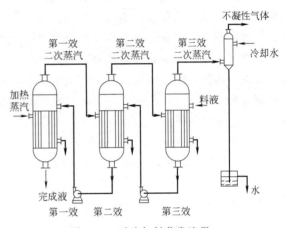

图 4-17 逆流加料蒸发流程

度较高，可在减压下进一步闪蒸浓缩。其缺点是：辅助设备多，需用泵输送原料液；因各效在低于沸点下进料，故必须设置预热器，进料没有自蒸发。能量消耗大也是其缺点。逆流加料流程主要应用于黏度较大的液体的浓缩。

（3）平流加料蒸发流程 如图 4-18 所示，在平流加料蒸发流程中，原料液分别加入各效蒸发器中，完成液分别从各效引出，蒸汽流向是从第一效进生蒸汽，产生的二次蒸汽进入第二效并释放热量后冷凝成液体，第二效产生的二次蒸汽进入第三效，在第三效释放热量后冷凝成液体而排出。平流加料蒸汽的走向与并流相同，但原料液和完成液则分别从各效加入和排出，这种流程适用于处理黏度大、易结晶的物料，例如食盐水溶液等的蒸发，也可以用于两种或两种以上不同液体的同时蒸发过程。

多效蒸发流程只在第一效使用了生蒸汽，故节约了生蒸汽的需要量，有效地利用了二次蒸汽中的热量，降低了生产成本，提高了经济效益。在实际生产中，还可根据具体情况，将以上基本流程进行组合，设计出更适应生产需要的多效流程。

多效蒸发流程是由多个蒸发器组合后的蒸发操作过程。多效蒸发时要求后效的操作压力

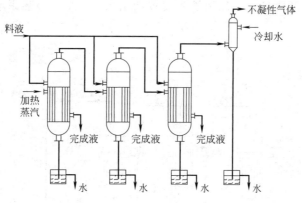

图 4-18　平流加料蒸发流程

和溶液的沸点均较前效低，引入前效的二次蒸汽作为后效的加热介质，即后效的加热室成为前效二次蒸汽的冷凝器，仅第一效需要消耗生蒸汽。一般多效蒸发的末效或后几效总是在真空下操作。由于各效（除末效外）二次蒸汽都作为下一效的加热蒸汽，故提高了生蒸汽的利用率，即经济性。同时蒸发量与传热量成正比，多效蒸发并没有提高蒸发量，只是节约了加热蒸汽，其代价是设备投资增加。在相同的操作条件下，多效蒸发器的生产能力并不比传热面积与其中一个效相等的单效蒸发器的生产能力大。

　　在生蒸汽温度与末效冷凝器温度相同（即总温度差相同）的条件下，将单效蒸发改为多效蒸发时，蒸发器效数增加，生蒸汽用量减少，但总蒸发量不仅不增加，反而因温度差损失增加而有所下降。多效蒸发节省能耗，但降低设备的生产强度，因而增加设备投资。在实际生产中，应综合考虑能耗和设备投资，选定最佳的效数。一般情况下烧碱等电解质溶液的蒸发，因其温度差损失大，通常只采用 2～3 效；食糖等非电解质溶液，温度差损失小，可用到 4～6 效；海水淡化所蒸发的水量大，在采取了各种减少温度差损失的措施后，可采用 20～30 效。

3. 多效蒸发的经济性及效数限制

　　（1）加热蒸汽的经济性　蒸发操作中需要消耗大量热能，主要操作费用花在所需热能上，而多效蒸发的目的就是通过利用二次蒸汽，提高蒸汽的经济性、降低能耗。

　　对于单效蒸发，理论上，单位蒸汽用量 $e=1$，即蒸发 1kg 水消耗 1kg 加热蒸汽。如果采用多效蒸发，由于除了第一效需要消耗新鲜加热蒸汽外，其余各效都是利用前一效的二次蒸汽，提高了蒸汽的利用程度，并且，效数越多，蒸汽的利用程度越高。对于多效蒸发，理论上，不难得出，其单位蒸汽消耗量 $e=1/n$（n 为效数），即蒸发 1kg 水只需要 $1/n$kg 的加热蒸汽。如果考虑热损失、不同压力下汽化潜热的差别等因素，则单位蒸汽消耗量比 $1/n$ 稍大。效数越多，单位蒸汽消耗量越少，则蒸发同样多的水分量，操作费用越低。

　　（2）多效蒸发效数的限制　对于多效蒸发装置，一方面，随着效数的增加，单位蒸汽的消耗量减小，操作费用降低；但另一方面，效数越多，设备投资费用越大。

　　加热蒸汽量随着效数的增加而降低，但降低的幅度越来越小。例如由单效改为双效时，可节省大约一半的加热蒸汽，而由 4 效改为 5 效时，减小的加热蒸汽量仅为 10%，因此，当效数达到一定程度而再增加时，所节省的加热蒸汽的操作费用与增加设备投资费用相比，可能得不偿失。所以蒸发装置的效数并非越多越好，而要受到一定的限制。原则上，多效蒸发的效数应根据设备费用与操作费用之和为最小来确定。

因为每一效都有温度差损失，所以随着效数的增加，总温度差损失增大，总有效传热温度差减小。当效数增加到一定程度时，甚至可能出现总温度差损失大于或等于总理论传热温度差的情况，致使总的有效温度差小于或等于零，此时蒸发操作无法按要求进行。因此，为了保证一定的传热推动力，多效蒸发的效数必须有一定的限制。

多效蒸发装置的效数取决于溶液的性质和温度差损失的大小等多方面的因素，必须保证各效都有一定的传热温度差，通常要求每效的温度差不低于 $5\sim7^\circ\text{C}$。

（3）多效蒸发对节能的意义　蒸发操作中的操作费用主要是用在将溶剂汽化所需要提供的热能上，对于拥有大规模蒸发操作的工厂来说，该项热量的消耗在全厂蒸汽动力费用中占有相当大的比重。显然，如果每蒸发 1kg 溶剂所消耗的加热蒸汽量 D/W 越小，则该蒸发操作的经济性就越好。

依前述的单效蒸发可知，如果所处理的物料为水溶液，且是沸点进料以及忽略热损失的理想情况下，则 $D/W = r/R \approx 1$，即每 1kg 的加热蒸汽可以蒸发出约 1kg 的二次蒸汽。倘若采用多效蒸发，把蒸发出的这 1kg 的二次蒸汽作为加热剂引入另一蒸发器中，便又可以蒸发出 1kg 的水，这样，1kg 的原加热蒸汽实际可以蒸发出共 2kg 的水，或者说，平均起来每蒸发 1kg 的水只需要消耗 0.5kg 的加热蒸汽，即可使单位蒸汽消耗量降为 0.5，从而大大提高了蒸发操作的经济性，并且采用多效蒸发的效数越多，D/W 越小，即能量消耗就更少。

由此可见，采用多效蒸发时因充分利用了二次蒸汽的余热，从而大大节省了能量的消耗。不过，在实际蒸发过程中，1kg 加热蒸汽所能蒸发的水分量要少于 1kg，即 $D/W > 1$。同样，在二效蒸发中，其 $D/W > 0.5$。表 4-2 列出了从单效到五效时的单位蒸汽消耗量的大致情况。

表 4-2　单位蒸汽消耗量概况

效数	单效	双效	三效	四效	五效
D/W	1.1	0.57	0.4	0.3	0.27

从表 4-2 中可以看出，随着效数的增加，效数越多单位蒸汽消耗量越少，因此所能节省的加热蒸汽费用越少，但效数越多，设备费用也相应增加。

 技能训练 4-3

多效蒸发操作中效数有一定的限制，试说明这是由于什么原因造成的。

参考：温差损失大，生产能力降低，设备费用增加，蒸汽节约程度降低。

子任务 2　确定蒸发分离条件

以采用单效真空蒸发装置，连续蒸发 NaOH 水溶液为例。已知进料量为 200kg/h，进料浓度为 10%（质量分数），沸点进料，完成液浓度为 48.3%（质量分数），其密度为 1500kg/m³，加热蒸汽压力为 0.3MPa（表压），冷凝器的真空度为 51kPa，加热室管内液层高度为 3m。已知总传热系数为 1500 W/(m²·K)，蒸发器的热损失为加热蒸汽量的 5%，

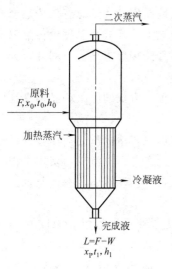

二次蒸汽

原料
F, x_0, t_0, h_0

加热蒸汽

冷凝液

完成液
$L = F - W$
x_1, t_1, h_1

图 4-19 单效蒸发衡算图

当地大气压为 101.3kPa。请确定蒸发水量、加热蒸汽消耗量。

单效蒸发在给定生产任务和操作条件，如进料量、进料温度和浓度、完成液的浓度、加热蒸汽的压力和冷凝器操作压力的情况下，可以通过物料衡算、热量衡算和传热速率方程确定水的蒸发量、加热蒸汽消耗量以及蒸发器所需传热面积。

在蒸发操作中，单位时间内从溶液蒸发出来的水量，可通过物料衡算确定，在稳定连续操作中，单位时间进入和离开蒸发器的溶质数量应相等。对图 4-19 所示蒸发器进行溶质的物料衡算，可得：

$$Fx_0 = (F - W)x_1 = Lx_1$$

由此可得水的蒸发量

$$W = F\left(1 - \frac{x_0}{x_1}\right) \tag{4-1}$$

及完成液的浓度

$$x_1 = \frac{Fx_0}{F - W} \tag{4-2}$$

式中　F——原料液量，kg/h；

　　　W——蒸发水量，kg/h；

　　　L——完成液量，kg/h；

　　　x_0——原料液中溶质的浓度，质量分数；

　　　x_1——完成液中溶质的浓度，质量分数。

✏️ **技术训练 4-1**

用一单效蒸发器将每小时 10t、浓度为 10% 的 NaOH 溶液浓缩到 20%（组成为质量分数），求每小时需要蒸发的水量。

解：已知：
$$F = 10t/h = 10000kg/h$$
$$x_0 = 10\%$$
$$x_1 = 20\%$$

将以上数值代入式 (4-1)，得：

$$W = 10000 \times \left(1 - \frac{10\%}{20\%}\right) = 5000 \text{ (kg/h)}$$

任务3　选择蒸发设备与确定工艺参数

我们将学习根据生产工艺要求的生产能力以及物料特性选择蒸发设备。通过计算确定蒸发器的生产强度、加热蒸汽的消耗量、传热面积、热量损失、溶液沸点以及传热温差损失等。并能提出提高蒸发强度的措施。

子任务 1　选择蒸发分离设备

蒸发器的结构形式较多，选用和设计时，要在满足生产任务要求、保证产品质量的前提下，尽可能兼顾生产能力大、结构简单、维修方便及经济性好等因素。

选用时主要应考虑如下原则：

① 要有较高的传热系数，能满足生产工艺的要求。

② 生产能力较大。

③ 构造简单，操作维修方便。

④ 能适应所蒸发物料的工艺特性。

蒸发物料的物理、化学性质常常使一些传热系数高的蒸发器在使用上受到限制。因此，在选型时，能否适应所蒸发物料的工艺特性，是首要考虑的因素。

蒸发物料的工艺特性包括黏度、热敏性、结垢、有无结晶析出、发泡性及腐蚀性等。

① 黏度大的物料不适宜选择自然循环型，以选用强制循环型或降膜式蒸发器为宜。通常，自然循环型适用的黏度范围为 $0.01\sim0.1\mathrm{Pa\cdot s}$。

② 热敏性物料应选用停留时间短的各种膜式蒸发器设备，且常用真空操作以降低料液的沸点和受热程度。

③ 对易结垢的料液，无论蒸发何种料液，蒸发器长久使用后，传热面上总会有污垢生成。垢层的热导率小，因此对易结垢的溶液，宜选取管内流速大的强制循环型蒸发器。

④ 有结晶析出的物料，一般应采用管外沸腾型蒸发器，如强制循环型、外加热式等。

⑤ 易发泡的溶液在蒸发时会生成大量层层重叠不易破碎的泡沫，充满了整个分离室后即随二次蒸汽排出，不但损失物料，而且污染冷凝器。蒸发这类溶液宜采用外加热式蒸发器、强制循环型蒸发器或升膜式蒸发器。若将中央循环管式蒸发器和悬筐式蒸发器的分离室设计得大一些，也可用于这类溶液的蒸发。

⑥ 对处理腐蚀性物料的蒸发器，应选用耐腐蚀的材料，如不透性石墨及合金材料等。

⑦ 溶液的处理量也是选型应考虑的因素。要求传热面大于 $10\mathrm{m}^2$ 时，不宜选用刮板搅拌薄膜蒸发器，要求传热面在 $20\mathrm{m}^2$ 以上时，宜采用多效蒸发操作。

此外要想选择一个合适的蒸发器，除了要对每种蒸发器进行了解，还要结合自己的产品要达到的效果来进行初选然后再结合设备的造价和运行成本的限制进行进一步选择。比如说进行产品浓缩时，如将牛奶、果汁、糖浆进行浓缩，就可以选择膜式蒸发器，因为这样选蒸发效率高，造价和运行成本也会下降一些，然而如果是蒸发结晶析出盐的，就要选择非膜式蒸发器，如果选择膜式蒸发器，晶体就会很快析出，然后黏结在换热器内壁上面，导致管路堵塞、设备故障或不能使用，非膜式强制循环式蒸发器就不会出现这种情况。强制循环型蒸发器，依靠泵的强制循环带动，使液体的流动速度保持在一定范围内，保证结晶体不会出现在换热器的管壁上，且换热器内的液体是灌满蒸发器的，而不是薄薄的一层膜，这样就不会有晶体迅速地析出和换热器内壁断流、干管的现象发生，从而解决了换热器堵塞的情况。

> **技能训练 4-4**
>
> 查阅相关文献，选择淀粉、牛奶、中药提取液以及果汁等物料蒸发方法与设备。

子任务 2　确定蒸发器的工艺参数

一、蒸发器的生产强度

蒸发器的生产能力仅反映蒸发器生产量的大小，而引入蒸发强度的概念却可反映蒸发器的优劣。

蒸发器的生产强度简称蒸发强度，是指单位时间单位传热面积上所蒸发的水量，即

$$U = \frac{W}{A} \tag{4-3}$$

式中　U——蒸发强度，$kg/(m^2 \cdot h)$。

蒸发强度通常可用于评价蒸发器的优劣，对于一定的蒸发任务而言，蒸发器蒸发强度越大，则所需的传热面积越小，即设备的投资就越低。

若不计热损失和浓缩热，料液又为沸点进料，可得

$$U = \frac{Q}{Ar'} = \frac{K\Delta t_m}{r'} \tag{4-4}$$

由式（4-4）可知，提高蒸发强度的主要途径是提高总传热系数 K 和传热温度差 Δt_m。

二、加热蒸汽消耗、蒸发器传热面积

1. 加热蒸汽的消耗量

蒸发计算中，加热蒸汽消耗量可以通过热量衡算来确定。现对图 4-19 所示的单效蒸发作热量衡算，在稳定连续的蒸发操作中，当加热蒸汽的冷凝液在饱和温度下排出时，单位时间内加热蒸汽提供的热量为：

$$Q = DR \tag{4-5}$$

蒸汽所提供的热量主要用于以下三方面：

① 将原料从进料温度 t_1 加热到沸点温度 t_f，此项所需要的显热为 Q_1

$$Q_1 = FC_1(t_f - t_1) \tag{4-6}$$

② 在沸点温度 t_f 下使溶剂汽化，其所需要的潜热为 Q_2

$$Q_2 = Wr \tag{4-7}$$

③ 补偿蒸发过程中的热量损失 Q_L

根据热量衡算的原则有：

$$Q = Q_1 + Q_2 + Q_L$$

即　　　　　　　$$DR = FC_1(t_f - t_1) + Wr + Q_L$$

因此　　　　　　$$D = \frac{FC_1(t_f - t_1) + Wr + Q_L}{R} \tag{4-8}$$

式中　D——单位时间内加热蒸汽的消耗量，kg/h；

t_f ——操作压力下溶液的平均沸点温度,℃;

t_1 ——原料液的初始温度,℃;

r ——二次蒸汽的汽化潜热,可根据操作压力和温度从有关附表中查取,kJ/kg;

R ——加热蒸汽的汽化潜热,kJ/kg;

C_1 ——原料液在操作条件下的比热容,kJ/(kg·K)。其数值随溶液的性质和浓度不同而变化,可由有关手册中查取,在缺少可靠数据时,可参照下式估算:

$$C_1 = C_s x + C_w (1-x) \qquad (4-9)$$

式中 C_s, C_w ——溶质、溶剂的比热容,kJ/(kg·K)。

表 4-3 中列出的是几种常用无机盐的比热容数据,供使用时参考。

表 4-3 某些无机盐的比热容

物质	CaCl$_2$	KCl	NH$_4$Cl	NaCl	KNO$_3$
比热容/[kJ/(kg·K)]	0.687	0.679	1.52	0.838	0.926
物质	NaNO$_3$	Na$_2$CO$_3$	(NH$_4$)$_2$SO$_4$	糖	甘油
比热容/[kJ/(kg·K)]	1.09	1.09	1.42	1.295	2.42

当溶液为稀溶液(浓度在 20% 以下)时,比热容可近似地按下式估计:

$$C_1 = C_w (1-x) \qquad (4-10)$$

2. 传热面积的计算

蒸发器的传热面积可通过传热速率方程求得,即:

$$Q = KA\Delta t_m \qquad (4-11)$$

$$A = \frac{Q}{K\Delta t_m} \qquad (4-11a)$$

式中 A ——蒸发器的传热面积,m^2;

K ——蒸发器的总传热系数,W/(m^2·K);

Δt_m ——传热平均温度差,℃;

Q ——蒸发器的热负荷,W 或 kJ/kg。

式(4-11)中,Q 可通过对加热室作热量衡算求得。若忽略热损失,Q 即为加热蒸汽冷凝放出的热量,即

$$Q = D(H - h_c) = Dr \qquad (4-12)$$

式中 H ——加热蒸汽的焓,kJ/kg;

h_c ——加热室排出冷凝液的焓,kJ/h。

但在确定 Δt_m 和 K 时,却有别于一般换热器的计算方法。

① 传热平均温度差 Δt_m 的确定:在蒸发操作中,蒸发器加热室一侧是蒸汽冷凝,另一侧为液体沸腾,因此其传热平均温度差应为:

$$\Delta t_m = T - t_1 \qquad (4-13)$$

式中 T ——加热蒸汽的温度,℃;

t_1 ——操作条件下溶液的沸点,℃。

② 总传热系数 K 的确定:蒸发器的总传热系数可按下式计算

$$K = \cfrac{1}{\cfrac{1}{\alpha_i} + R_i + \cfrac{b}{\lambda} + R_o + \cfrac{1}{\alpha_o}} \qquad (4\text{-}14)$$

式中　α_i——管内溶液沸腾的对流传热系数，$W/(m^2 \cdot ℃)$；

$\quad\quad\alpha_o$——管外蒸汽冷凝的对流传热系数，$W/(m^2 \cdot ℃)$；

$\quad\quad R_i$——管内污垢热阻，$m^2 \cdot ℃/W$；

$\quad\quad R_o$——管外污垢热阻，$m^2 \cdot ℃/W$；

$\quad\quad\cfrac{b}{\lambda}$——管壁热阻，$m^2 \cdot ℃/W$。

　　由于蒸发过程中，加热面处溶液中的水分汽化，浓度上升，因此溶液很易超过饱和状态，溶质析出并包裹固体杂质，附着于表面，形成污垢，所以 R_i 往往是蒸发器总热阻的主要部分。为降低污垢热阻，工程中常采用的措施有：加快溶液循环速度，在溶液中加入晶种和微量的阻垢剂等。设计时，污垢热阻 R_i 目前仍需根据经验数据确定。至于管内溶液沸腾对流传热系数 α_i 也是影响总传热系数的主要因素。影响 α_i 的因素很多，如溶液的性质、沸腾传热的状况、操作条件和蒸发器的结构等。目前研究人员虽然对管内沸腾作过不少研究，但其所推荐的经验关联式并不大可靠，再加上管内污垢热阻变化较大，因此，目前蒸发器的总传热系数仍主要靠现场实测，以作为设计计算的依据。蒸发器总传热系数见表 4-4。

表 4-4　蒸发器的总传热系数 K 值

蒸发器的类型	总传热系数/[W/(m²·℃)]	蒸发器的类型	总传热系数/[W/(m²·℃)]
水平沉浸加热式	600～2300	外加热式（强制循环）	1200～7000
标准式（自然循环）	600～3000	升膜式	1200～6000
标准式（强制循环）	1200～6000	降膜式	1200～3500
悬筐式	600～3000	蛇管式	350～2300
外加热式（自然循环）	1200～6000		

3. 溶液的沸点和传热温差损失

　　溶液中含有溶质，故其沸点必然高于纯溶剂在同一压力下的沸点。

　　溶液的沸点与溶液的种类、浓度和压力有关。蒸发操作的压力通常取冷凝器的压力，由已知条件给定。因此，在该压力下纯水的沸点（即二次蒸汽的饱和温度）T' 为已知。由于下述原因，溶液的沸点高于 T'。

　　① 溶液的沸点升高，记为 Δ'。

$$\Delta' = f\Delta'_{常}$$

　　$\Delta'_{常}$ 为溶液在常压下因溶质存在而较纯溶剂（水）的沸点升高值，即 $\Delta'_{常} = t_A - T'$，其中 t_A 为常压下溶液的沸点，可由手册查取。

　　若蒸发操作在加压或真空条件下进行，则 $\Delta'_{常}$ 需乘以校正系数

$$f = 0.0162\frac{(T'+273)^2}{r'}$$

式中，T' 和 r' 均指操作压力下二次蒸汽的饱和温度和汽化潜热。

② 液体静压头的影响，其引起的沸点上升值记为 Δ''。液柱静压头引起的溶液沸点升高 Δ''，蒸发器加热室中有一定液位，因液面下的压力比液面表面压力高，则液面下的沸点比液面上的高，两者之差称为液柱静压头引起的溶液沸点升高，以 Δ'' 表示，其值用料液高度一半处的压力 $p_{av}=p'+\dfrac{\rho_{av}gh}{2}$ 表示，并用 $\Delta''=t_{av}-t_b$ 进行近似计算。式中 t_{av}、t_b 分别为 p_{av}、p' 压力下蒸汽的饱和温度。

③ 二次蒸汽流动阻力，其引起的沸点上升值记为 Δ'''。该损失是二次蒸汽由分离室出口到冷凝器之间的压降所造成的温度差损失，通常取 $\Delta'''=1℃$。

如图 4-20 所示，溶液的沸点可由下式计算：

$$t=T'+\Delta'+\Delta''+\Delta'''=T'+\Delta$$

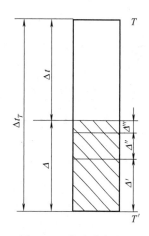

图 4-20　溶液沸点和
传热温差损失示意图

通常，把加热蒸汽的温度和二次蒸汽温度的差值称为蒸发器的理论传热温度差，记为 $\Delta t_T=T-T'$；把加热蒸汽温度和溶液沸点的差值 $\Delta t=T-t$ 称为有效传热温度差；而把理论传热温度差和有效传热温度差之间的差值称为蒸发器的传热温度差损失，由定义可得：

$$\Delta t_T-\Delta t=t-T'=\Delta=\Delta'+\Delta''+\Delta''' \quad 或 \quad \Delta t=\Delta t_T-\Delta$$

式中　Δ——蒸发器的传热温度差损失，K；

Δ'——溶液的沸点升高所引起的温度差损失，K；

Δ''——液柱静压头所引起的温度差损失，K；

Δ'''——二次蒸汽流阻所引起的温度差损失，K。

已知传热温度差损失，即可求得溶液的沸点和有效传热温度差。传热温度差损失主要由溶液的沸点升高所引起。

技术训练 4-2

在单效蒸发器中每小时将 5400kg、20％NaOH 水溶液浓缩至 50％。原料液温度为 60℃，比热容为 3.4kJ/(kg·℃)，加热蒸汽与二次蒸汽的绝对压力分别为 400kPa 及 50kPa。操作条件下溶液的沸点为 126℃，总传热系数 K_o 为 1560W/(m²·℃)。加热蒸汽的冷凝水在饱和温度下排除。热损失可以忽略不计。试求（考虑浓缩热时）：（1）加热蒸汽消耗量及单位蒸汽耗量；（2）传热面积。

解：查出加热蒸汽、二次蒸汽及冷凝水的有关参数为：

400kPa：蒸汽的焓 $H=2742.1kJ/kg$

汽化热 $r=2138.5kJ/kg$

冷凝水的焓 $h_w=603.61kJ/kg$

温度 $T=143.4℃$

50kPa：蒸汽的焓 $H'=2644.3kJ/kg$

汽化热 $r'=2304.5kJ/kg$

温度 $T'=81.2℃$

考虑浓缩热时：

(1) 加热蒸汽消耗量及单位蒸汽耗量：

蒸发量
$$W = F\left(1 - \frac{x_0}{x_1}\right) = 5400 \times \left(1 - \frac{0.2}{0.5}\right) = 3240 \text{（kg/h）}$$

60℃时 20%NaOH 水溶液的焓 $h_0 = 210\text{kJ/kg}$

126℃时 50%NaOH 水溶液的焓 $h_1 = 620\text{kJ/kg}$。

求加热蒸汽消耗量，即

$$D = \frac{WH' + (F-W)h_1 - Fh_0}{r}$$

$$= \frac{3240 \times 2644.3 + (5400 - 3240) \times 620 - 5400 \times 210}{2138.5}$$

$$= 4102 \text{（kJ/h）}$$

$$e = \frac{D}{W} = \frac{4102}{3240} = 1.266$$

(2) 传热面积：

$$A = \frac{Q}{K_o \Delta t_m}$$

$$Q = Dr = 4102 \times 2138.5 = 8772 \times 10^3 \text{（kJ/h）} = 2437 \text{（kW）}$$

$$K_o = 1560\text{W/(m}^2 \cdot ℃) = 1.56\text{kW/(m}^2 \cdot ℃)$$

$$\Delta t_m = 143.4 - 126 = 17.4 \text{（℃）}$$

所以
$$A = \frac{2437}{1.56 \times 17.4} = 89.78 \text{（m}^2)$$

取 20%的安全系数，则

$$A = 1.2 \times 89.78 = 107.7 \text{（m}^2)$$

三、提高蒸发强度的途径

1. 提高传热温度差

提高传热温度差可从提高热源的温度或降低溶液的沸点等角度考虑，工程上通常采用下列措施来实现。

(1) 真空蒸发　真空蒸发可以降低溶液沸点，增大传热推动力，提高蒸发器的生产强度，同时由于沸点较低，可减少或防止热敏性物料的分解。另外，真空蒸发可降低对加热热源的要求，即可利用低温位的水蒸气作热源。但是，应该指出，溶液沸点降低，其黏度会增高，并使总传热系数 K 下降。当然，真空蒸发要增加真空设备并增加动力消耗。图 4-15 即为典型的单效真空蒸发流程。其中真空泵主要作用是抽吸由于设备、管道等接口处泄漏的空气及物料中溶解的不凝性气体等。

(2) 高温热源　提高 Δt_m 的另一个措施是提高加热蒸汽的压力，但这时要对蒸发器的设计和操作提出严格要求。一般加热蒸汽压力不超过 0.6~0.8MPa。对于某些物料如果加压蒸汽不能满足要求，则可选用高温导热油、熔盐或改用电加热，以增大传热推动力。

2. 提高总传热系数

蒸发器的总传热系数主要取决于溶液的性质、沸腾状况、操作条件以及蒸发器的结构等。这些已在前面论述，因此，合理设计蒸发器以实现良好的溶液循环流动，及时排除加热室中不凝性气体，定期清洗蒸发器（加热室内管），均是提高和保持蒸发器在高强度下操作的重要措施。蒸汽中含1%不凝性气体，总传热系数下降60%，所以在操作中，必须密切注意和及时排除不凝性气体。

3. 合理选择蒸发器

蒸发器的选择应考虑蒸发溶液的性质，如溶液的黏度、发泡性、腐蚀性、热敏性，以及是否容易结垢、结晶等情况。如热敏性的食品物料蒸发，由于物料所承受的最高温度有一定极限，因此应尽量降低溶液在蒸发器中的沸点，缩短物料在蒸发器中的滞留时间，可选用膜式蒸发器。对于腐蚀性溶液的蒸发，蒸发器的材料应耐腐蚀。例如，氯碱厂将电解后所得的10%左右的 NaOH 稀溶液浓缩到42%的过程中，溶液的腐蚀性增强，浓缩过程中溶液黏度又不断增加，因此当溶液中 NaOH 的浓度大于40%时，无缝钢管的加热管要改用不锈钢管。溶液浓度在10%～30%一段蒸发可采用自然循环型蒸发器，浓度在30%～40%一段蒸发，由于晶体析出和结垢严重，而且溶液的黏度又较大，应采用强制循环型蒸发器，这样可提高传热系数，并节约钢材。

4. 提高传热量

提高蒸发器的传热量，必须增加它的传热面积。在操作中，应密切注意蒸发器内液面高低。如在膜式蒸发器中，液面应维持在管长的1/5～1/4处，才能保证正常的操作。在自然循环型蒸发器中，液面在管长1/3～1/2处时，溶液循环良好，这时气液混合物从加热管顶端涌出，达到循环的目的。液面过高，加热管下部所受的静压力过大，溶液达不到沸腾；液面过低则不能造成溶液循环。

四、提高多效蒸发加热蒸汽经济性的其他措施

1. 额外蒸汽的引出

多效蒸发中，可在前几效引出部分二次蒸汽，作为其他加热设备的热源。引出额外蒸汽时，生蒸汽的消耗量增加，但所增加的生蒸汽量小于引出的额外蒸汽总量，从总体来看，生蒸汽的经济性提高了。引出额外蒸汽的蒸发流程见图 4-21。

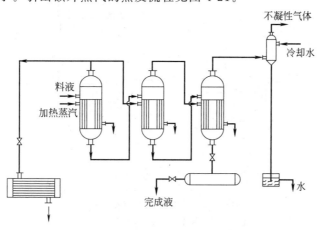

图 4-21　引出额外蒸汽的蒸发流程

2. 冷凝水的闪蒸

上一效的冷凝水温度较高，可将其通过闪蒸器减压至下一效加热室的压力，则冷凝水由于过热将闪蒸，产生部分蒸汽。将它和上一效的二次蒸汽一起作为下一效的加热蒸汽，就相当于提高了生蒸汽的经济性。冷凝水的闪蒸流程见图 4-22。

3. 多效多级闪蒸

多效多级闪蒸解决了物料易于在加热管管壁结垢的问题，经济性较高，可利用低压蒸汽作为热源，设备简单紧凑，不需要高大的厂房，因而近年来应用渐广。但动力消耗较大，所需的传热面积稍多。另外也不适用于沸点上升较大物料的蒸发。闪蒸过程示意图见图 4-23。

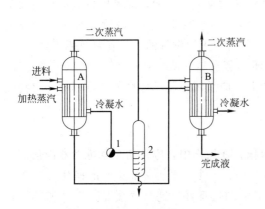

图 4-22 冷凝水的闪蒸流程
A，B—蒸发器；1—冷凝水排出器；
2—冷凝水闪蒸器

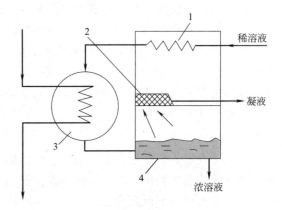

图 4-23 闪蒸过程示意图
1—预热器（冷凝器）；2—捕沫网；
3—加热器；4—闪蒸室

4. 热泵蒸发

单效蒸发时，可将二次蒸汽绝热压缩以提高其温度，然后送回加热室作为加热蒸汽重新利用。热泵蒸发的节能效果一般可相当于 3～5 效的多效蒸发。该方法不适用于沸点升高较大物料的蒸发。另外，压缩机的投资费用较高等因素限制了它的应用。热泵蒸发流程示意图见图 4-24。

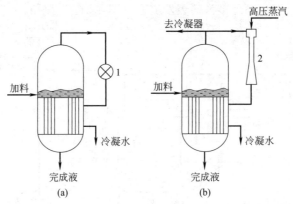

图 4-24 热泵蒸发流程示意图
1—压缩机；2—喷射泵

任务 4　操作蒸发装置

本任务中，我们要掌握按照生产工艺和设备操作规程的要求，完成设备的操作、设备故障与处理、维护及保养等。

子任务 1　认识蒸发器操作流程

现以将 40% 的氯化钙溶液通过降膜蒸发器提浓到 70% 为例，认识蒸发器操作规程。

1. 工艺流程简述

将储存在氯化钙溶液槽内浓度为 40% 的氯化钙溶液，用泵输送到预热器内，预热后溶液进入到降膜蒸发器内，溶液在加热室管程内以薄膜的形式向下流动与加热室壳程内的高压蒸汽进行间接换热，溶液进行剧烈的蒸发，并在氯化钙浓缩循环泵作用下进行循环蒸发，蒸发后氯化钙溶液浓度在 67% ~ 72%，然后进入由蒸汽间接加热的氯化钙浮渣收集槽。最后对收集槽内流出的物料进行包装。

2. 工艺流程简图

氯化钙提浓工艺流程示意图见图 4-25。

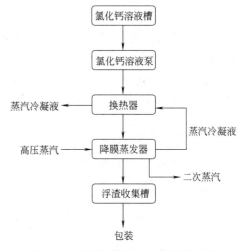

图 4-25　氯化钙提浓工艺流程示意图

> 💡 技能训练 4-5
>
> 查阅相关文献，画出氧化铝蒸发工艺流程。

子任务 2　学会蒸发操作开停车

本任务中，我们将以氯化钙蒸发工艺为例，掌握蒸发设备开车前检查、开车、停车以及运行过程中的各项参数检查等，达到生产工艺要求的各项指标。

一、开车前准备及检查项目

1. 泵类检查

油位：确认氯化钙浓缩循环泵、氯化钙溶液泵油位在视镜的 1/2 ~ 2/3 处，太少增加磨损；太多易泄漏，不易散热。

运转：点动启动，若无震动无杂音，即为正常。

接地线：确认接地连接完好，确保接地无断开、虚接等现象。

密封水：确认氯化钙浓缩循环泵的密封水阀门打开，水流畅通。

阀门：确认各泵进出口阀、排污阀全部关闭。

2. 浮渣收集槽检查

槽体：确认浮渣收集槽内无杂物、清洁。

阀门：确认浮渣收集槽的出料阀、进汽阀关闭，蒸汽冷凝液排出管道上疏水阀前后的阀门打开，旁通阀关闭。

3. 蒸发器检查

阀门：确认蒸发器的不凝气排气阀打开 1/2，排污阀关闭。排气阀主要是排除不凝气体，开度小不易排出，开度大影响蒸发效率。排液阀主要是排放物料用。

蒸发器冷凝液排出管道上疏水阀前后的阀打开，旁通阀关闭。蒸发器的进汽管道上气动阀关闭，其前后的手动阀门打开，旁路阀关闭，蒸发器的清洗水阀门关闭。

仪表检查：确认蒸发器上的现场显示仪表和远程控制仪表完好准确，在校验的有效期内。

液位计：确认蒸发器上的液位计显示完好。

换热器检查：确认氯化钙溶液蒸发预热器的排污阀、排空阀全关闭。

二、开车操作

（1）进料　当氯化钙溶液槽液位达到 50％时打开槽的出口阀门和输送泵的进口阀门，启动输送泵，缓慢打开泵出口阀门给蒸发器进料，控制物料液位不得超过液位计的 2/3 处。

（2）开蒸汽　当开始给蒸发器进料时，打开蒸汽进汽阀门进行加温，调节蒸汽阀门使得蒸汽压力在 1.1～1.2MPa，注意开蒸汽要缓慢，如果压力低会影响蒸发效率，压力高容易造成设备损坏。当不凝气排出管有较浓的蒸汽排出时关闭不凝气排放阀门。

（3）启动循环泵　当开始给蒸发器进汽时，打开循环泵进口阀门，启动泵打开出口阀门。

（4）检测物料浓度、出料　打开蒸发器出料管上的取样阀门，取样化验物料浓度，当其浓度达到 67％～72％时打开出料阀门，将料液排进氯化钙浮渣收集槽内。

（5）收集槽出料　当收集槽开始进料时，打开蒸汽进汽阀门后，打开出料阀门，将物料排进包装桶内进行包装。

（6）调整进料量　根据蒸发器的物料液位和出料量情况，适当调节进料量，使得效体内的液位保持平稳。

三、停车操作

（1）停蒸汽　因氯化钙溶液槽内无料或需要洗效停车时，关闭蒸发器的进汽阀。

（2）停止进料　关闭氯化钙溶液泵的出口阀，停泵关闭进口阀，关闭储槽的出料阀，当出料浓度低于 40％时，关闭蒸发器的出料阀。

（3）停循环泵　当蒸发器的温度降到 60℃时，关闭循环泵出口阀门，停循环泵关进口阀门，停泵后关闭密封水阀门。

（4）停收集槽　当收集槽出料口无物料流出时关闭蒸汽阀门，关闭槽出口阀门。

（5）排料、排气　打开循环泵进料管处的排料阀，利用一次滤液输送泵将效体内的剩余料液反抽到一次滤液槽内，打开蒸发器、蒸发预热器上的排气阀，把设备内的压力排掉。

四、运转操作程序

（1）压力、温度、液位检查　巡回检查各效的蒸发压力、温度、液位在控制范围内，每隔 2h 分别排放一次效体的不凝气，每次排放时间约 1min。

（2）浓度检查　随时测量出料浓度在 67%～72%。

（3）设备检查　巡回检查循环泵、氯化钙溶液泵的油位、密封水、运转情况，及效体的运行状况。

子任务 3　处理蒸发操作故障

本任务对常用蒸发设备的异常现象进行分析，给出处理的方法。通过本任务的学习，应能对蒸发器操作过程中出现的故障进行判断和处理。

蒸发操作的异常情况及处理方法见表 4-5。

表 4-5　蒸发操作的异常情况及处理方法

异常情况	原因分析	处理方法
突然停水	电器故障	立即停泵、停蒸汽,进行全部停车处理,到水正常时再开车
突然停电	电器故障	应立即关闭蒸汽,进行全部停车处理,到电正常时再开车
蒸发器内结垢	物料浓度、温度高,操作错误	停车清洗
蒸发速率太低	① 蒸汽压力低或不稳 ② 装置中的颗粒没有充分除净会造成个别换热管的污染和堵塞 ③ 加热器的排料和排气不充分	① 调节蒸发器的基本运转参数至正常情况 ② 充分清洗蒸发器,保证蒸发器的清洁,必要时对蒸发器打开进行检查 ③ 适当增加排料和排气的量或时间
蒸发浓度上升慢,生产能力下降	① 预热温度低 ② 加热室结盐 ③ 蒸发器加热室积水 ④ 加热室积存不凝性气体 ⑤ 蒸发器液面过高	① 检查调整预热器 ② 小洗或大洗蒸发器 ③ 排除积水 ④ 排除不凝性气体 ⑤ 调节液面
真空蒸发过程中,真空度低	① 真空系统漏气 ② 真空管路或蒸发器帽罩堵塞不畅 ③ 上水流量过小或上水温度高 ④ 下水管结垢或堵塞 ⑤ 喷嘴堵塞 ⑥ 加热室泄漏	① 检查补漏 ② 检查后冲洗 ③ 加大水量、改善水质 ④ 换下水管 ⑤ 停车处理 ⑥ 停车维修
蒸发器振动	① 液面高时仍在补充料液 ② 开车时,蒸汽阀开度大	① 降低液面 ② 开车时缓慢开启阀门
蒸发器液面沸腾不均匀	① 加热室内有空气 ② 部分加热管堵塞 ③ 加热管泄漏	① 排放不凝性气体 ② 洗罐检查 ③ 停车检修
多效蒸发中,第一效蒸发器二次蒸汽压力升高	① 生蒸汽压力高 ② 第一效加热室结盐 ③ 加热室积水 ④ 第一效脱料	① 降低压力 ② 洗罐 ③ 排除积水 ④ 迅速补充料液

续表

异常情况	原因分析	处理方法
多效蒸发中,第二效二次蒸汽压力升高	① 第二效加热室积存不凝气 ② 第二蒸发器加热室结盐 ③ 第二效脱料 ④ 第二效浓度过高 ⑤ 蒸汽漏入加热室	① 排除不凝气 ② 洗罐,或加水单效小洗 ③ 迅速过料补充 ④ 出料,调节浓度 ⑤ 出料,停车检查

技能训练 4-6

一连续操作的蒸发 NH_4NO_3 溶液的单效蒸发器,加热蒸汽压力为 100kPa（表压）,蒸发室压为 20kPa（绝压）,正常操作条件下,完成液浓度为 40%,现发现完成液浓度变稀,经检查加料量、加料浓度与温度均无变化,试举出四种可能引起问题的原因:

(1) _____;

(2) _____;

(3) _____;

(4) _____。

原因分析参考:

(1) 蒸汽压力降低;(2) 结垢;(3) 不凝性气体未排除;(4) 冷凝液未排除。

综合案例

综合案例 1

某化工厂采用单效蒸发器将 10000kg/h、60℃的 10%NaOH 水溶液浓缩至 20%（均为质量分数）。蒸发器内操作压力（绝压）为 40.52kPa,加热器压力（绝压）为 202.6kPa,原料液的比热容为 3.77kJ/(kg·℃)。已知在此操作条件下 $\Delta'=5℃$,$\Delta''=3.8℃$,传热系数 $K=1400W/(m^2·℃)$,蒸发器的散热损失为 83700kJ/h,忽略浓缩热,试确定生产工艺条件:

(1) 蒸发水量为多少（kg/h）?

(2) 加热蒸汽消耗量为多少（kg/h）?

(3) 蒸发器所需的传热面积为多少（m^2）?

饱和水蒸气的性质

压力/kPa	温度/℃	汽化潜热/(kJ/kg)
40.52	76	2319.5
50	81.2	2304.5
202.6	121	2201.0

解：工艺条件确定过程:

(1) $W = F(1-x_0/x_1) = 10 \times 10^3 (1-10/20) = 5000$ （kg/h）

(2) $D = [F \times C_p(t_1-t_0) + Wr' + Q_L]/r$

$T'=76℃$,因此 $t_1 = T' + \Delta' + \Delta'' = 76 + 5 + 3.8 = 84.8$ （℃）

$$D = [10 \times 10^3 \times 3.77 \times (84.8 - 60) + 5000 \times 2319.5 + 83700] / 2201 = 5732 \ (\text{kg/h})$$

(3) $A = Q/(K\Delta t_m) = Dr/[K(T_1 - t_1)]$

$$= (5732 \times 2201 \times 10^3)/[3600 \times 1400 \times (121 - 84.8)] = 69.1 \ (\text{m}^2)$$

综合案例 2

在传热面积为 50m^2 的单效蒸发器内将 20% 的 $CaCl_2$ 水溶液浓缩到 40%（均为质量分数）。生蒸汽的温度为 $120℃$，冷凝潜热为 2210kJ/kg，其消耗量 $D = 2400 \text{kg/h}$，冷凝器内二次蒸汽温度为 $60℃$（该温度下汽化潜热 2360kJ/kg），原料液的温度 t_0 为 $20℃$，流量为 3600kg/h，比热容 C_{p_0} 为 3.5kJ/(kg·℃)。该溶液蒸汽压下降和液柱静压力引起的沸点升高为 $23℃$，确定工艺条件：（1）蒸发器的热损失 Q_L 为总传热量的百分数；（2）若不计热损失，求蒸发器的传热系数 K。

解：工艺条件确定过程：

（1）蒸发水量 $W = F(1 - x_0/x_1) = 3600 \times (1 - 0.2/0.4) = 1800 \ (\text{kg/h}) = 0.5 \ (\text{kg/s})$

生蒸汽释放的热量：$Q = Dr = 2400 \times 2210 = 5.304 \times 10^6 \ (\text{kJ/h}) = 1.473 \times 10^3 \ (\text{kW})$

$$Q = FC_{p_0}(t_1 - t_0) + Wr' + Q_L$$

冷凝器温度 T 为 $60℃$，溶液的沸点为 $t_1 = T + \sum\Delta = 60 + 23 = 83 \ (℃)$

$$1.473 \times 10^3 = (3600/3600) \times 3.5 \times (83 - 20) + 0.5 \times 2360 + Q_L$$

$$Q_L = 72.5 \text{kW}$$

$$(Q_L/Q) \times 100\% = 7.25 \times 10^4 / (1.473 \times 10^6) \times 100\% = 4.92\%$$

（2）$Q = KA(T - t)$

$$K = Q/[A(T - t)] = (1.473 \times 10^6)/[50 \times (120 - 83)] = 796 \ [\text{W}/(\text{m}^2 \cdot \text{K})]$$

素质拓展阅读

追求无止境——张冬伟

国产大型 LNG（液化天然气）运输船一艘又一艘成功地出海，标志着我国 LNG 运输船建造能力达到世界先进水平。LNG 船被誉为"海上超级冷冻车"，要在零下 163℃ 的极低温环境下，漂洋过海运送液化天然气；因其建造难度极高，又称为造船业"皇冠上的明珠"，以往仅仅欧美日等极少数船厂有能力建造。至于建造中最重要的核心技术——液货围护系统的氩弧焊焊接，更是难上加难，能担当者少之又少。殷瓦焊是世界上最难的焊接技术，殷瓦板如牛皮纸一样薄，一条 LNG 船上的手工焊缝长达 13km，一个针眼大小的漏点，都有可能带来致命后果。

张冬伟是沪东中华造船有限公司的一名电焊组班组长，LNG 运输船的成功出海离不开他及伙伴们的电焊枪。1981 年 12 月出生的他，于初中毕业那年考入沪东中华造船有限公司高级技工学校学习电焊专业。刚上手时，很难掌握好焊接速度。速度过快，熔化温度不够，容易有成形缺陷；速度过慢，高温停留时间过长，容易把较薄的焊件烧穿。但那又有什么关系？谁也不是天生就会电焊的。有老师在技术上的指点、思想上的鼓劲，张冬伟认识到，既然选择了这一行，那么多看、多问、多练，不断努力练好基本功就是了。经过多年的努力，张冬伟的焊接技术已属"世界级"，成为打造 LNG 船的核心技术。张冬伟的焊接技术不但质量百分百有保障，外观上也完美无缺。他先后荣获 2005 年度中央企业职业技能大赛焊工比赛铜奖、2006 年第二十届中国焊接博览会优秀焊工表演赛一等奖、2013 年度"全国技术能手"称号、2017 年"全国五一劳动奖章"。张冬伟将继续投入到 LNG 运输船的技术攻关当中，用汗水和智慧谱写出一篇属于"80 后"精英的华美乐章，正如《大国工匠》解说词中所讲的一样：奋斗的青春最美。

练习题

一、填空题

1.单位加热蒸汽消耗量是指_____，单位为_____。

2.按溶液在加热室中运动的情况，可将蒸发器分为_____和_____两大类。

3.生蒸汽是指_____。

4.单效蒸发是指_____。

5.按操作压力来分，可分为_____。工业上的蒸发操作经常在减压下进行，称为_____。

6.溶液因蒸气压下降而引起的沸点升高与温度差损失的数值称为_____。

7.按加料方式不同，常见的多效蒸发操作流程有：_____、_____和_____三种。

8.对于蒸发同样任务来说，单效蒸发的经济效益_____多效的，单效蒸发的生产能力和多效的相比_____，而单效的生产强度为多效的_____。

9.控制蒸发操作的总传热系数 K 的主要因素是_____。在蒸发器的设计和操作中，必须考虑蒸汽中_____，否则蒸汽冷凝传热系数会_____。

10.多效蒸发系统的效数有一定限制的，超过限制会出现_____，用式子表达为_____，此时蒸发操作_____。

11.在同条件下蒸发同样任务的溶液时，多效蒸发的总温度差损失_____单效蒸发，且效数越多，温度差损失_____。

二、单项选择题

1.在蒸发操作中，溶液的沸点升高 Δ'（　　）。

 A.与溶液类别有关，与浓度无关

 B.与浓度有关，与溶液类别、压力无关

 C.与压力有关，与溶液类别、浓度无关

 D.与溶液类别、浓度及压力都有关

2.一般来说，减少蒸发器传热表面积的主要途径是（　　）。

 A.增大传热速率   B.减小有效温度差

 C.增大总传热系数   D.减小总传热系数

3.二次蒸汽为（　　）。

 A.加热蒸汽   B.第二效所用的加热蒸汽

 C.第二效溶液中蒸发的蒸汽   D.无论哪一效溶液中蒸发出来的蒸汽

4.热敏性物料宜采用（　　）蒸发器。

 A.自然循环型   B.强制循环型   C.膜式   D.都可以

5.在一定的压力下，纯水的沸点比 $NaCl$ 水溶液的沸点（　　）

 A.高   B.低

C.有可能高也有可能低　　　　　　　　　　　　D.高 20℃

6.蒸发可适用于（　　）。

　　A.溶有不挥发性溶质的溶液

　　B.溶有挥发性溶质的溶液

　　C.溶有不挥发性溶质和溶有挥发性溶质的溶液

　　D.挥发度相同的溶液

7.下列蒸发器不属于循环型蒸发器的是（　　）。

　　A.升膜式　　　　　　B.列文式　　　　　　C.外加热式　　　　　　D.标准式

8.对于在蒸发过程中有晶体析出的液体的多效蒸发，最好用下列（　　）蒸发流程。

　　A.并流法　　　　　　B.逆流法　　　　　　C.平流法　　　　　　D.都可以

9.循环型蒸发器的传热效果比单程型的效果要（　　）。

　　A.高　　　　　　　　B.低　　　　　　　　C.相同　　　　　　　　D.不确定

10.逆流加料多效蒸发过程适用于（　　）。

　　A.黏度较小溶液的蒸发

　　B.有结晶析出的蒸发

　　C.黏度随温度和浓度变化较大的溶液的蒸发

　　D.都可以

11.有结晶析出的蒸发过程，适宜流程是（　　）。

　　A.并流加料　　　　　　　　　　　　　　　　B.逆流加料

　　C.分流（平流）加料　　　　　　　　　　　　D.错流加料

12.下列蒸发器，溶液循环速度最快的是（　　）。

　　A.标准式　　　　　　B.悬筐式　　　　　　C.列文式　　　　　　D.强制循环型

13.减压蒸发不具有的优点是（　　）。

　　A.减少传热面积　　　　　　　　　　　　　　B.可蒸发不耐高温的溶液

　　C.提高热能利用率　　　　　　　　　　　　　D.减少基建费和操作费

14.蒸发流程中除沫器的作用主要是（　　）。

　　A.气液分离　　　　　　　　　　　　　　　　B.强化蒸发器传热

　　C.除去不凝性气体　　　　　　　　　　　　　D.利用二次蒸汽

15.自然循环型蒸发器中溶液的循环是由于溶液产生（　　）。

　　A.浓度差　　　　　　B.密度差　　　　　　C.速度差　　　　　　D.温度差

16.下列几条措施，（　　）不能提高加热蒸汽的经济性。

　　A.采用多效蒸发流程　　　　　　　　　　　　B.引出额外蒸汽

　　C.使用热泵蒸发器　　　　　　　　　　　　　D.增大传热面积

17.为了蒸发某种黏度随浓度和温度变化比较大的溶液，应采用（　　）。

　　A.并流加料流程　　　　　　　　　　　　　　B.逆流加料流程

　　C.平流加料流程　　　　　　　　　　　　　　D.并流或平流

18.工业生产中的蒸发通常是（　　）。

　　A.自然蒸发　　　　　　B.沸腾蒸发　　　　　　C.自然真空蒸发　　　　　D.不确定

19.在蒸发操作中，若使溶液在（　　）下沸腾蒸发，可降低溶液沸点而增大蒸发器的
有效温度差。

A.减压　　　　　　B.常压　　　　　　C.加压　　　　　　D.变压

20.料液随浓度和温度变化较大时，若采用多效蒸发，则需采用（　　）。

A.并流加料流程　　　　　　　　　　B.逆流加料流程

C.平流加料流程　　　　　　　　　　D.以上都可采用

21.提高蒸发器生产强度的主要途径是增大（　　）。

A.传热温度差　　　　　　　　　　　B.加热蒸汽压力

C.传热系数　　　　　　　　　　　　D.传热面积

22.标准式蒸发器适用于（　　）的溶液的蒸发。

A.易于结晶　　　B.黏度较大及易结垢　C.黏度较小　　　D.不易结晶

23.对黏度随浓度增加而明显增大的溶液蒸发，不宜采用（　　）加料的多效蒸发流程。

A.并流　　　　　　B.逆流　　　　　　C.平流　　　　　　D.错流

三、判断题

1.饱和蒸气压越大的液体越难挥发。　　　　　　　　　　　　　　　　　（　　）

2.多效蒸发与单效蒸发相比，其单位蒸汽消耗量与蒸发器的生产强度均减少。（　　）

3.提高传热系数可以提高蒸发器的蒸发能力。　　　　　　　　　　　　　（　　）

4.在膜式蒸发器的加热管内，液体沿管壁呈膜状流动，管内没有液层，故因液柱静压力而引起的温度差损失可忽略。　　　　　　　　　　　　　　　　　　　　　　　（　　）

5.蒸发操作中使用真空泵的目的是抽出由溶液带入的不凝性气体，以维持蒸发器内的真空度。　　　　　　　　　　　　　　　　　　　　　　　　　　　　　　　　　（　　）

6.逆流加料的蒸发流程不需要用泵来输送溶液，因此能耗低，装置简单。　　（　　）

7.溶剂蒸汽在蒸发设备内的长时间停留会对蒸发速率产生影响。　　　　　（　　）

8.蒸发过程中操作压力增加，则溶质的沸点增加。　　　　　　　　　　　（　　）

9.蒸发是溶剂在热量的作用下从液相转移到气相的过程，故属传热传质过程。（　　）

10.蒸发操作实际上是在间壁两侧分别有蒸汽冷凝和液体沸腾的传热过程。（　　）

四、计算题

1.在单效蒸发器中，将15%（质量分数）的$CaCl_2$的水溶液浓缩到25%，原料液流率为20000kg/h，温度为25℃。蒸发操作的平均压力为50kPa。加热蒸汽绝对压力为200kPa。若蒸发器的总传热系数为1000W/（m^2·℃），热损失为100000W，求蒸发器的传热面积和加热蒸汽消耗量。

2.在单效中央循环管蒸发器内，将10%（质量分数）NaOH水溶液浓缩到25%，分离室内绝对压力为15kPa，试求因溶液蒸气压下降而引起的沸点升高及相应的沸点。

3.在单效蒸发器中，每小时将10000kg的$NaNO_3$水溶液从5%浓缩到25%。原料液温度为40℃。分离室的真空度为60kPa，加热蒸汽表压为30kPa。蒸发器的总传热系数为2000W/（m^2·℃），热损失很小可以略去不计。试求蒸发器的传热面积及加热蒸汽消耗量。设液柱静压力引起的温度差损失可以忽略。当地大气压力为101.33kPa。

4.在单效真空蒸发器中，将流率为10000kg/h的某水溶液从10%浓缩到50%，原料液温度为31℃。估计溶液沸点上升7℃。蒸发室的绝对压力为20kPa，加热蒸汽蒸汽压力为200kPa（绝压），冷凝水出口温度为79℃。已知总传热系数为1000W/（m^2·℃），热损失忽略，计算加热蒸汽消耗量和蒸发器传热面积。

知识的总结与归纳

知识点		应用举例	备注
蒸发过程的特点（与传热相比较）	①因溶液沸点升高等因素会引起温度差损失；②因蒸发过程耗热量很大，所以应充分考虑热能利用；③因处理物料性质不同，故需充分考虑物料的特性及工艺条件，再选择或设计适宜的蒸发器	蒸发过程中溶液的沸点增加	
溶液的沸点升高	$\Delta' = f\Delta'_{\text{常}}$	计算溶液的沸点升高	沸点升高的原因：①溶液中存在溶质；②加热室中存在静压头；③二次蒸汽由分离器出口到冷凝器之间产生压力降
蒸发水量的计算	$W = F \times \left(1 - \dfrac{x_0}{x_1}\right)$	计算蒸发过程中蒸发溶剂的数量	蒸发溶剂量的大小，由原料液量、原料液中溶质的浓度及完成液中溶质的浓度决定
加热蒸汽的消耗量	$D = \dfrac{FC_1(t_f - t_1) + Wr + Q_L}{R}$	加热蒸汽的消耗量的计算	加热剂消耗量的多少，由原料液初始温度、二次蒸汽的汽化潜热、蒸发过程中的热量损失及加热蒸汽的汽化潜热等诸多因素决定
换热面积的计算	$A = \dfrac{Q}{K\Delta t_m}$ $Q = D(H - h_c) = Dr$	蒸发器换热面积的计算	蒸发器换热面积的大小由蒸发器的热负荷、蒸发器内流体平均传热温度差及蒸发器的传热系数三个方面决定
多效蒸发的流程的选择	并流加料、逆流加料和平流加料的优缺点及适用情况	根据物料的特点选择合适的多效蒸发流程	并流加料流程的优点是溶液自动地由前一效蒸发器流向后一效蒸发器；逆流加料流程优点是最浓的溶液在最高温度下蒸发，有利于整个系统生产能力的提高；平流加料流程适用于蒸发过程中黏度大、易结晶的场合
提高蒸发强度的措施	提高传热温度差、提高总传热系数、合理选择蒸发器、提高传热量	改进蒸发器的操作	蒸发强度是指蒸发器单位面积上单位时间内所蒸发的溶剂量，提高蒸发器的传热系数或增加平均温度差，均可提高蒸发强度
总传热系数 K 的主要影响因素	溶液沸腾侧污垢热阻、沸腾传热系数、不凝气的及时排除	改进蒸发器的操作	及时排出蒸发器中不凝气体，增加溶液循环速度和湍动程度，经常清洗加热器，减少污垢，均可提高换热器的传热系数

附录1　单位换算表

（1）长度

cm 厘米	m 米	ft 英尺	in 英寸
1	10^{-2}	0.0328	0.3937
100	1	3.281	39.37
30.48	0.3048	1	12
2.54	0.0254	0.08333	1

（2）面积

cm^2 厘米^2	m^2 米^2	ft^2 英尺^2	in^2 英寸^2
1	10^{-4}	0.001076	0.1550
10^4	1	10.76	1550
929.0	0.0929	1	144.0
6.452	0.0006452	0.006944	1

（3）体积

cm^3 厘米^3	m^3 米^3	L 升	ft^3 英尺^3	Imperial gal 英加仑	U. S. gal 美加仑
1	10^{-6}	10^{-3}	3.531×10^{-5}	2.2×10^{-4}	2.642×10^{-4}
10^6	1		35.31	220.0	264.2
10^3	10^{-3}	1	0.03531	0.2200	0.2642
28320	0.02832	28.32	1	6.228	7.481
4546	0.004546	4.546	0.1605	1	1.201
3785	0.003785	3.785	0.1337	0.8327	1

（4）质量

g 克	kg 千克	t 吨	lb 磅
1	10^{-3}	10^{-6}	0.002205
1000	1	10^{-3}	2.205
10^6	10^3	1	2204.62
453.6	0.4536	4.536×10^{-4}	1

附录2　水的物理性质

温度 t /℃	密度 ρ /(kg/m³)	压力 $p\times10^{-5}$ /Pa	黏度 $\mu\times10^5$ /Pa·s	热导率 $\lambda\times10^2$ /[W/(m·K)]	质量热容 $C_p\times10^{-3}$ /[J/(kg·K)]	膨胀系数 $\beta\times10^4$ /(K⁻¹)	表面张力 $\sigma\times10^3$ /(N/m²)	普朗特数 Pr
0	999.9	1.013	178.78	55.08	4.212	−0.63	75.61	13.66
10	999.7	1.013	130.53	57.41	4.191	0.70	74.14	9.52
20	998.2	1.013	100.42	59.85	4.183	1.82	72.67	7.01
30	995.7	1.013	80.12	61.71	4.174	3.21	71.20	5.42
40	992.2	1.013	65.32	63.33	4.174	3.87	69.63	4.30
50	988.1	1.013	54.92	64.73	4.174	4.49	67.67	3.54
60	983.2	1.013	46.98	65.89	4.178	5.11	66.20	2.98
70	977.8	1.013	40.60	66.70	4.187	5.70	64.33	2.53
80	971.8	1.013	35.50	67.40	4.195	6.32	62.57	2.21
90	965.3	1.013	31.48	67.98	4.208	6.59	60.71	1.95
100	958.4	1.013	28.24	68.12	4.220	7.52	58.84	1.75
110	951.0	1.433	25.89	68.44	4.233	8.08	56.88	1.60
120	943.1	1.986	23.73	68.56	4.250	8.64	54.82	1.47
130	934.8	2.702	21.77	68.56	4.266	9.17	52.86	1.35
140	926.1	3.62	20.10	68.44	4.287	9.72	50.70	1.26
150	917.0	4.761	18.63	68.33	4.312	10.3	48.64	1.18
160	907.4	6.18	17.36	68.21	4.346	10.7	46.58	1.11
170	897.3	7.92	16.28	67.86	4.379	11.3	44.33	1.05
180	886.9	10.03	15.30	67.40	4.417	11.9	42.27	1.00
190	876.0	12.55	14.42	66.93	4.460	12.6	40.01	0.96
200	863.0	15.55	13.63	66.24	4.505	13.3	37.66	0.93
250	799.0	39.78	10.98	62.71	4.844	18.1	26.19	0.86
300	712.5	85.92	9.12	53.92	5.736	29.2	14.42	0.97
350	574.4	165.38	7.26	43.00	9.504	66.8	3.82	1.60
370	450.5	210.54	5.69	33.70	40.319	264	0.47	6.80

附录3　水在不同温度下的黏度

温度 t /℃	黏度 /mPa·s	温度 t /℃	黏度 /mPa·s	温度 t /℃	黏度 /mPa·s	温度 t /℃	黏度 /mPa·s	温度 t /℃	黏度 /mPa·s
0	1.792	6	1.473	12	1.236	18	1.056	24	0.9142
1	1.731	7	1.428	13	1.203	19	1.030	25	0.8937
2	1.673	8	1.386	14	1.171	20	1.005	26	0.8737
3	1.619	9	1.346	15	1.140	21	0.9810	27	0.8545
4	1.567	10	1.308	16	1.111	22	0.9579	28	0.8360
5	1.519	11	1.271	17	1.083	23	0.9358	29	0.8180

温度 t /℃	黏度 /mPa·s	温度 t /℃	黏度 /mPa·s	温度 t /℃	黏度 /mPa·s	温度 t /℃	黏度 /mPa·s	温度 t /℃	黏度 /mPa·s
30	0.8007	45	0.5988	60	0.4688	75	0.3799	90	0.3165
31	0.7840	46	0.5833	61	0.4618	76	0.3750	91	0.3130
32	0.7679	47	0.5782	62	0.4550	77	0.3702	92	0.3095
33	0.7523	48	0.5683	63	0.4483	78	0.3655	93	0.3060
34	0.7371	49	0.5588	64	0.4418	79	0.3610	94	0.3027
35	0.7225	50	0.5494	65	0.4355	80	0.3565	95	0.2994
36	0.7085	51	0.5404	66	0.4293	81	0.3521	96	0.2962
37	0.6947	52	0.5315	67	0.4233	82	0.3478	97	0.2930
38	0.6814	53	0.5229	68	0.4174	83	0.3436	98	0.2899
39	0.6685	54	0.5146	69	0.4117	84	0.3395	99	0.2868
40	0.6560	55	0.5064	70	0.4061	85	0.3355	100	0.2838
41	0.6439	56	0.4985	71	0.4006	86	0.3315		
42	0.6321	57	0.4907	72	0.3952	87	0.3276		
43	0.6207	58	0.4832	73	0.3900	88	0.3239		
44	0.6097	59	0.4759	74	0.3849	89	0.3202		

附录4　某些液体的物理性质

名称	分子式	密度(20℃) /(kg/m³)	沸点(101.3kPa) /℃	黏度(20℃) /mPa·s	质量热容(20℃) /[kJ/(kg·K)]	热导率(20℃) /[W/(m·K)]
硫酸	H_2SO_4	1831	340(分解)	23	1.42	0.384
硝酸	HNO_3	1513	86	1.17(10℃)	1.74	
盐酸(30%)	HCl	1149	(110)	2	2.55	0.42
甲酸	CH_2O_2	1220	100.7	1.9	2.169	0.256
乙酸(醋酸)	$C_2H_4O_2$	1049	118.1	1.3	1.997	0.174
二硫化碳	CS_2	1262	46.3	0.38	1.005	0.16
戊烷	C_5H_{12}	626	36.07	0.229	2.32	0.113
己烷	C_6H_{14}	659	68.74	0.313	2.261	0.119
庚烷	C_7H_{16}	684	98.43	0.411	2.219	0.123
辛烷	C_8H_{18}	703	125.7	0.540	2.198	0.131
苯	C_6H_6	879	80.1	0.737	1.704	0.148
甲苯	C_7H_8	867	110.6	0.675	1.70	0.138
邻二甲苯	C_8H_{10}	880	144.4	0.811	1.742	0.142
间二甲苯	C_8H_{10}	864	139.1	0.611	1.7	0.167
对二甲苯	C_8H_{10}	861	138.4	0.643	1.704	0.129
三氯甲烷	$CHCl_3$	1489	61.2	0.58	0.992	0.138(30℃)
四氯化碳	CCl_4	1594	76.8	1.0	0.850	0.12
苯乙烯	C_8H_8	906	145.2	0.72	1.733	
硝基苯	$C_6H_5NO_2$	1203	210.9	2.1	1.47	0.15

名称	分子式	密度(20℃)/(kg/m³)	沸点(101.3kPa)/℃	黏度(20℃)/mPa·s	质量热容(20℃)/[kJ/(kg·K)]	热导率(20℃)/[W/(m·K)]
苯胺	$C_6H_5NH_2$	1022	184.4	4.3	2.07	0.17
甲醇	CH_3OH	791	64.7	0.6	2.48	0.212
乙醇	C_2H_5OH	789	78.3	1.15	2.39	0.172
甘油	$C_3H_5(OH)_3$	1261	290(分解)	1499	2.34	0.593
丙酮	C_3H_6O	792	56.2	0.32	2.35	0.17
乙醚	$C_4H_{10}O$	714	84.6	0.24	2.336	0.14

附录5 饱和水与饱和蒸汽表（按温度排列）

温度 t /℃	压力 p /10^5Pa	比体积 v/(m³/kg)		密度 ρ/(kg/m³)		焓 H/(kJ/kg)		汽化潜热 r /(kJ/kg)
		液体	蒸汽	液体	蒸汽	液体	蒸汽	
0.01	0.006112	0.0010002	206.3	999.80	0.004847	0.00	2501	2501
1	0.006566	0.0010001	192.6	999.90	0.005192	4.22	2502	2498
2	0.007054	0.0010001	179.9	999.90	0.005559	8.42	2504	2496
3	0.007575	0.0010001	168.2	999.90	0.005945	12.63	2506	2493
4	0.008129	0.0010001	157.3	999.90	0.006357	16.84	2508	2491
5	0.008719	0.0010001	147.2	999.90	0.006793	21.05	2510	2489
6	0.009347	0.0010001	137.8	999.90	0.007257	25.25	2512	2487
7	0.010013	0.0010001	129.1	999.90	0.007746	29.45	2514	2485
8	0.010721	0.0010002	121.0	999.80	0.008264	33.55	2516	2482
9	0.011473	0.0010003	113.4	999.70	0.008818	37.85	2517	2479
10	0.012277	0.0010004	106.42	999.60	0.009398	42.04	2519	2477
11	0.013118	0.0010005	99.91	999.50	0.01001	46.22	2521	2475
12	0.014016	0.0010006	93.84	999.40	0.01066	50.41	2523	2473
13	0.014967	0.0010007	88.18	999.30	0.01134	54.60	2525	2470
14	0.015974	0.0010008	82.90	999.00	0.01206	58.78	2527	2468
15	0.017041	0.0010010	77.97	999.00	0.01282	62.97	2528	2465
16	0.018170	0.0010011	73.39	998.90	0.01363	67.16	2530	2463
17	0.019364	0.0010013	69.10	998.70	0.01447	71.34	2532	2461
18	0.02062	0.0010015	65.09	998.50	0.01536	75.53	2534	2458
19	0.02196	0.0010016	61.34	998.40	0.01630	79.72	2536	2456
20	0.02337	0.0010018	57.84	998.20	0.01729	83.90	2537	2451
22	0.02643	0.0010023	51.50	997.71	0.01942	92.27	2541	2449
24	0.02982	0.0010028	45.93	997.21	0.02177	100.63	2545	2444
26	0.03360	0.0010033	41.04	996.71	0.02437	108.99	2548	2440
28	0.03779	0.0010038	36.73	996.21	0.02723	117.35	2552	2435
30	0.04241	0.0010044	32.93	995.62	0.03037	125.71	2556	2430
35	0.05622	0.0010061	25.24	993.94	0.03962	146.60	2565	2418
40	0.07375	0.0010079	19.55	992.16	0.05115	167.50	2574	2406

温度 t /℃	压力 p /10^5Pa	比体积 v/(m³/kg)		密度 ρ/(kg/m³)		焓 H/(kJ/kg)		汽化潜热 r /(kJ/kg)
		液体	蒸汽	液体	蒸汽	液体	蒸汽	
45	0.09584	0.0010099	15.28	990.20	0.06544	188.40	2582	2394
50	0.12335	0.0010121	12.04	988.04	0.08306	209.3	2592	2383
55	0.15740	0.0010145	9.578	985.71	0.1044	230.2	2600	2370
60	0.19917	0.0010171	7.678	983.19	0.1302	251.1	2609	2358
65	0.2501	0.0010199	6.201	980.49	0.1613	272.1	2617	2345
70	0.3117	0.0010228	5.045	977.71	0.1982	293.0	2626	2333
75	0.3855	0.0010258	4.133	974.85	0.2420	314.0	2635	2321
80	0.4736	0.0010290	3.048	971.82	0.2934	334.9	2643	2308
85	0.5781	0.0010324	2.828	968.62	0.3536	355.9	2651	2295
90	0.7011	0.0010359	2.361	965.34	0.4235	377.0	2659	2282
100	1.01325	0.0010435	1.673	958.31	0.5977	419.1	2676	2257
110	1.4326	0.0010515	1.210	951.02	0.8264	461.3	2691	2230
120	1.9854	0.0010603	0.8917	943.13	1.121	503.7	2706	2202
130	2.7011	0.0010697	0.6683	934.84	1.496	546.3	2721	2174
140	3.614	0.0010798	0.5087	926.10	1.966	589.0	2734	2145
150	4.760	0.0010906	0.3926	916.93	2.547	632.2	2746	2114
160	6.180	0.0011021	0.3068	907.36	3.253	675.6	2758	2082
170	7.920	0.0011144	0.2426	897.34	4.122	719.2	2769	2050
180	10.027	0.0011275	0.1939	886.92	5.157	763.1	2778	2015
190	12.553	0.0011415	0.1564	876.04	6.394	807.5	2786	1979
200	15.551	0.0011565	0.1272	864.68	7.862	852.4	2793	1941
210	19.080	0.0011726	0.1043	852.81	9.588	897.7	2798	1900
220	23.201	0.0011900	0.08606	840.34	11.62	943.7	2802	1858
230	27.979	0.0012087	0.07147	827.34	13.99	990.4	2803	1813
240	33.480	0.0012291	0.05967	813.60	16.76	1037.5	2803	1766
250	39.776	0.0012512	0.05006	799.23	19.28	1085.7	2801	1715
260	46.94	0.0012755	0.04215	784.01	23.72	1135.1	2796	1661
270	55.05	0.0013023	0.03560	767.87	28.09	1185.3	2790	1605
280	64.19	0.0013321	0.03013	750.69	33.19	1236.9	2780	1542.9
290	74.45	0.0013655	0.02554	732.33	39.15	1290.0	2766	1476.3
300	85.92	0.0014036	0.02164	712.45	46.21	1344.9	2749	1404.3
310	98.70	0.001447	0.01832	691.09	54.58	1402.1	2727	1325.2
320	112.90	0.001499	0.01545	667.11	64.72	1462.1	2700	1237.8
330	128.65	0.001562	0.01297	640.20	77.10	1526.1	2666	1139.6
340	146.08	0.001639	0.01078	610.13	92.76	1594.7	2622	1027.0
350	165.37	0.001741	0.008803	574.38	113.6	1671	2565	893.5
360	186.74	0.001894	0.006943	527.98	144.0	1762	2481	719.3
370	210.53	0.00222	0.00493	450.45	203	1893	2321	438.4
374	220.87	0.00280	0.00347	357.14	288	2032	2147	114.7
374.1	221.297	0.00326	0.00326	306.75	306.75	2100	2100	0.0

附录6 饱和水与饱和蒸汽表（按压力排列）

压力 p /10^5Pa	温度 t /℃	比体积 v/(m³/kg)		密度 ρ/(kg/m³)		焓 H/(kJ/kg)		汽化潜热 r /(kJ/kg)
		液体	蒸汽	液体	蒸汽	液体	蒸汽	
0.010	6.92	0.0010001	129.9	999.0	0.00770	29.32	2513	2484
0.020	17.514	0.0010014	66.97	998.6	0.01493	73.52	2533	2459
0.030	24.097	0.0010028	45.66	997.2	0.02190	101.04	2545	2444
0.040	28.979	0.0010041	34.81	995.9	0.02873	121.42	2554	2433
0.050	32.88	0.0010053	28.19	994.7	0.03547	137.83	2561	2423
0.060	36.18	0.0010064	23.74	993.6	0.04212	151.50	2567	2415
0.070	39.03	0.0010075	20.53	992.6	0.04871	163.43	2572	2409
0.080	41.54	0.0010085	18.10	991.6	0.05525	173.9	2576	2402
0.090	43.79	0.0010094	16.20	990.7	0.06172	183.3	2580	2397
0.10	45.84	0.0010103	14.68	989.8	0.06812	191.9	2584	2392
0.15	54.00	0.0010140	10.02	986.2	0.09980	226.1	2599	2373
0.20	60.08	0.0010171	7.647	983.2	0.1308	251.4	2609	2358
0.25	64.99	0.0010199	6.202	980.5	0.1612	272.0	2618	2346
0.30	69.12	0.0010222	5.226	978.3	0.1913	289.3	2625	2336
0.40	75.88	0.0010264	3.994	974.3	0.2504	317.7	2636	2318
0.45	78.75	0.0010282	3.574	972.6	0.2797	329.6	2641	2311
0.50	81.35	0.0010299	3.239	971.0	0.3087	340.6	2645	2404
0.55	83.74	0.0010315	2.963	969.5	0.3375	350.7	2649	2298
0.60	85.95	0.0010330	2.732	968.1	0.3661	360.0	2653	2293
0.70	89.97	0.0010359	2.364	965.3	0.4230	376.8	2660	2283
0.80	93.52	0.0010385	2.087	962.9	0.4792	391.8	2665	2273
0.90	96.72	0.0010409	1.869	960.7	0.5350	405.3	2670	2265
1.0	99.64	0.0010432	1.694	958.6	0.5903	417.4	2675	2258
1.5	111.38	0.0010527	1.159	949.9	0.8627	467.2	2693	2226
2.0	120.23	0.0010605	0.8854	943.0	1.129	504.8	2707	2202
2.5	127.43	0.0010672	0.7185	937.0	1.393	535.4	2717	2182
3.0	133.54	0.0010733	0.6057	931.7	1.651	561.4	2725	2164
3.5	138.88	0.0010786	0.5241	927.1	1.908	584.5	2732	2148
4.0	143.62	0.0010836	0.4624	922.8	2.163	604.7	2738	2133
4.5	147.92	0.0010883	0.4139	918.9	2.416	623.4	2744	2121
5.0	151.84	0.0010927	0.3747	915.2	2.669	640.1	2749	2109
6.0	158.84	0.0011007	0.3156	908.5	3.169	670.5	2757	2086
7.0	164.96	0.0011081	0.2728	902.4	3.666	697.2	2764	2067
8.0	170.42	0.0011149	0.2403	896.9	4.161	720.9	2769	2048

续表

压力 p /10^5 Pa	温度 t /℃	比体积 v/(m³/kg)		密度 ρ/(kg/m³)		焓 H/(kJ/kg)		汽化潜热 r /(kJ/kg)
		液体	蒸汽	液体	蒸汽	液体	蒸汽	
9.0	175.35	0.0011213	0.2149	891.8	4.654	742.8	2774	2031
10.0	179.88	0.0011273	0.1946	887.1	5.139	762.7	2778	2015
11.0	184.05	0.0011331	0.1775	882.5	5.634	781.1	2781	2000
12.0	187.95	0.0011385	0.1633	878.3	6.124	798.3	2785	1987
13.0	191.60	0.0011438	0.1512	874.3	6.614	814.5	2787	1973
14.0	195.04	0.0011490	0.1408	870.3	7.103	830.0	2790	1960
15.0	198.28	0.0011539	0.1317	866.6	7.593	844.6	2792	1947
16.0	201.36	0.0011586	0.1238	863.1	8.080	858.3	2793	1935
17.0	204.30	0.0011632	0.1167	859.7	8.569	871.6	2795	1923
18.0	207.10	0.0011678	0.1104	856.9	9.058	884.4	2796	1912
19.0	209.78	0.0011722	0.1047	853.1	9.549	896.6	2798	1901
20.0	212.37	0.0011766	0.09958	849.9	10.041	908.5	2799	1891
22.0	217.24	0.0011851	0.09068	843.8	11.03	930.9	2801	1870
24.0	221.77	0.0011932	0.08324	838.1	12.01	951.8	2802	1850
26.0	226.03	0.0012012	0.07688	835.2	13.01	971.7	2803	1831
28.0	230.04	0.0012088	0.07141	827.3	14.00	990.4	2803	1813
30	233.83	0.0012163	0.06665	822.2	15.00	1008.3	2804	1796
35	242.54	0.0012345	0.05704	810.0	17.53	1049.8	2803	1753
40	250.33	0.0012520	0.04977	798.7	20.09	1087.5	2801	1713
45	257.41	0.0012690	0.04404	788.0	22.71	1122.1	2798	1676
50	263.91	0.0012857	0.03944	777.8	25.35	1154.4	2794	1640
60	275.56	0.0013185	0.03243	758.4	30.84	1213.0	2785	1570.8
70	285.80	0.0013510	0.02737	740.2	36.54	1267.4	2772	1504.9
80	294.98	0.0013838	0.02352	722.6	42.52	1317.0	2758	1441.1
90	303.32	0.0014174	0.02048	705.5	48.83	1363.1	2743	1379.3
100	310.96	0.0014521	0.01803	688.7	55.46	1407.7	2725	1317.0
110	318.04	0.001489	0.01598	671.6	62.58	1450.2	2705	1255.4
120	324.63	0.001527	0.01426	654.9	70.13	1491.1	2685	1193.5
130	330.81	0.001567	0.01277	638.2	78.30	1531.5	2662	1130.8
140	336.63	0.001611	0.01149	620.7	87.03	1570.8	2638	1066.9
160	347.32	0.001710	0.009318	584.8	107.3	1650	2582	932.0
180	356.96	0.001837	0.007504	544.4	133.2	1732	2510	778.2
200	365.71	0.00204	0.00585	490.2	170.9	1827	2410	583
220	373.7	0.00373	0.00367	366.3	272.5	2016	2168	152
221.29	374.15	0.00326	0.00326	306.75	306.75	2100	2100	0

附录7 某些有机液体的相对密度共线图

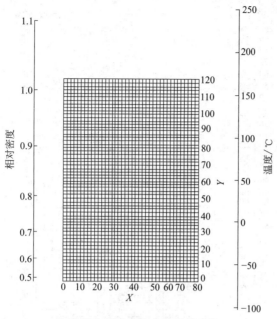

有机液体相对密度共线图的坐标

有机液体	X	Y	有机液体	X	Y	有机液体	X	Y	有机液体	X	Y
乙炔	20.8	10.1	十一烷	14.4	39.2	甲酸乙酯	37.6	68.4	氯苯	41.9	86.7
乙烷	10.3	4.4	十二烷	14.3	41.4	甲酸丙酯	33.8	66.7	癸烷	16.0	38.2
乙烯	17.0	3.5	十三烷	15.3	42.4	丙烷	14.2	52.2	氮	22.4	24.6
乙醇	24.2	48.6	十四烷	15.8	43.3	丙酮	26.1	47.8	氯乙烷	42.7	62.4
乙醚	22.6	35.8	三乙胺	17.9	37.0	丙醇	23.8	50.8	氯甲烷	52.3	62.9
乙丙醚	20.0	37.0	三氯化磷	28.0	22.1	丙酸	35.0	83.5	氯苯	41.7	105.0
乙硫醇	32.0	55.5	己烷	13.5	27.0	丙酸甲酯	36.5	68.3	氰丙烷	20.1	44.6
乙硫醚	25.7	55.3	壬烷	16.2	36.5	丙酸乙酯	32.1	63.9	氰甲烷	21.8	44.9
二乙酸	17.8	33.5	六氢吡啶	27.5	60.0	戊烷	12.6	22.6	环己烷	19.6	44.0
二氧化碳	78.6	45.4	甲乙醚	25.0	34.4	异戊烷	13.5	22.5	乙酸(醋酸)	40.6	93.5
异丁烷	13.7	16.5	甲醇	25.8	49.1	辛烷	12.7	32.5	乙酸甲酯	40.1	70.3
丁酸	31.3	78.7	甲硫醇	37.3	59.6	庚烷	12.6	29.8	乙酸乙酯	35.0	65.0
丁酸甲酯	31.5	65.5	甲硫醚	31.9	57.4	苯	32.7	63.0	乙酸丙酯	33.0	65.5
异丁酸	31.5	75.9	甲酸	27.2	30.1	苯酯	35.7	103.8	甲苯	27.0	61.0
丁酸(异)甲酯	33.0	64.1	甲酸甲酯	46.4	74.6	苯胺	33.5	92.5	异戊醇	20.5	52.0

附录8　液体黏度共线图

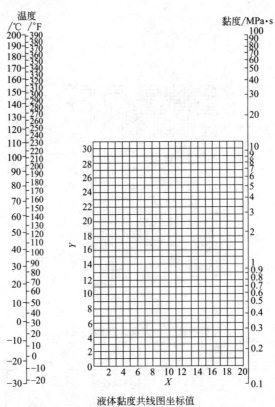

液体黏度共线图坐标值

　　用法举例，求苯在50℃时的黏度，从本表序号26查得苯的 $X=12.5$，$Y=10.9$。把这两个数值标在前页共线图的 X-Y 坐标上的一点，把这点与图中左方温度标尺上50℃的点连成一直线，延长，与右方黏度标尺相交，由此交点定出50℃苯的黏度。

序号	名称	X	Y	序号	名称	X	Y
1	水	10.2	13.0	8	二硫化碳	16.1	7.5
2	盐水(25% NaCl)	10.2	16.6	9	溴	14.2	18.2
3	盐水(25% CaCl$_2$)	6.6	15.9	10	汞	18.4	16.4
4	氨	12.6	2.0	11	硫酸(110%)	7.2	27.4
5	氨水(26%)	10.1	13.9	12	硫酸(100%)	8.0	25.1
6	二氧化碳	11.6	0.3	13	硫酸(98%)	7.0	24.8
7	二氧化硫	15.2	7.1	14	硫酸(60%)	10.2	21.3

序号	名称	X	Y	序号	名称	X	Y
15	硝酸(95%)	12.8	13.8	38	甲醇(100%)	12.4	10.5
16	硝酸(60%)	10.8	17.0	39	甲醇(90%)	12.3	11.8
17	盐酸(31.5%)	13.0	16.6	40	甲醇(40%)	7.8	15.5
18	氢氧化钠(50%)	3.2	25.8	41	乙醇(100%)	10.5	13.8
19	戊烷	14.9	5.2	42	乙醇(95%)	9.8	14.3
20	己烷	14.7	7.0	43	乙醇(40%)	6.5	16.6
21	庚烷	14.1	8.4	44	乙二醇	6.0	23.6
22	辛烷	13.7	10.0	45	甘油(100%)	2.0	30.0
23	三氯甲烷	14.4	10.2	46	甘油(50%)	6.9	19.6
24	四氯化碳	12.7	13.1	47	乙醚	14.5	5.3
25	二氯乙烷	13.2	12.2	48	乙醛	15.2	14.8
26	苯	12.5	10.9	49	丙酮	14.5	7.2
27	甲苯	13.7	10.4	50	甲酸	10.7	15.8
28	邻二甲苯	13.5	12.1	51	乙酸(醋酸)(100%)	12.1	14.2
29	间二甲苯	13.9	10.6	52	乙酸(醋酸)(70%)	9.5	17.0
30	对二甲苯	13.9	10.9	53	乙酸酐	12.7	12.8
31	乙苯	13.2	11.5	54	乙酸乙酯	13.7	9.1
32	氯苯	12.3	12.4	55	乙酸戊酯	11.8	12.5
33	硝基苯	10.6	16.2	56	氟利昂-11	14.4	9.0
34	苯胺	8.1	18.7	57	氟利昂-12	16.8	5.6
35	酚	6.9	20.8	58	氟利昂-21	15.7	7.5
36	联苯	12.0	18.3	59	氟利昂-22	17.2	4.7
37	萘	7.9	18.1	60	煤油	10.2	16.9

附录9　液体的比热容共线图

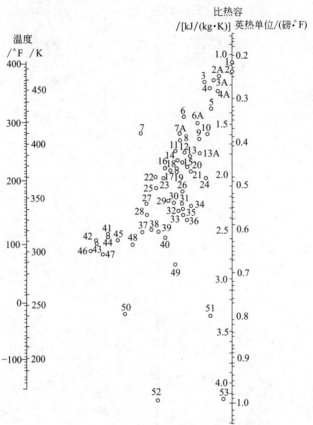

液体比热容共线图中的编号

编号	名称	温度范围/℃	编号	名称	温度范围/℃
53	水	10～200	28	庚烷	0～60
51	盐水（25％ NaCl）	−40～20	33	辛烷	−50～25
49	盐水（25％ $CaCl_2$）	−40～20	34	壬烷	−50～25
52	氨	−70～50	21	癸烷	−80～25
11	二氧化硫	−20～100	13A	氯甲烷	−80～20
2	二氧化碳	−100～25	5	二氯甲苯	−40～50
9	硫酸（98％）	10～45	4	三氯甲烷	0～50
48	盐酸（30％）	20～100	22	二苯基甲烷	30～100
35	己烷	−80～20	3	四氯化碳	10～60

编号	名称	温度范围/℃	编号	名称	温度范围/℃
13	氯乙烷	−30～40	50	乙醇(50%)	20～80
1	溴乙烷	5～25	45	丙醇	−20～100
7	碘乙烷	0～100	47	异丙醇	20～50
6A	二氯乙烷	−30～60	44	丁醇	0～100
3	过氯乙烯	−30～40	43	异丁醇	0～100
23	苯	10～80	37	戊醇	−50～25
23	甲苯	0～60	41	异戊醇	10～100
17	对二甲苯	0～100	39	乙二醇	−40～200
18	间二甲苯	0～100	38	甘油	−40～20
19	邻二甲苯	0～100	27	苯甲基醇	−20～30
8	氯苯	0～100	36	乙醚	−100～25
12	硝基苯	0～100	31	异丙醇	−80～200
30	苯胺	0～130	32	丙酮	20～50
10	苯甲基氯	−30～30	29	乙酸(醋酸)	0～80
25	乙苯	0～100	24	乙酸乙酯	−50～25
15	联苯	80～120	26	乙酸戊酯	0～100
16	联苯醚	0～200	20	吡啶	−50～25
16	联苯-联苯醚	0～200	2A	氟利昂-11	−20～70
14	萘	90～200	6	氟利昂-12	−40～15
40	甲醇	−40～20	4A	氟利昂-21	−20～70
42	乙醇(100%)	30～80	7A	氟利昂-22	−20～60
46	乙醇(95%)	20～80	3A	氟利昂-113	−20～70

附录10 液体汽化潜热共线图

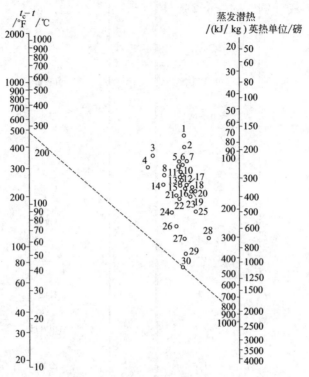

蒸发潜热共线图坐标值

号数	化合物	范围 (t_c-t)/℃	临界温度 t_c/℃	号数	化合物	范围 (t_c-t)/℃	临界温度 t_c/℃
18	乙酸(醋酸)	100～225	321	2	氟利昂-12(CCl_2F_2)	40～200	111
22	丙酮	120～210	235	5	氟利昂-21($CHCl_2F$)	70～250	178
29	氨	50～200	133	6	氟利昂-22($CHClF_2$)	50～170	96
13	苯	10～400	289		氟利昂-113		
16	丁烷	90～200	153	1	(CCl_2F-$CClF_2$)	90～250	214
21	二氧化碳	10～100	31	10	庚烷	20～300	267
4	二硫化碳	140～275	273	11	己烷	50～225	235
2	四氯化碳	30～250	283	15	异丁烷	80～200	134
7	三氯甲烷	140～275	263	27	甲醇	40～250	240
8	二氯甲烷	150～250	516	20	氯甲烷	0～250	143
3	联苯	175～400	5	19	一氧化二氮	25～150	36
25	乙烷	25～150	32	9	辛烷	30～300	296
26	乙醇	20～140	243	12	戊烷	20～200	197
28	乙醇	140～300	243	23	丙烷	40～200	96
17	氯乙烷	100～250	187	24	丙醇	20～200	264
13	乙醚	10～400	194	14	二氧化硫	90～160	157
2	氟利昂-11(CCl_3F)	70～250	198	30	水	150～500	374

附录 11　气体黏度共线图（常压下使用）

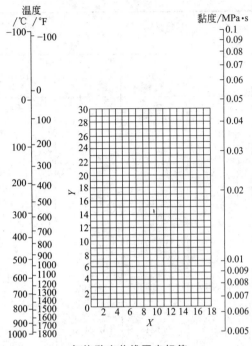

气体黏度共线图坐标值

序号	名称	X	Y	序号	名称	X	Y	序号	名称	X	Y
1	空气	11.0	20.0	15	氟	7.3	23.8	29	甲苯	8.6	12.4
2	氧	11.0	21.3	16	氯	9.0	18.4	30	甲醇	8.5	15.6
3	氮	10.6	20.0	17	氯化氢	8.8	18.7	31	乙醇	9.2	14.2
4	氢	11.2	12.4	18	甲烷	9.9	15.5	32	丙醇	8.4	13.4
5	$3H_2+N_2$	11.2	17.2	19	乙烷	9.1	14.5	33	乙酸（醋酸）	7.7	14.3
6	水蒸气	8.0	16.0	20	乙烯	9.5	15.1	34	丙酮	8.9	13.0
7	二氧化碳	9.5	18.7	21	乙炔	9.8	14.9	35	乙醚	8.9	13.0
8	一氧化碳	11.0	20.0	22	丙烷	9.7	12.9	36	乙酸乙酯	8.5	13.2
9	氨	8.4	16.6	23	丙烯	9.0	13.8	37	氟利昂-11	10.6	15.1
10	硫化氢	8.6	18.0	24	丁烯	9.2	13.7	38	氟利昂-12	11.1	16.0
11	二氧化硫	9.6	17.0	25	戊烷	7.0	12.8	39	氟利昂-21	10.8	15.3
12	二硫化碳	8.0	16.0	26	己烷	8.6	11.8	40	氟利昂-22	10.1	17.0
13	一氧化二氮	8.8	19.0	27	三氯甲烷	8.9	15.7				
14	一氧化氮	10.9	20.5	28	苯	8.5	13.2				

附录12 某些液体的热导率

单位：W/(m·K)

液体名称	温度/℃						
	0	25	50	75	100	125	150
丁醇	0.156	0.152	0.1483	0.144			
异丙醇	0.154	0.150	0.1460	0.142			
甲醇	0.214	0.2107	0.2070	0.205			
乙醇	0.189	0.1832	0.1774	0.1715			
乙酸（醋酸）	0.177	0.1715	0.1663	0.162			
甲酸	0.2065	0.256	0.2518	0.2471			
丙酮	0.1745	0.169	0.163	0.1576	0.151		
硝基苯	0.1541	0.150	0.147	0.143	0.140	0.136	
二甲苯	0.1367	0.131	0.127	0.1215	0.117	0.111	
甲苯	0.1413	0.136	0.129	0.123	0.119	0.112	
苯	0.151	0.1448	0.138	0.132	0.126	0.1204	
苯胺	0.186	0.181	0.177	0.172	0.1681	0.1634	0.159
甘油	0.277	0.2797	0.2832	0.286	0.289	0.292	0.295
凡士林	0.125	0.1204	0.122	0.121	0.119	0.117	0.1157
蓖麻油	0.184	0.1808	0.1774	0.174	0.171	0.1680	0.165

附录 13　常见气体的热导率

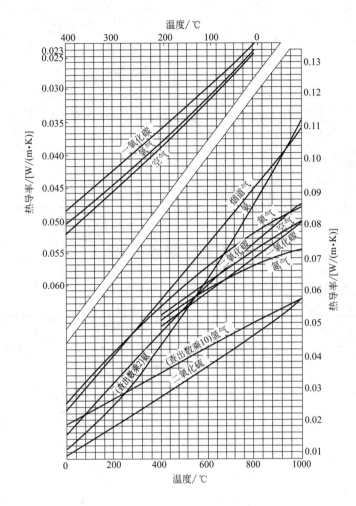

附录 14　常见固体的热导率

（1）常见金属的热导率［单位：W/(m·K)］

材料	温度/℃				
	0	100	200	300	400
铝	227.95	227.95	227.95	227.95	227.95
铜	383.79	379.14	372.16	367.51	362.86
铁	73.27	67.45	61.64	54.66	48.85
铅	35.12	33.38	31.40	29.77	—
镁	172.12	167.47	162.82	158.17	—
镍	93.04	82.57	73.27	63.97	59.31
银	414.03	409.38	373.32	361.69	359.37
锌	112.81	109.90	105.83	101.18	93.04
碳钢	52.34	48.85	44.19	41.87	34.89
不锈钢	16.28	17.45	17.45	18.49	—

（2）常见非金属材料的热导率

材料	温度/℃	热导率/[W/(m·K)]	材料	温度/℃	热导率/[W/(m·K)]
软木	30	0.0430	矿渣棉	30	0.058
超细玻璃棉	36	0.030	玻璃棉毡	28	0.043
保温灰	—	0.07	泡沫塑料	—	0.0465
硅藻土	—	0.114	玻璃	30	1.093
膨胀蛭石	20	0.052～0.07	混凝土	—	1.28
石棉板	50	0.146	耐火砖	—	1.05
石棉绳	—	0.105～0.209	普通砖	—	0.8
水泥珍珠岩制品	—	0.07～0.113	绝热砖	—	0.116～0.21

附录 15　管子规格

（1）无缝钢管规格

公称直径 DN/mm	实际外径 /mm	管壁厚度/mm						
		PN=16	PN=25	PN=40	PN=64	PN=100	PN=160	PN=200
15	18	2.5	2.5	2.5	2.5	3	3	3
20	25	2.5	2.5	2.5	2.5	3	3	4
25	32	2.5	2.5	2.5	3	3.5	3.5	5
32	38	2.5	2.5	3	3	3.5	3.5	6
40	45	2.5	3	3	3	3.5	4.5	6
50	57	2.5	3	3.5	3.5	4.5	5	7
70	76	3	3.5	3.5	4.5	6	6	9
80	89	3.5	4	4	5	6	7	11
100	103	4	4	4	6	7	12	13
125	133	4	4	4.5	6	9	13	17
150	159	4.5	4.5	5	7	10	17	—
200	219	6	6	7	10	13	21	—
250	273	8	7	8	11	16	—	—
300	325	8	8	9	12	—	—	—
350	377	9	9	10	13	—	—	—
400	426	9	10	12	15	—	—	—

注：表中公称压力 PN 的单位为 kgf/cm²，1kgf/cm²＝98.1kPa。

（2）水、煤气钢管（有缝钢管）

公称直径 DN		实际外径/mm	壁厚/mm	
英寸	mm		普通级	加强级
$\frac{1}{4}$	8	13.50	2.25	2.75
$\frac{3}{8}$	10	17.00	2.25	2.75
$\frac{1}{2}$	15	21.25	2.75	3.25
$\frac{3}{4}$	20	26.75	2.75	3.50
1	25	33.50	3.25	4.00
$1\frac{1}{4}$	32	42.25	3.25	4.00
$1\frac{1}{2}$	40	48.00	3.50	4.25
2	50	60.00	3.50	4.50
$2\frac{1}{2}$	70	75.50	3.75	4.50
3	80	88.50	3.75	4.75
4	100	114.60	4.00	5.00
5	125	140.00	4.00	5.50
6	150	165.00	4.50	5.50

附录 16 换热器

（1）固定管板式换热器

公称直径 DN /mm	公称压力 PN /MPa	管程数 N	管子根数 n		中心排管数		管程流通面积 /m²		计算换热面积/m² 换热管长/mm							
									1500		2000		3000		6000	
			19	25	19	25	19	25	19	25	19	25	19	25	19	25
325	1.6 2.5 4.0 6.4	1	99	57	11	9	0.0175	0.0179	8.3	6.3	11.2	8.5	17.1	13.0	34.9	26.4
		2	88	56	10	9	0.0078	0.0088	7.4	6.2	10.0	8.4	15.2	12.7	31.0	25.9
400	0.6	1	174	98	14	12	0.0307	0.0308	14.5	10.8	19.7	14.6	30.1	22.3	61.3	45.4
		2	164	94	15	11	0.0145	0.0148	13.7	10.3	18.6	14.0	28.4	21.4	57.8	43.5
		4	146	76	14	11	0.0065	0.0060	12.2	8.4	16.6	11.3	25.3	17.3	51.4	35.2
500	100	1	275	174	19	14	0.0486	0.0546			31.2	26.0	47.6	39.6	96.8	80.6
		2	256	164	18	15	0.0226	0.0257			29.0	24.5	44.3	37.3	90.2	76.0
		4	222	144	18	15	0.0098	0.0113			25.2	21.4	38.4	32.8	78.2	66.7
600	1.6 2.5	1	430	245	22	17	0.0760	0.0769			48.8	36.5	74.4	55.8	151.4	113.5
		2	416	232	23	16	0.0368	0.0364			47.2	34.6	72.0	52.8	146.5	107.5
		4	370	222	22	17	0.0163	0.0174			42.2	33.1	64.0	50.5	130.3	102.8
		6	360	216	20	16	0.0106	0.0113			40.8	32.2	62.3	49.2	126.8	100.0
700	4.00	1	607	355	27	21	0.1073	0.1115	—	—	—	—	105.1	80.0	213.8	164.4
		2	547	342	27	21	0.0507	0.0537	—	—	—	—	99.4	77.9	202.1	158.4
		4	542	322	27	21	0.0239	0.0253	—	—	—	—	93.8	73.3	190.9	149.1
		6	518	304	24	20	0.0153	0.0159	—	—	—	—	89.7	69.2	182.4	140.8
800	0.60	1	797	467	31	23	0.1408	0.1466	—	—	—	—	138.0	106.3	280.7	216.3
		2	776	450	31	23	0.0686	0.0707	—	—	—	—	134.3	102.4	273.3	208.5
		4	722	442	31	23	0.0319	0.0347	—	—	—	—	125.0	100.6	254.3	204.7
		6	710	430	30	24	0.0209	0.0225	—	—	—	—	122.9	97.9	250.0	199.2
900	1.60 2.50	1	1009	605	35	27	0.1783	0.1900	—	—	—	—	174.7	137.8	355.3	280.2
		2	988	588	35	27	0.0873	0.0923	—	—	—	—	171.0	133.9	347.9	272.3
		4	938	554	35	27	0.0414	0.0435	—	—	—	—	162.4	126.1	330.3	256.6
		6	914	538	34	26	0.0269	0.0282	—	—	—	—	158.2	122.5	321.9	249.2
1000	4.00	1	1267	749	39	30	0.2239	0.2352	—	—	—	—	219.6	170.5	446.2	346.9
		2	1234	742	39	29	0.1090	0.1165	—	—	—	—	213.6	168.9	434.6	343.7
		4	1186	710	39	29	0.0524	0.0557	—	—	—	—	205.3	161.6	417.7	328.8
		6	1148	698	38	30	0.0338	0.0365	—	—	—	—	198.7	158.9	404.3	323.3

注：1. 换热管径 19 为 $\phi 19mm \times 2mm$；25 为 $\phi 25mm \times 2.5mm$。

2. 计算换热面积按式 $S = \pi d_o (L - 0.1 - 0.006)n$ 确定，式中 d_o 为换热管外径。

（2）浮头式换热器

公称直径 DN/mm	管程数 N	管子根数 n		中心排管数		管程流通面积 /m²		计算换热面积/m²							
								换热管长/mm							
								3000		4500		6000		9000	
		19	25	19	25	19	25	19	25	19	25	19	25	19	25
325	2	60	32	7	5	0.0053	0.0050	10.5	7.4	15.8	11.1				
	4	52	28	6	4	0.0023	0.0022	9.1	6.4	13.7	9.7				
400	2	120	74	8	7	0.0106	0.0116	20.9	16.9	31.3	25.6	42.3	34.4		
	4	108	68	9	6	0.0048	0.0053	18.8	15.6	28.4	23.6	34.1	31.6		
500	2	206	124	11	8	0.0182	0.0194	35.7	28.3	54.1	42.8	72.5	57.4		
	4	192	116	10	9	0.0085	0.0091	33.2	26.4	50.4	40.1	67.6	53.7		
600	2	324	198	14	11	0.0286	0.0311	55.8	44.9	84.8	68.2	113.9	91.5		
	4	308	138	14	10	0.0136	0.0148	53.1	42.6	80.6	64.8	108.2	86.9		
	6	284	158	14	10	0.0083	0.0083	48.9	35.8	74.4	54.4	99.8	73.1		
700	2	468	268	16	13	0.0414	0.0421	80.4	60.6	122.2	92.1	164.1	123.7		
	4	448	256	17	12	0.0198	0.0201	76.9	57.8	117.0	87.9	157.1	118.1		
	6	382	224	15	10	0.0112	0.0116	65.6	50.6	99.8	76.9	133.9	103.4		
800	2	610	366	19	15	0.0539	0.0575			158.9	125.4	213.5	168.5		
	4	588	352	18	14	0.0260	0.0276			153.2	120.6	205.8	162.1		
	6	518	316	16	14	0.0152	0.0165			134.9	108.3	181.3	145.5		
900	2	800	472	22	17	0.0707	0.0741			207.6	161.2	279.2	216.8		
	4	776	456	21	16	0.0343	0.0353			201.4	155.7	270.8	209.4		
	6	720	426	21	16	0.0212	0.0223			186.9	145.5	251.3	195.6		
100	2	1006	606	24	19	0.0890	0.0952			260.6	206.6	350.6	277.9		
	4	980	588	23	18	0.0433	0.0462			253.9	200.4	341.6	269.7		
	6	892	564	21	18	0.0262	0.0295			231.1	192.2	311.0	258.7		
1200	2	1452	880	28	22	0.1290	0.1380			374.4	298.6	504.3	402.2	764.2	609.4
	4	1424	860	28	22	0.0629	0.0675			367.2	291.8	494.6	393.1	749.5	595.6
	6	1348	828	27	21	0.0396	0.0434			347.6	280.9	468.2	378.4	709.5	573.4

注：1. 管数按正方形旋转 45°计算。

2. 换热管径 19 为 $\phi 19mm \times 2mm$；25 为 $\phi 25mm \times 2.5mm$。

3. 计算换热面积按光管及公称压力 2.5MPa 的管板厚度 δ 确定。$S = \pi d_o (L - 2\delta - 0.006) n_o$，式中，$d_o$ 为换热管外径。

参 考 文 献

[1]　张浩勤，陆美娟. 化工原理：上册. 3 版. 北京：化学工业出版社，2014.

[2]　王志魁. 化工原理：上册. 4 版. 北京：化学工业出版社，2010.

[3]　闫晔，刘佩田. 化工单元操作过程. 2 版. 北京：化学工业出版社，2008.

[4]　周长丽，田海玲. 化工原理. 2 版. 北京：化学工业出版社，2015.

[5]　姚玉英，等. 化工原理：修订版. 天津：天津科学技术出版社，2012.

[6]　陈敏恒，等. 化工原理. 4 版. 北京：化学工业出版社，2015.

[7]　谭天恩，窦梅. 化工原理：上册. 4 版. 北京：化学工业出版社，2013.

[8]　杨祖荣，刘丽英，刘伟. 化工原理. 3 版. 北京：化学工业出版社，2014.

[9]　柴诚敬，等. 化工原理：上册. 3 版. 北京：高等教育出版社，2016.

[10]　钟理，伍钦，马四朋. 化工原理：上册. 北京：化学工业出版社，2008.

[11]　王志祥，等. 制药化工原理. 3 版. 北京：化学工业出版社，2015.

[12]　夏清，等. 化工原理：修订版. 天津：天津大学出版社，2007.

[13]　祁存谦，等. 化工原理. 2 版. 北京：化学工业出版社，2009.

[14]　刘落宪，等. 中药制药工程原理与设备. 2 版. 北京：中国中医药出版社，2007.

[15]　何洪潮，等. 化工原理. 北京：科学出版社，2001.

[16]　钟秦，陈迁乔，王娟，等. 化工原理. 3 版. 北京：国防工业出版社，2013.

[17]　李然，等. 化工原理. 武汉：华中科技大学出版社，2009.

[18]　邹华生，黄少烈. 化工原理. 2 版. 北京：高等教育出版社，2002.

[19]　崔鹏，等. 化工原理. 2 版. 合肥：合肥工业大学出版社，2007.

[20]　大连理工大学教研室. 化工原理. 北京：高等教育出版社，2002.

[21]　管国锋，等. 化工原理. 4 版. 北京：化学工业出版社，2015.

[22]　林爱光，阴金香. 化学工程基础. 北京：清华大学出版社，2008.

[23]　Warren L McCabe，Julian C Smith，等. 化学工程单元操作. 北京：化学工业出版社，2008.